普通高等教育数据科学与大数据技术专业教材

R 语言基础与应用

主 编 涂旭东 黄 源

·北京·

内 容 提 要

本书以理论与实践操作相结合的方式深入讲解R语言的基本理论和实现方法，在内容设计上既有上课时老师讲述的部分（包括详细的理论与典型的案例），又有最新的实训案例分析，双管齐下，极大地激发了学生的学习积极性和主动创造性，增加了趣味性，让学生在课堂上跟上老师的思维，从而学到更多的知识和技能。

本书的编写目的是向读者介绍R语言的基本概念与应用。本书共9章：R语言简介、数据类型与数据对象、控制语句与函数、数据的读写与预处理、R语言基本图形、ggplot2绘图基础和R语言高级绘图、R语言数据分析基础、R语言机器学习基础、R语言访问SQL数据库。

本书可作为大数据专业、人工智能专业、云计算专业的教材，也可作为大数据爱好者的参考书。

图书在版编目（CIP）数据

R语言基础与应用 / 涂旭东，黄源主编. -- 北京 : 中国水利水电出版社，2021.6
普通高等教育数据科学与大数据技术专业教材
ISBN 978-7-5170-9567-5

Ⅰ. ①R… Ⅱ. ①涂… ②黄… Ⅲ. ①程序语言－程序设计－高等学校－教材 Ⅳ. ①TP312

中国版本图书馆CIP数据核字(2021)第080798号

策划编辑：石永峰　责任编辑：石永峰　加工编辑：张玉玲　封面设计：梁　燕

书　名	普通高等教育数据科学与大数据技术专业教材 R语言基础与应用 R YUYAN JICHU YU YINGYONG
作　者	主　编　涂旭东　黄　源
出版发行	中国水利水电出版社 （北京市海淀区玉渊潭南路1号D座　100038） 网址：www.waterpub.com.cn E-mail：mchannel@263.net（万水） sales@waterpub.com.cn 电话：（010）68367658（营销中心）、82562819（万水）
经　售	全国各地新华书店和相关出版物销售网点
排　版	北京万水电子信息有限公司
印　刷	三河市航远印刷有限公司
规　格	210mm×285mm　16开本　15印张　374千字
版　次	2021年6月第1版　2021年6月第1次印刷
印　数	0001—3000册
定　价	45.00元

前　言

大数据作为新一轮工业革命中最为活跃的技术创新要素正在对全球竞争、国家治理、经济发展、产业转型、社会生活等产生全面而深刻的影响；移动互联网、物联网、社交网络、数字家庭、电子商务等新一代信息技术的应用每天都在源源不断地产生大量的数据，对大数据的处理分析正成为新一代信息技术融合应用的结合点。而灵活性、开放性、优秀的统计分析能力和卓越的绘图功能、收录超过 1.4 万个数据分析工具包、几乎涵盖各个行业数据分析中的所有方法使 R 语言成为大数据时代的新宠，越来越被学界和业界所重视，多种大数据架构平台上已经提供基于 R 语言的扩展和插件。借助 R 语言的高效性，大数据分析可实现事半功倍。

本书以理论与实践操作相结合的方式深入讲解 R 语言的基本理论和实现方法，在内容设计上既有上课时老师讲述的部分（包括详细的理论与典型的案例），又有最新的实训案例分析，双管齐下，极大地激发了学生的学习积极性和主动创造性，增加了趣味性，让学生在课堂上跟上老师的思维，从而学到更多的知识和技能。

本书特色如下：

（1）采用“理实一体化”教学方式：课堂上既有老师的讲述内容又有学生独立思考、上机操作的内容。

（2）丰富的教学案例：包含教学课件、习题答案等多种教学资源。

（3）紧跟时代潮流，关注最新技术和前沿热点，书中既包含最新热点数据的案例分析，又包含唯美的数据可视化技术。

（4）编写本书的老师都具有多年教学经验，做到重难点突出，能够激发学生的学习热情。

（5）配有微课视频：对本书中的重难点进行细致讲解，方便学生课后学习。

本书可作为大数据专业、人工智能专业、云计算专业的教材，也可作为大数据爱好者的参考书。

本书建议学时为 60 学时，具体分布见下表。

章节	建议学时
R 语言简介	2
数据类型与数据对象	6
控制语句与函数	8
数据的读写与预处理	12
R 语言基本图形	6
ggplot2 绘图基础和 R 语言高级绘图	8
R 语言数据分析基础	8
R 语言机器学习基础	6
R 语言访问 SQL 数据库	4

本书由涂旭东、黄源任主编。其中，黄源编写第 1 章、第 2 章和第 8 章并负责策划与统稿工作，

涂旭东编写第 3 章至第 7 章和第 9 章。

本书是校企合作的结果，在编写过程中得到重庆誉存大数据有限公司黄远江博士的大力支持，同时编者参阅了大量相关资料，在此一并表示感谢。

由于编者水平有限，书中难免存在疏漏甚至错误之处，恳请读者批评指正，编者电子邮箱：2103069667@qq.com。

编　者

2021 年 2 月

目　录

第 1 章　R 语言简介

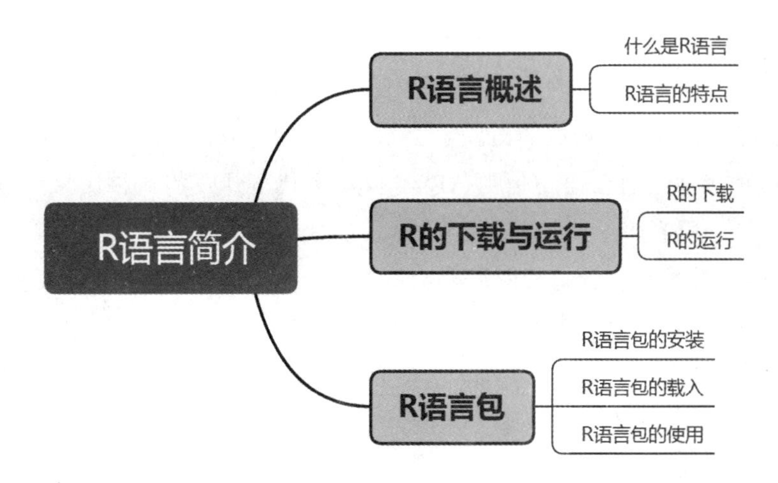

本章导读

在大数据时代，数据挖掘、数据分析、机器学习等迅速发展，同时人们越来越关注功能强大的 R 语言。

本章要点

- R 语言概述
- R 语言的下载与运行
- R 语言包

1.1 R语言概述

R语言是用于统计分析、图形表示报告的编程语言和软件环境，最早是由新西兰奥克兰大学的 Ross Ihaka 和 Robert Gentleman 创建，目前由 R Development Core Team 开发和维护。

1.1.1 什么是R语言

R语言是统计领域广泛使用的诞生于1980年左右的S语言的一个分支，可以认为它是S语言的一种实现，而S语言是由AT&T贝尔实验室开发的一种用来进行数据探索、统计分析和作图的解释型语言。

R是一套由数据操作、计算和图形展示功能整合而成的套件，包括有效的数据存储和处理功能、一套完整的数组（特别是矩阵）计算操作符、拥有完整体系的数据分析工具、为数据分析和显示提供的强大图形功能、一套（源自S语言）完善简单有效的编程语言（包括条件、循环、自定义函数、输入输出功能）。

1.1.2 R语言的特点

随着对R语言认识的不断深入，人们认为R语言一般具有以下特点：

（1）简单有效。R语言是一种开发良好、简单而有效的编程语言，包括条件、循环、用户定义的递归函数、输入和输出工具等。

（2）功能强大。R语言提供了一组运算符（用于对数组、列表、向量和矩阵进行计算）、一个大型一致且集成的数据分析工具集合、用于数据分析和直接显示在计算机上或在文档中打印的图形化工具。

（3）软件容易扩展。作为一个软件系统，它有极方便的扩展性。用户原来存储在 Oracle 或 MySQL 里的数据都可以轻松导入到R中进行处理。此外，R还支持对文本文件、数据库管理系统、统计软件和专门的数据仓库的兼容读写。

（4）强大的社区支持。作为一个开源软件，R背后有一个强大的社区和大量的开放源码支持，获取帮助非常容易。比如国外比较活跃的社区有 GitHub 和 Stack Overflow 等，通常R包的开发者会先将代码放到 GitHub，接受世界各地的使用者提出问题、修改代码等操作，等代码成熟后再放到 CRAN 上发布。而国内最活跃的R社区则是统计之都以及统计之都旗下的 COS 论坛，统计之都会经常发布与R相关的优质文章，还会不定期举办线下研讨会和规模巨大的R语言会议，COS 论坛是中文R语言技术问答社区，它们对于R语言学习者来说有很高的参考价值。

1.2 R的下载与运行

R语言是开源的，可以从互联网上下载安装使用，本书讲述如何在 Windows 7 中下载和运行R语言。

1.2.1　R的下载

R的下载

在Windows环境下安装R非常简单：打开R官网（https://cran.r-project.org/bin/windows/base/）页面（如图1-1所示），点击Download R 4.0.2 for Windows链接进行下载，完成后双击进行安装，安装时一般使用默认设置，直接单击“下一步”按钮，直至结束，安装界面如图1-2和图1-3所示。

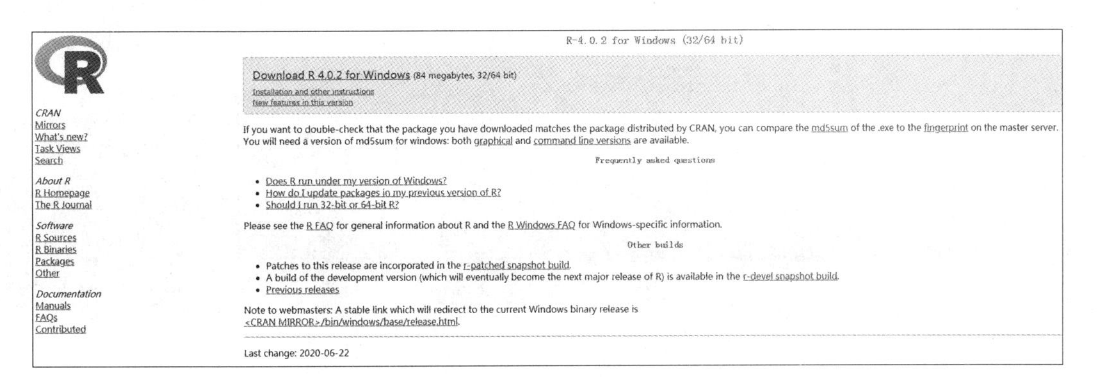

图1-1　R语言官网界面

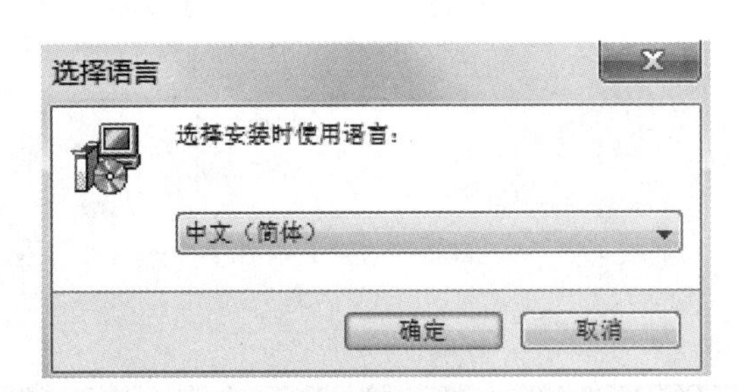

图1-2　选择语言

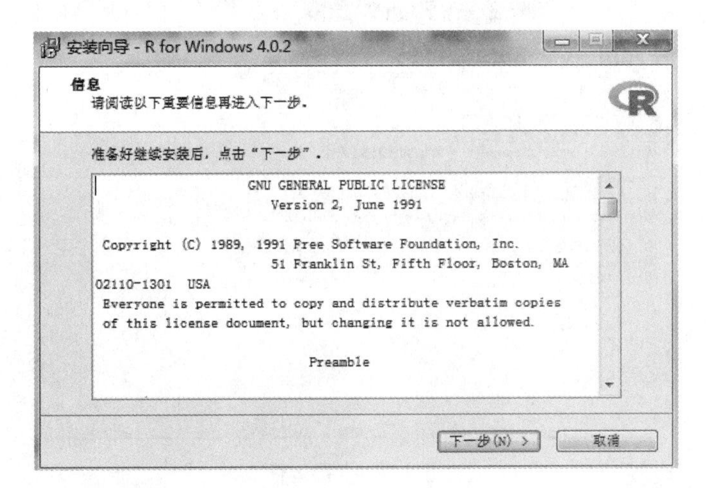

图1-3　R语言安装向导

R安装完成后在桌面上会出现一个R语言的图标，双击即可进入R语言的交互模型，亦即R语言运行界面，如图1-4所示。

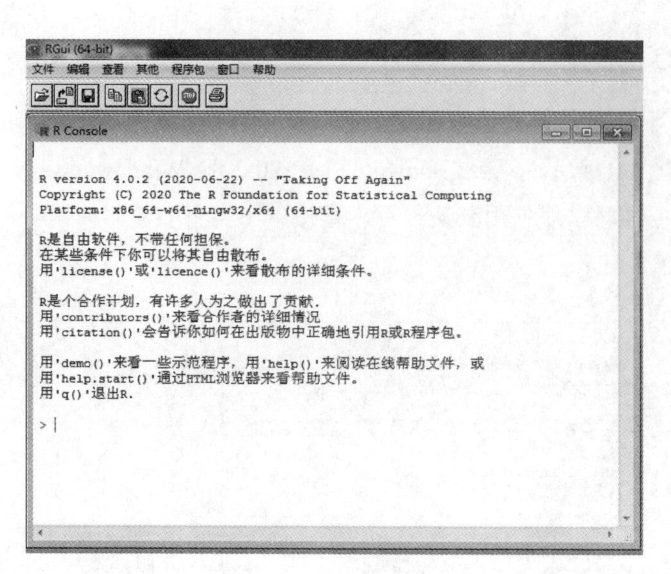

图 1-4　R 语言运行界面

1.2.2　R 的运行

图 1-4 所示的界面就是 R 语言最主要的交互界面，也是运行和调试代码的地方。需要注意的是，界面中每行最开始的 > 符号表示在此输入代码，输入代码后按 Enter 键执行代码，结果将会在代码的下一行中显示出来。

1. 直接运行代码

运行 R 最直接的方法就是在“>”后输入程序来执行，图 1-5 显示了在 R 中输出“Hello World”的执行情况。

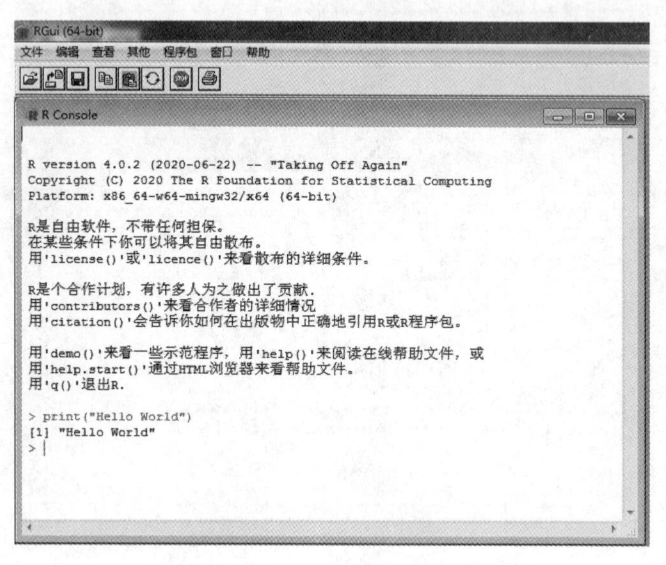

图 1-5　直接运行

界面中 [1] "Hello World" 就是代码运行之后的结果。

该例代码如下：

```
print("Hello World")
```

在 R 中 print() 函数将指定字符串输出到控制台，并在执行函数后以“[数字]”形式显示运行结果。当显示结果有多行时，“[数字]”会指明各返回值是第几个。例如使用

seq(1:50) 输出 1 ～ 50 的 50 个正整数时，R 会根据控制台窗口的宽度自动调整每行显示的数字个数。

```
> seq(1:50)
[1]  1 2 3 4 5 6 7 8 9 10 11 12 13 14 15 16 17 18 19 20 21 22 23 24
[25] 25 26 27 28 29 30 31 32 33 34 35 36 37 38 39 40 41 42 43 44 45 46 47 48
[49] 49 50
```

2. 通过程序脚本来运行

也可以在“文件”菜单中选择“程序脚本”来执行 R 语言代码，如图 1-6 所示。

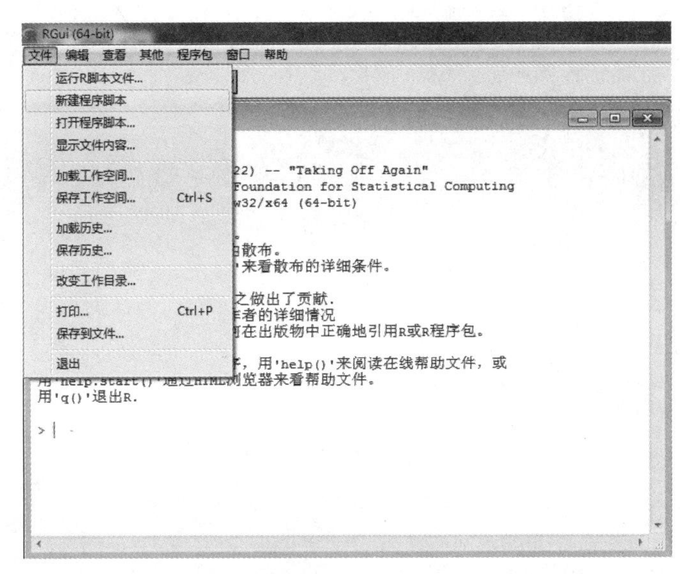

图 1-6　R 语言代码的其他运行方式

在弹出的对话框中输入代码：

```
print("Hello World")
```

选中书写的代码并右击，在弹出的快捷菜单中选择“运行当前行或所选代码”运行程序，如图 1-7 所示。

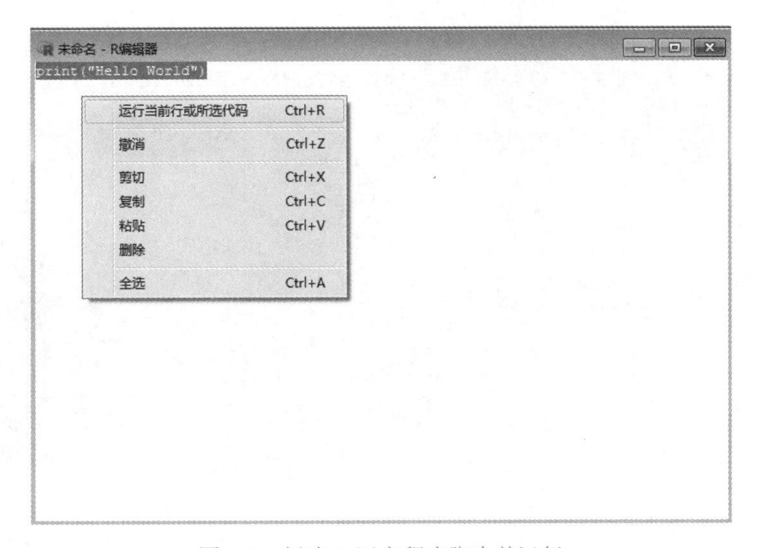

图 1-7　新建 R 语言程序脚本并运行

运行结果如图 1-8 所示。

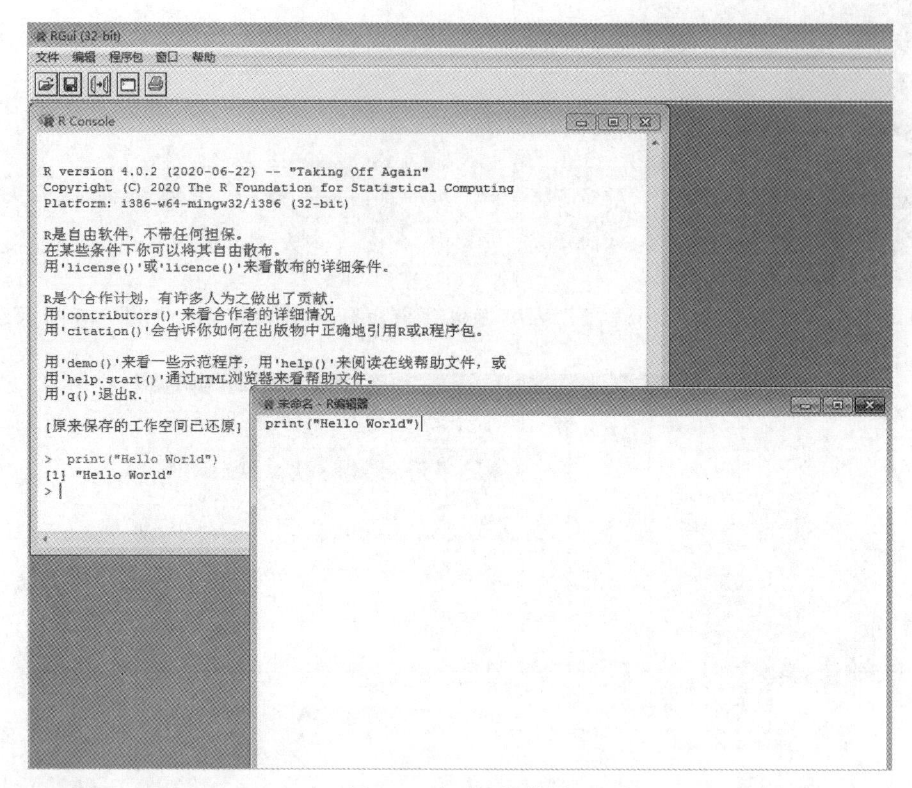

图 1-8　查看运行结果

R 的帮助

1.2.3　在 R 中查看帮助

编写 R 语言代码时如果遇到了困难，可以使用 R 中强大的帮助功能。可以直接打开“帮助”菜单来查看 R 语言的帮助文档（如图 1-9 所示），也可以在“>”后输入命令来查看帮助。在 R 中，在 ? 后输入待查的命令，或者以“help(命令)”形式输入，都可以查看对应命令的帮助。例如输入命令 ?print 或者“help("print")”都可以打开对应的网页来查看帮助，如图 1-10 和图 1-11 所示。

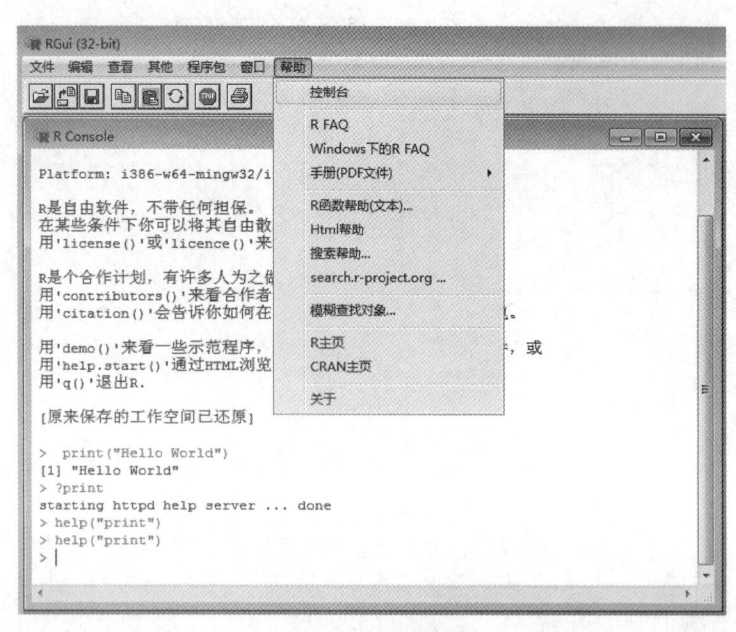

图 1-9　打开帮助菜单

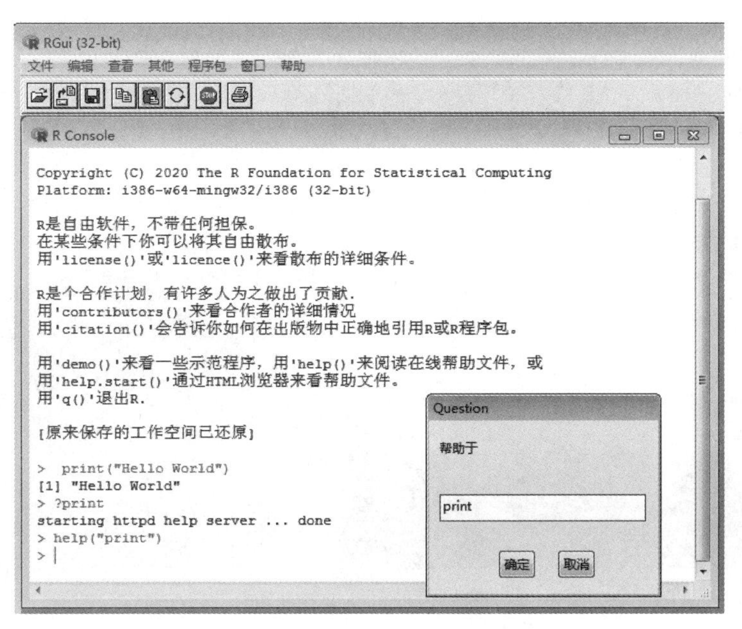

图 1-10　用命令查看帮助

print {base}　　R Documentation

Print Values

Description

print prints its argument and returns it *invisibly* (via invisible(x)). It is a generic function which means that new printing methods can be easily added for new classes.

Usage

```
print(x, ...)

## S3 method for class 'factor'
print(x, quote = FALSE, max.levels = NULL,
      width = getOption("width"), ...)

## S3 method for class 'table'
print(x, digits = getOption("digits"), quote = FALSE,
      na.print = "", zero.print = "0",
      right = is.numeric(x) || is.complex(x),
      justify = "none", ...)

## S3 method for class 'function'
print(x, useSource = TRUE, ...)
```

Arguments

x
　an object used to select a method.

...
　further arguments passed to or from other methods.

quote
　logical, indicating whether or not strings should be printed with surrounding quotes.

max.levels
　integer, indicating how many levels should be printed for a factor; if 0, no extra "Levels" line will be printed. The default, NULL, entails choosing max.levels such that the levels print on one line of width width.

width
　only used when max.levels is NULL, see above.

digits
　minimal number of *significant* digits, see print.default.

na.print
　character string (or NULL) indicating NA values in printed output, see print.default.

zero.print
　character specifying how zeros (0) should be printed; for sparse tables, using "." can produce more readable results, similar to printing sparse matrices in **Matrix**.

图 1-11　查看结果

R 中常见的帮助函数见表 1-1。

表 1-1　R 中常见的帮助函数

函数名称	含义
help	调用帮助系统
help.search	搜索包含指定字符串的文档
example	获取函数案例并自动运行
help.start	显示 R 中所有帮助的 HTML 页面

例如在控制台中输入命令 example("persp")，即可自动运行 R 中的三维图像绘制函数 persp，如图 1-12 所示。

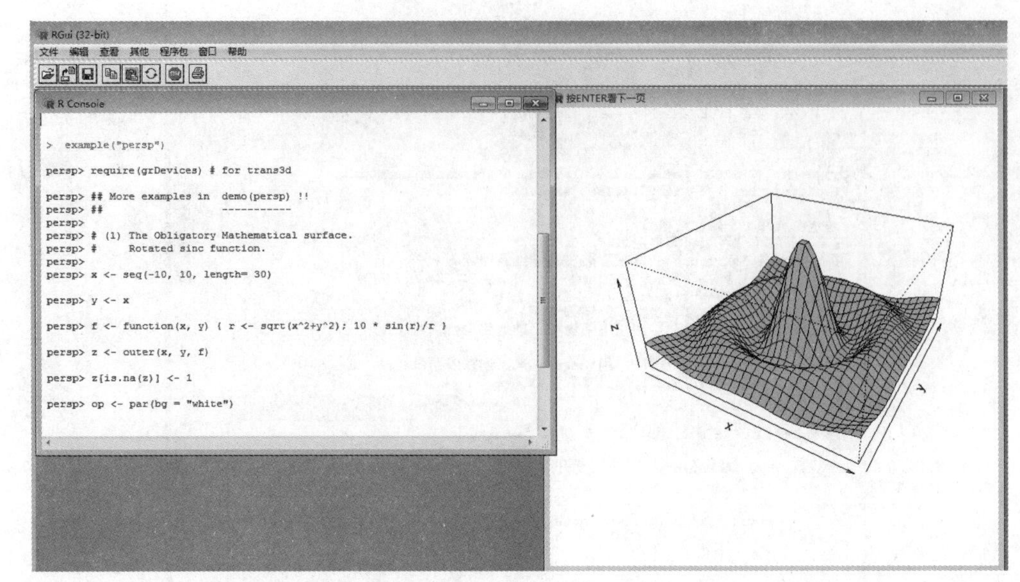

图 1-12 自动运行函数

1.3 R 语言包

R 是开源的软件工具，很多 R 语言的爱好者都会扩展它的功能模块，我们把这些模块称为包。包是 R 函数、数据、预编译代码以一种定义完善的格式组成的集合，而在计算机上存储包的目录称为库（library）。在 R 中函数 .libPaths() 能够显示库所在的位置。

```
> .libPaths()
[1] "D:/Program Files/R/R-4.0.2/library"
```

R 拥有数量巨大的包，这些包横跨各个领域。值得注意的是，R 自带了一系列默认包，如 base、datasets、utils、grDevices、graphics、stats、methods 等，它们提供了种类繁多的默认函数和数据集，人们无需下载即可使用。而其他包可通过下载来进行安装，安装好以后，它们必须被载入到会话中才能使用。

在 R 中用户可以使用命令 search() 来查看哪些包已加载并且可以使用。

```
> search()
[1] ".GlobalEnv"        "package:stats"     "package:graphics"
[4] "package:grDevices" "package:utils"     "package:datasets"
[7] "package:methods"   "Autoloads"         "package:base"
```

R 中常见的使用包的函数见表 1-2。

表 1-2 R 中常见的使用包的函数

函数名称	含义
install.packages()	下载并安装包
update.packages()	更新包
library()	加载（导入）包

1.3.1 R 语言包的安装

在 R 中有许多 R 函数可以用来管理包。第一次安装一个包，使用命令 install.packages() 即可。查询自己想安装的包的名称，可以直接将包名作为参数提供给这个函数。例如，包 gclus 中提供了建增强型散点图的函数，可以使用命令 install.packages("gclus") 来下载和安装它。

在 R 中一个包仅需安装一次。但和其他软件类似，包经常被其作者更新。使用命令 update.packages() 可以更新已经安装的包。也可以在 RStudio 右下方单击 packages，再单击 install，在对话框中输入包名来下载安装包。图 1-13 所示为在 R 中安装 gclus 包。

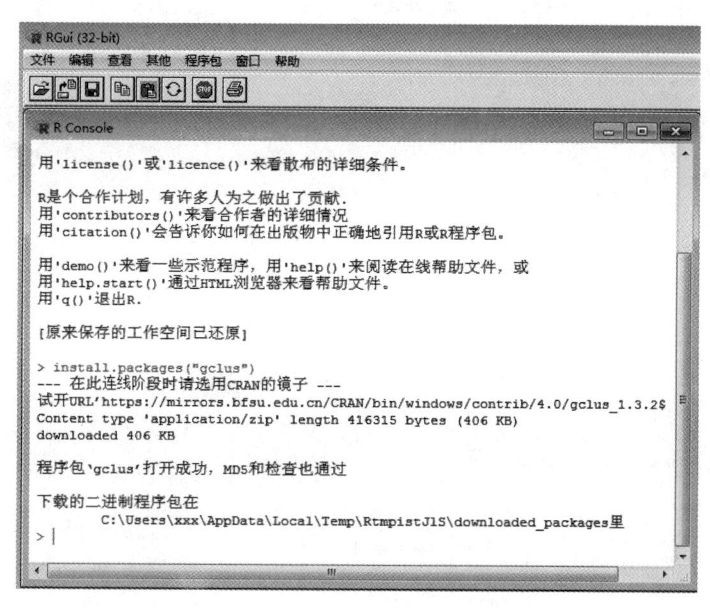

图 1-13 在 R 中安装 gclus 包

1.3.2 R 语言包的载入

在 R 中包的安装是指从某个 CRAN 镜像站点下载并将其放入库中的过程。要在 R 会话中使用它，还需要用 library() 命令载入这个包。例如，要使用 gclus 包，执行命令 library(gclus) 即可。当然，在载入一个包之前必须已经安装了这个包。在一个会话中，包只需载入一次。如果需要，人们可以自定义启动环境以自动载入会频繁使用的那些包。

1.3.3 R 语言包的使用

在 R 中载入一个包后，就可以使用一系列新的函数和数据集了。包中往往提供了演示性的小型数据集和示例代码，能够让我们尝试这些新功能。帮助系统包含了每个函数的一个描述（同时带有示例），每个数据集的信息也被包括其中。命令 help(package="package_name") 可以输出某个包的简短描述以及包中的函数名称和数据集名称的列表。此外，使用函数 help() 可以查看其中任意函数或数据集的更多细节。这些信息也能以 PDF 帮助手册的形式从 CRAN 下载。

图 1-14 和图 1-15 所示为在 R 中查看 gclus 包的情况。

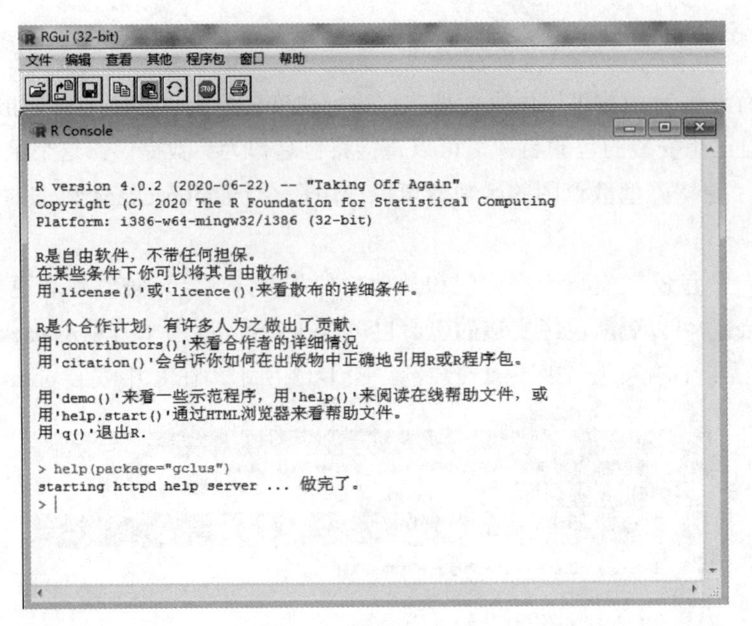

图 1-14 查看 gclus 包

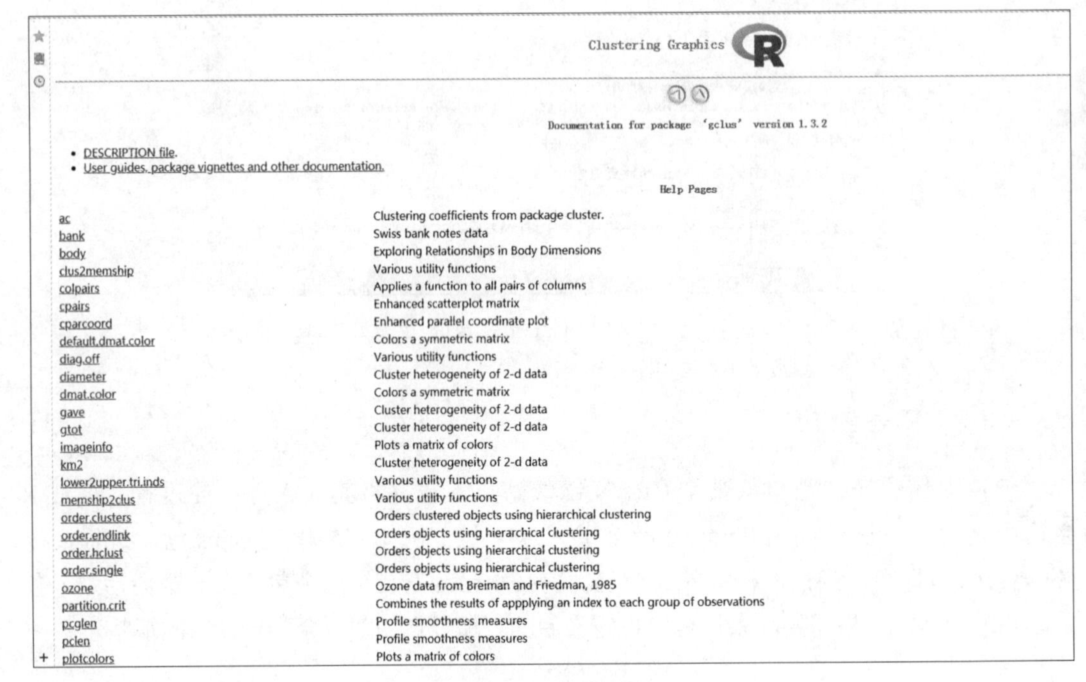

图 1-15 查看结果

1.4 实训

（1）登录 R 官网：https://cran.r-project.org/bin/windows/base/，下载 R 语言最新版本并在本地计算机中安装。

（2）运行 R，执行如下代码，结果如图 1-16 所示：

```
print("Hi,China")
```

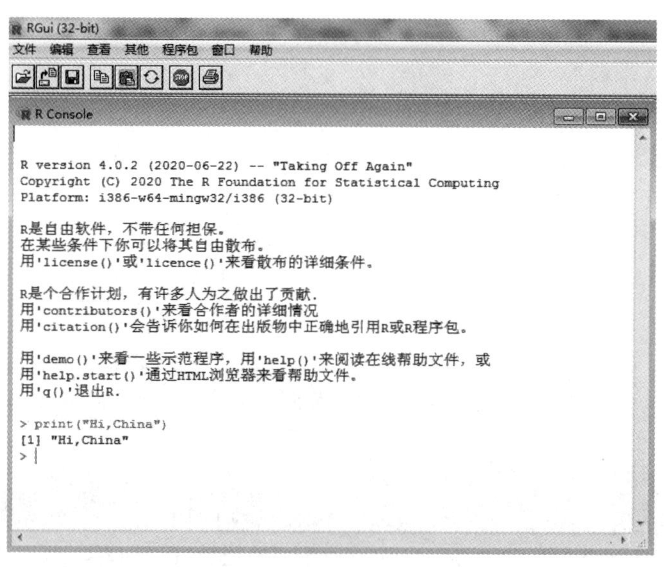

图 1-16　运行 R 代码并查看结果

（3）在 R 中输入命令 help(nchar) 并查看运行结果。

```
> help(nchar)
starting httpd help server ... done
```

（4）在 R 中输入命令 help(package=MASS) 并查看运行结果。

```
> help(package=MASS)
>
```

（5）在 R 中输入以下代码并查看运行结果：

```
> y<-x<-seq(1:100)
> f<-function(x,y){x^3-3*x*y^2}
> z<-outer(x,y,f)
> persp(x,y,z,theta=60,phi=30,expand=0.7,col="lightblue")
>
```

提示：会生成三维图形。

1.5　本章小结

本章主要介绍了 R 语言和 R 语言包的下载和安装。

R 语言是统计领域广泛使用的诞生于 1980 年左右的 S 语言的一个分支，可以认为它是 S 语言的一种实现，是用于统计分析、图形表示报告的编程语言和软件环境。

R 语言是开源的，可以从互联网上下载安装使用。R 是开源的软件工具，很多 R 语言爱好者都会扩展它的功能模块，我们把这些模块称为包。R 拥有数量巨大的包，这些包横跨各个领域。

练习 1

1．简述什么是 R 语言。
2．简述 R 语言的特点。
3．简述如何运行 R 语言代码。

第 2 章　数据类型与数据对象

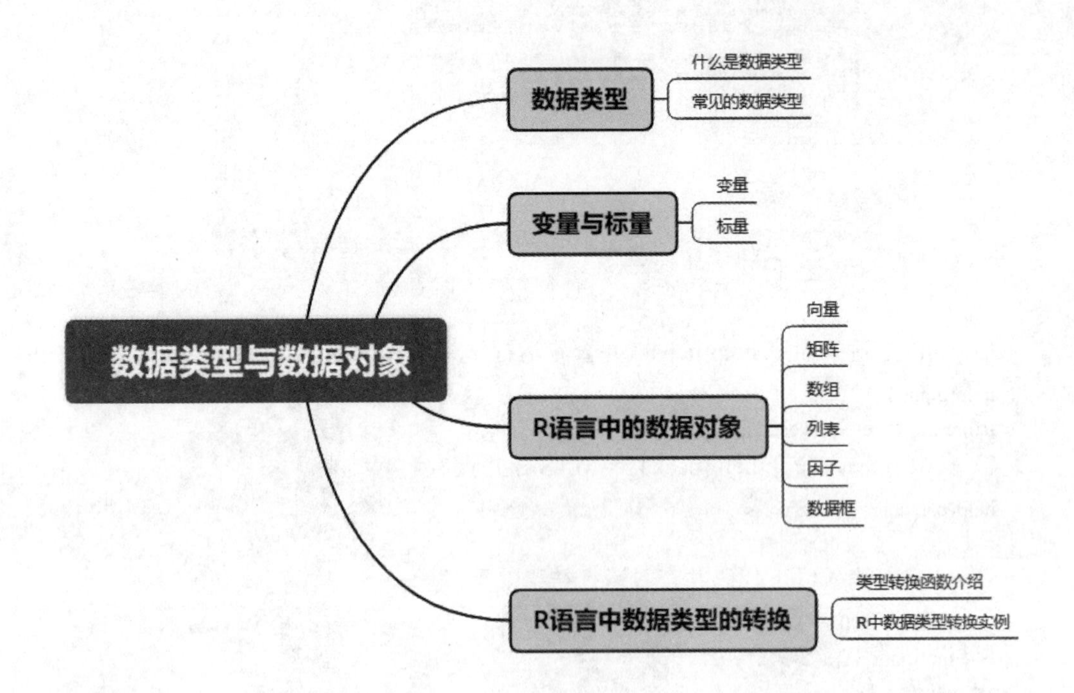

本章导读

R 语言经常用于进行数据分析，因此除了常见的数值型、字符型等数据类型外，它还拥有自己专门的数据类型。

本章要点

- 数据类型的基本概念
- 变量与标量
- R 语言中的数据对象

2.1 数据类型

R 语言中的数据对象十分丰富，这里主要讲述其数据对象定义和使用的基本方法。

2.1.1 什么是数据类型

每种编程语言或者数据库都有其不同的数据类型。通常可以根据数据类型的特点将数据划分为不同的类型，如原始类型、多元组、记录单元、代数数据类型、抽象数据类型、参考类型、函数类型等。

2.1.2 常见的数据类型

R 语言中基本数据类型是指仅包含一个数值的数据类型，如数值型、字符型、逻辑型、复数型等。

1. 数值型

如 1、2、3、3.1415926 等能够进行数学运算的数字。

2. 字符型

字符型即文本数据，需要放在英文输入法下的双引号或单引号之间，如 "a"、'abc'、" 李四 "、" 张三 " 等。

3. 逻辑型

逻辑型数据只有两个取值：TRUE 和 FALSE，TRUE 和 FALSE 可以简写为 T 和 F，并且必须大写。如：x<-TRUE。

4. 复数型

复数型是指取值可以扩展到虚数的数据类型，通常由实数部分和虚数部分构成，可以用 a+bj 或者 complex(a,b) 表示。

【例 2-1】在 R 中输出基本的数据类型。

```
> n<-100
> print(class(n))
[1] "numeric"
> a<-TRUE
> print(class(a))
[1] "logical"
> b<-"welcome"
> print(class(b))
[1] "character"
> j<- 3+2i
> print(class(j))
[1] "complex"
```

该例输出了数值型（numeric）、逻辑型（logical）、字符串型（character）和复数型（complex）。

在 R 中可以使用函数来查看数据的类型或属性，表 2-1 所示为 R 中常见的显示数据属性的函数。

表 2-1 R 中常见的显示数据属性的函数

函数名称	含义
class()	查看数据类型
cat()	查看数据

【例 2-2】在 R 中查看数据的属性。

```
> j<- 3+2i
> print(class(j))
[1] "complex"
> print(cat(j))
3+2iNULL
```

2.2 变量与标量

变量是计算机语言中能存储计算结果或表示值的抽象概念，它可以保存程序运行时用户输入的数据、特定运算的结果、要在窗体上显示的一段数据等。

2.2.1 变量

变量为我们提供了程序可以操作的命名存储。R 语言中的变量可以存储原子向量、原子向量组或许多 Robject 的组合。标量是长度为 1 的向量。

1. 变量命名

在 R 语言中，有效的变量名由字母、数字、点、下划线组成，且不能以数字和下划线开头，以点开头不能紧跟数字。如 a、welcome、a1、x2、.x 都是合法的变量名，而 1x、_a、.5、a-b 都是非法的变量名。

2. 变量赋值

在 R 语言中，可以使用 <-、-> 来为变量赋值。例如在命令窗口中输入 a<-2，表示将 2 赋值给变量 a。2->a 的功能与 a<-2 一样。赋值符号也可以用 = 替代，但是在某些情况下会出错，所以不建议使用 = 进行赋值。

【例 2-3】在 R 中对变量赋值。

```
> x<-1
> y<-x+1
> x
[1] 1
> y
[1] 2
```

该段代码首先将 1 赋给变量 x，接着用变量 x 通过函数生成变量 y，运行如图 2-1 所示。

【例 2-4】在 R 中对变量赋值并输出最大值。

```
> max(x<-c(1,2,3,4,5))
[1] 5
> x
[1] 1 2 3 4 5
```

该段代码首先将保存数值 1、2、3、4、5 的向量赋给变量 x，再求这些数值的最大值，用函数 max() 实现，最后输出 x 中保存的值。

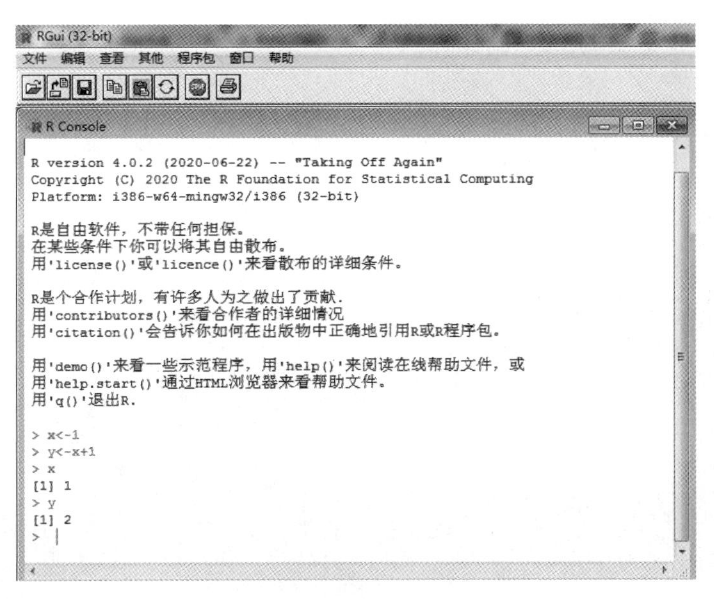

图 2-1　在 R 中对变量赋值

2.2.2　标量

在 R 语言中，最基本的数据类型是向量，而标量是长度为 1 的向量，即长度为 1 的数组。因此标量是向量的一种特例，并且以单元素向量的形式出现。

1. 数值

在 R 语言中输出数值的方式有两种：一种是调用 print() 函数，另一种是直接输入变量名。

【例 2-5】使用函数 print() 输出数值。

```
> a<-1
> b<-2
> c<-a+b
> print(c)
[1] 3
```

该例使用函数 print() 来输出数值。

2. 字符串

字符型即文本数据，需要放在英文输入法下的双引号或单引号之间，如 "a"、'abc'、" 张三 "。

值得注意的是，使用字符串时与用的是单引号还是双引号无关。

【例 2-6】在 R 中输出字符串。

```
> a<-"Hello World"
> print(a)
[1] "Hello World"
> typeof(a)
[1] "character"
```

该例输出了字符串 a，并用函数 typeof() 输出数据类型。

3. 逻辑值

R 语言中的逻辑值用 TRUE 和 FALSE 来表示，其中 TRUE 表示真值（可用 T 简写），FALSE 表示假值（可用 F 简写）。

【例 2-7】在 R 中输出逻辑类型。

```
> a<-TRUE
> b<-FALSE
> typeof(a)
[1] "logical"
> typeof(b)
[1] "logical"
```

该例用函数 typeof() 输出变量的类型，为逻辑型 logical。

【例 2-8】在 R 中输出逻辑运算。

```
> TRUE&TRUE
[1] TRUE
> TRUE&FALSE
[1] FALSE
> TRUE|TRUE
[1] TRUE
> TRUE|FALSE
[1] TRUE
> !TRUE
[1] FALSE
```

该例对逻辑值进行运算，符号 & 代表 AND，| 代表 OR，! 代表 NOT。

4. NA

R 语言中的空值或无数据值可用 NA（大写）来表示，如一个公司的某月销量未知，则可以用 NA 来表示。R 语言提供了一个函数 is.na() 来判断是否空值。

值得注意的是，NA 与其他数据的运算结果都是 NA。

【例 2-9】在 R 中判断是否空值。

```
> x<-NA
> is.na(x)
[1] TRUE
> y<-5
> is.na(y)
[1] FALSE
```

该例定义了两个变量，其中 x 为 NA，y 为 5，使用函数 is.na() 可以判断 x 与 y 是否为空值。

2.3 R 语言中的数据对象

R 语言中的数据对象从结构角度来看有向量、矩阵、数组、列表、因子、数据框。

向量

2.3.1 向量

向量是用于存储数值型、字符型或逻辑型数据的一维数组。R 中的向量类似于其他编程语言中的数组，只用于保存具有相同数据类型的数据。在 R 语言中，向量可以包含一个元素，也可以包含多个元素。

1. 向量的创建

在 R 语言中可以直接创建向量，也可以使用函数 c() 来创建向量。

【例 2-10】在 R 中创建向量。

```
> x<-c(1,2,3,4,5)
> print(x)
[1] 1 2 3 4 5
> y<-c(1:10)
> print(y)
 [1]  1  2  3  4  5  6  7  8  9 10
> z<-c()#
> print(z)
NULL
> w<-c(TRUE,FALSE)
> print(w)
```

该例使用 c() 函数来创建向量。其中，语句 y<-c(1:10) 表示创建 1 到 10 的向量，语句 z<-c()# 表示创建一个不包含任何值的向量，语句 w<-c(TRUE,FALSE) 表示创建逻辑型向量。

在 R 中创建向量时，也可以用函数 seq() 来生成等差序列的向量。

【例 2-11】在 R 中用 seq() 来创建向量。

```
> s1<-seq(1,10,2)
> print(s1)
[1] 1 3 5 7 9
```

该例使用 seq() 来创建向量，该向量从 1 开始，步长为 2，最大不超过 10，输出为 1、3、5、7、9。

seq() 函数的原型如下：

```
seq(from=1, to=1, by=((to-from) / (length.out - 1)), length.out = NULL, along.with = NULL, ...)
```

其中，from 是首项，默认为 1；to 是末项，默认为 1；by 是步长或等差增量，可以为负数；length.out 是向量的长度；along.with 用于指明该向量与另外一个向量的长度相同，along.with 后应为另外一个向量的名字。

此外，在 R 中还可以使用 names() 函数来为向量命名。

【例 2-12】在 R 中用 names() 函数来为向量命名。

```
> x<-c(1,2,3)
> names(x)<-c("owen","alex","messi")
> x
 owen  alex messi
    1     2     3
```

该例使用 names() 函数为向量中的元素命名，分别为 owen、alex 和 messi。

在 R 中也可以使用 names() 函数来查看向量中某个指定的元素名称，代码如下：

```
>  x<-c(1,2,3)
> names(x)<-c("owen","alex","messi")
> x
 owen  alex messi
    1     2     3
> names(x)[3]
[1] "messi"
```

2. 向量的访问

在 R 语言中要访问向量中的元素，既可以使用索引实现，也可以直接使用名称实现。

【例 2-13】在 R 中访问向量元素。

```
> x<-c("a","b","c")
> x[1]
[1] "a"
> x[2]
[1] "b"
> x[3]
[1] "c"
```

该例创建了向量 x，并用 x[1]、x[2]、x[3] 来访问其中的元素。值得注意的是，在 R 中向量的索引从 1 开始，即 x[1] 表示向量中的第一个元素。

在 R 中如果想要一次性获取向量中的多个元素，可以使用“向量名 [索引向量]”来实现。

【例 2-14】在 R 中获取向量中的多个元素。

```
> x<-c("a","b","c")
> x[c(1,2)]
[1] "a" "b"
> x[c(1,3)]
[1] "a" "c"
```

该例创建了向量 x，并用 x[c(1,2)] 来访问其中的第一个和第二个元素。

3. 向量的运算

在 R 语言中，可以使用常见的函数进行向量运算，也可以逐个取出向量中的元素进行运算，还可以对多个向量进行运算。

表 2-2 所示为 R 中常见的向量运算函数。

表 2-2　R 中常见的向量运算函数

函数名称	含义
sum()	求和
union()	求合集
intersect()	求交集
setdiff()	求差集
identical()	判断对象是否相同
setequal()	判断对象是否为相同集合
max()	求最大值
min()	求最小值
mean()	求均值
length()	求长度
var()	求方差
sd()	求标准差
median()	求中位数
quantile()	求五个分位数
sort()	排序
rev()	倒序

续表

函数名称	含义
append()	添加
replace()	替换
prod()	求乘积
abs()	求绝对值
sqrt()	求平方根
log()	求对数
exp()	求指数
sin()	正弦函数
cos()	余弦函数
ceiling()	向上取整
floor()	向下取整
trunk()	舍去小数取整
which.max()	返回最大值的索引值
which.min()	返回最小值的索引值

【例 2-15】在 R 中对向量进行常见运算。

```
> x<-c(1,2,3,4,5,6,7,8,9)
> sum(x)
[1] 45
> max(x)
[1] 9
> min(x)
[1] 1
> mean(x)
[1] 5
> length(x)
[1] 9
> var(x)
[1] 7.5
> sd(x)
[1] 2.738613
> median(x)
[1] 5
> quantile(x)
  0%  25%  50%  75% 100%
   1    3    5    7    9
> sort(x)
[1] 1 2 3 4 5 6 7 8 9
> rev(x)
[1] 9 8 7 6 5 4 3 2 1
```

【例 2-16】在 R 中对向量中的集合进行比较。

```
> setequal (c("a","b","c"),c("x","y"))
[1] FALSE
> setequal (c("a","b","c"),c("a","b","c"))
[1] TRUE
```

该例使用 setequal() 函数来比较集合中的元素。当被比较的集合中的元素相同时为 TRUE，不相同时为 FALSE。

【例 2-17】在 R 中对向量中的元素进行加减乘除运算。

```
> c(1,2,3)+c(4,5,6)
[1] 5 7 9
> c(4,5,6)-c(1,2,3)
[1] 3 3 3
> c(1,2,3)*c(2,3,4)
[1]  2  6 12
> c(6,9,12)/c(1,2,3)
[1] 6.0 4.5 4.0
```

该例用 +、-、*、/ 来进行向量中的四则运算。

也可以对向量进行逻辑运算。

【例 2-18】在 R 中对向量中的元素进行逻辑运算。

```
> x<-c(1,2,3)
> x==x
[1] TRUE TRUE TRUE
> x==c(1,3,6)
[1]  TRUE FALSE FALSE
> c(1,2,3,4,5)==c(1,3,2,5,7)
[1]  TRUE FALSE FALSE FALSE FALSE
```

该例使用 == 对向量进行比较并输出结果：TRUE 或 FALSE。

2.3.2 矩阵

在 R 语言中，矩阵（matrix）是将数据按行和列组织的一种数据对象，相当于二维数组，可以用于描述二维的数据。与向量相似，矩阵的每个元素都拥有相同的数据类型。通常用列来表示来自不同变量的数据，用行来表示相同的数据。矩阵的行和列如图 2-2 所示。

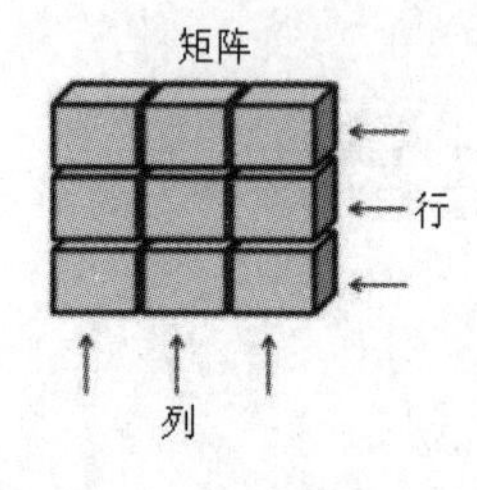

图 2-2 矩阵的行和列

1. 矩阵的创建

在 R 语言中可以使用 matrix() 函数来创建矩阵，语法格式如下：

```
matrix(data=NA, nrow = 1, ncol = 1, byrow = FALSE, dimnames = NULL)
```

data：矩阵的元素，默认为 NA，即若未给出元素值的话，则各项为 NA。

nrow：矩阵的行数，默认为 1。

ncol：矩阵的列数，默认为 1。

byrow：元素是否按行填充，默认按列。

dimnames：以字符型向量表示的行名和列名。

【例 2-19】在 R 中创建矩阵。

```
> matrix(c(1,2,3,4,5,6,7,8,9),nrow=3)
     [,1] [,2] [,3]
[1,]    1    4    7
[2,]    2    5    8
[3,]    3    6    9
```

该例使用 matrix() 函数创建了一个 3*3 的矩阵（3 行 3 列），它由 1,2,3,4,5,6,7,8,9 组成。

值得注意的是，在创建矩阵时，首先需要给出矩阵中的元素值，再使用 nrow 设置矩阵的行数，使用 ncol 设置矩阵的列数。如果在创建时没有给出 nrow 或 ncol，则 R 语言会采用默认值来填充实现。因此例 2-19 的代码等同于如下代码：

```
> matrix(c(1,2,3,4,5,6,7,8,9),nrow=3,ncol=3)
     [,1] [,2] [,3]
[1,]    1    4    7
[2,]    2    5    8
[3,]    3    6    9
```

在创建了矩阵后，可以使用 dimnames() 函数为每个维度命名。

【例 2-20】在 R 中创建矩阵并命名。

```
> x<-matrix(c(1,2,3,4,5,6,7,8,9),nrow=3)
> x
     [,1] [,2] [,3]
[1,]    1    4    7
[2,]    2    5    8
[3,]    3    6    9
> dimnames(x)<-list(c("a1","a2","a3"),c("b1","b2","b3"))
> x
   b1 b2 b3
a1  1  4  7
a2  2  5  8
a3  3  6  9
```

该例首先创建一个矩阵，接着用 dimnames() 函数统一指定行名和列名。

值得注意的是，在使用 dimnames() 函数时，列表中的第一个向量必须为行名，第二个向量必须为列名。

2. 矩阵的访问

在 R 语言中，借助索引或是行名与列名可以轻松地访问矩阵中的元素。常用方法为 ridx 和 cidx，ridx 表示访问矩阵中的第 ridx 行元素，cidx 表示访问矩阵中的第 cidx 列元素。

值得注意的是，与向量类似，在矩阵中访问元素其索引也是从 1 开始。

【例 2-21】在 R 中创建矩阵并访问它。

```
> x<-matrix(c(1,2,3,4,5,6,7,8,9),nrow=3)
> x
     [,1] [,2] [,3]
[1,]    1    4    7
[2,]    2    5    8
[3,]    3    6    9
> x[1,1]
[1] 1
> x[1,2]
[1] 4
```

```
> x[2,1]
[1] 2
> x[2,3]
[1] 8
```

该例首先创建矩阵 x，接着对矩阵中的元素进行访问。x[1,1] 表示访问矩阵中第 1 行第 1 列的元素，x[1,2] 表示访问矩阵中第 1 行第 2 列的元素，以此类推。

如果要获得矩阵某一行的全部元素，可用 [start:end] 来实现，其中 start 表示开始行，end 表示结束行。x[1:2,] 则表示要获取第 1 行和第 2 行的全部元素，运行结果如下：

```
> x[1:2, ]
     [,1] [,2] [,3]
[1,]    1    4    7
[2,]    2    5    8
```

3. 矩阵的运算

在 R 语言中，矩阵可以与标量或其他矩阵进行运算。

如定义某矩阵为 A，某标量为 a，则 A+a 表示将矩阵的所有值与标量相加。

如定义某矩阵为 A，另一矩阵为 B，则 A+B 表示求矩阵 A 与 B 的和。

如定义某矩阵为 A，则使用函数 t() 可求出该矩阵的转置矩阵。

如定义某矩阵为 A，则使用函数 solve() 可求出该矩阵的逆矩阵。

如定义某矩阵为 A，则使用函数 nrow() 可求出该矩阵的行数，使用函数 ncol() 可求出该矩阵的列数。

关于矩阵的更多知识可以参考《线性代数》。

【例 2-22】在 R 中创建矩阵并进行矩阵的加减乘除运算。

```
> x<-matrix(c(1,2,3,4,5,6,7,8,9),nrow=3)
> x
     [,1] [,2] [,3]
[1,]    1    4    7
[2,]    2    5    8
[3,]    3    6    9
> x+3
     [,1] [,2] [,3]
[1,]    4    7   10
[2,]    5    8   11
[3,]    6    9   12
> x-3
     [,1] [,2] [,3]
[1,]   -2    1    4
[2,]   -1    2    5
[3,]    0    3    6
> x*3
     [,1] [,2] [,3]
[1,]    3   12   21
[2,]    6   15   24
[3,]    9   18   27
> x/3
          [,1]     [,2]     [,3]
[1,] 0.3333333 1.333333 2.333333
[2,] 0.6666667 1.666667 2.666667
[3,] 1.0000000 2.000000 3.000000
```

【例 2-23】在 R 中创建矩阵并进行矩阵与矩阵的运算。

```
> x<-matrix(c(1,2,3,4,5,6,7,8,9),nrow=3)
> x
     [,1] [,2] [,3]
[1,]  1    4    7
[2,]  2    5    8
[3,]  3    6    9
> x+x
     [,1] [,2] [,3]
[1,]  2    8   14
[2,]  4   10   16
[3,]  6   12   18
> x-x
     [,1] [,2] [,3]
[1,]  0    0    0
[2,]  0    0    0
[3,]  0    0    0
> x%*%x
     [,1] [,2] [,3]
[1,] 30   66  102
[2,] 36   81  126
[3,] 42   96  150
> t(x)
     [,1] [,2] [,3]
[1,]  1    2    3
[2,]  4    5    6
[3,]  7    8    9
```

在 R 中，可以使用 +、- 进行矩阵与矩阵间的加法和减法运算，使用 %*% 求矩阵与矩阵的乘积，使用 t() 求矩阵的转置矩阵。

2.3.3 数组

在 R 语言中，可以认为数组是矩阵的扩展，它将矩阵扩展到二维以上。如果给定的数组是一维的则相当于向量，二维的相当于矩阵。此外，R 语言中数组元素的类型也是单一的，可以是数值型、逻辑型、字符型、复数型等。

1. 数组的创建

在 R 语言中可以使用 array() 函数创建数组，语法格式如下：

```
array( data = NA, dim = length(data), dimnames = NULL)
```

其中，data 为创建数组的元素，dim 为数组的维数，是数值型向量，dimnames 是各维度中的名称标签列表。

【例 2-24】在 R 中创建数组。

```
> arr1<-array(1:10)
> arr1
 [1] 1 2 3 4 5 6 7 8 9 10
> arr2<-array(1:10,dim=c(3,4))
> arr2
```

```
     [,1] [,2] [,3] [,4]
[1,]    1    4    7   10
[2,]    2    5    8    1
[3,]    3    6    9    2
```

该例首先创建一个名为 arr1 的数组并输出全部元素，接着创建名为 arr2 的数组并将 dim 设置为 c(3,4)。

2. 数组的访问

在 R 中数组的访问和矩阵类似，同样可以使用索引、名称等进行访问。

【例 2-25】在 R 中访问数组。

```
> arr3<-array(1:10,dim=c(3,3,4))
> arr3
, , 1

     [,1] [,2] [,3]
[1,]    1    4    7
[2,]    2    5    8
[3,]    3    6    9

, , 2

     [,1] [,2] [,3]
[1,]   10    3    6
[2,]    1    4    7
[3,]    2    5    8

, , 3

     [,1] [,2] [,3]
[1,]    9    2    5
[2,]   10    3    6
[3,]    1    4    7

, , 4

     [,1] [,2] [,3]
[1,]    8    1    4
[2,]    9    2    5
[3,]   10    3    6
```

该例创建名为 arr3 的数组，维度为 3*3*4。在该数组的显示结果中，, , 1、, , 2、, , 3、, , 4 是指 3*3*4 维度中的最后一排，即 3*3*4 中的 *4。

2.3.4 列表

列表

在 R 语言中，列表是对象的集合，与向量、数组和矩阵不同，它的每个分量的数据类型可以是不同的。它可以包含不同类型的元素，如数字、字符串、向量，甚至是另一个列表，且要求每一个成分都要有一个名称。

1. 列表的创建

在 R 语言中可以使用 list() 函数来创建列表，语法格式如下：

```
list(name1=value1, name2 = value2,...)
```

其中，name 代表对象或键，value 代表值。

【例 2-26】在 R 中创建列表。

```
> (x<-list(name="owen",score="89"))
$name
[1] "owen"
$score
[1] "89"
```

该例创建一个列表，其中 name 为 owen，score 为 89。值得注意的是，在输出列表时每个键都会以“$”的形式来显示。

【例 2-27】在 R 中创建一个复杂列表。

```
> (x<-list(name=c("owen","messi","dandy"),score=c("89","68","71")))
$name
[1] "owen"  "messi" "dandy"
$score
[1] "89" "68" "71"
```

该例创建一个复杂的列表，其中 name 为 owen、messi 和 dandy，score 为 89、68 和 71。

2. 列表的访问

在 R 语言中访问列表元素时既可以使用索引又可以使用键，并且使用索引形式可以对列表中的元素进行访问、编辑和删除。

列表中数据的访问方法见表 2-3。

表 2-3 列表中数据的访问方法

方法名称	含义
x$name	获取列表中 x 对应的值
x[n]	获取列表 x 中第 n 个数据的子列表
x[[n]]	获取列表 x 中第 n 个键的值

【例 2-28】在 R 中创建并访问列表。

```
> (x<-list(name=c("owen","messi","dandy"),score=c("89","68","71")))
$name
[1] "owen"  "messi" "dandy"
$score
[1] "89" "68" "71"
> x[1]
$name
[1] "owen"  "messi" "dandy"
> x[2]
$score
[1] "89" "68" "71"
> x[[1]]
[1] "owen"  "messi" "dandy"
> x[[2]]
[1] "89" "68" "71"
```

该例使用 x[n] 来获取子列表，使用 x[[n]] 来获取列表中的各个键值。例如使用 x[1] 来获取第 1 个数据的子列表，使用 x[2] 来获取第 2 个数据的子列表；使用 x[[1]] 来获取列表中第 1 个键的值，使用 x[[2]] 来获取列表中第 2 个键的值。

2.3.5 因子

在 R 语言中因子可以用来表示名义变量或有序变量。名义变量一般表示类别，如性别、种族等。有序变量是有一定排列顺序的变量，如职称、年级等。

1. 因子的创建

在 R 语言中，可以使用 factor() 函数来创建因子变量，语法格式如下：

```
f <- factor(x=charactor(), levels, labels=levels, exclude = NA, ordered = is.ordered(x), namax = NA)
```

x：创建因子的数据，是一个向量。

levels：因子数据的水平，默认是 x 中不重复的值。

labels：标识某水平的名称，与水平一一对应，以方便识别，默认取 levels 的值。

exclude：从 x 中剔除的水平值，默认为 NA 值。

ordered：逻辑值，因子水平是否有顺序（编码次序），若有取 TRUE，否则取 FALSE。

namax：水平个数的限制。

【例 2-29】在 R 中创建因子。

```
> a<-factor(c("x","y","z","x"))
> a
[1] x y z x
Levels: x y z
```

在该例中 Levels 返回的是因子值，即 x、y、z。

2. 因子的访问

在 R 中可以使用 nlevels() 函数获取因子个数，使用 levels() 函数获取因子名称，使用 ordered() 函数获取有序数据。

【例 2-30】在 R 中创建因子并访问它。

```
> a<-factor(c("x","y","z","x","w"))
> a
[1] x y z x w
Levels: w x y z
> nlevels(a)
[1] 4
> levels(a)
[1] "w" "x" "y" "z"
> ordered(a)
[1] x y z x w
Levels: w < x < y < z
```

该例首先创建因子 a，接着用 nlevels(a) 获取因子的个数，用 levels(a) 获取因子的名称，用 ordered(a) 获取因子的有序数据。

2.3.6 数据框

数据框

在 R 语言中，数据框组织数据的结构与矩阵相似，是一个表或类似二维数组的结构，但是其各列的数据类型可以不同。一般情况下，数据框的每列是一个变量，每行是一个观测样本。虽然数据框内不同的列可以是不同的数据类型，但是数据框内每列的长度必须相同。

数据框的特点如下：

（1）列名不为空。

（2）行名是唯一的。

（3）每列应当包含数量相同的数据项。

1. 数据框的创建

在 R 语言中，数据框使用 data.frame() 函数来创建，格式如下：

```
data.frame(col1, col2, ..., row.name=NULL, check.rows = FALSE, check.names=TRUE, stringsAsFactors =
default.stringsAsFactors())
```

row.name：用于指定各行（样本）的名称，默认没有名称，使用从 1 开始自增的序列来标识每一行。

check.rows：用于检查行的名称和数量是否一致，默认为 FALSE。

check.names：用于检查变量（列）的名称是否唯一且符合语法，默认为 TRUE。

stringsAsFactors：用于描述是否将字符型向量自动转换为因子，默认转换，若不转换则使用 stringsAsFactors = FALSE 来指定。

【例 2-31】在 R 中创建数据框。

```
> (d<-data.frame(x=c(1,2,3,4),y=c(5,6,7,8)))
 x y
1 1 5
2 2 6
3 3 7
4 4 8
```

该例使用 data.frame() 函数创建了一个数据框。

在创建好数据框后，可以查看它的各行（列）数据，如使用 d[1,] 查看第 1 行数据，使用 d[,2] 查看第 2 列数据，运行代码如下：

```
> d[1,]
 x y
1 1 5
> d[,2]
[1] 5 6 7 8
```

值得注意的是，在创建数据框时各列可以是不同的数据类型。

【例 2-32】在 R 中创建不同数据类型的数据框。

```
> d<-data.frame(name=c("张宏", "邓兰", "刘涛", "张峰"), sex=c("男", "女", "男", "男"),
   score=c(90, 85, 82, 63))
> d
  name sex  score
1 张宏  男   90
2 邓兰  女   85
3 刘涛  男   82
4 张峰  男   63
> str(d)
'data.frame':  4 obs. of  3 variables:
 $ name : chr  "张宏" "邓兰" "刘涛" "张峰"
```

```
$ sex  : chr "男" "女" "男" "男"
$ score: num 90 85 82 63
```

该例创建了具有不同数据类型的数据框，并用 str() 函数查看数据框结构。从显示结果可以看出该数据框中有两个不同的数据类型，分别是 chr 和 num。

2. 数据框的访问

在创建了数据框后，可以对其进行访问来读取其中的数据。

【例 2-33】在 R 中创建数据框并对其进行访问。

```
> d<-data.frame(name=c("张宏", "邓兰", "刘涛", "张峰"), sex=c("男", "女", "男", "男"),
   score=c(90, 85, 82, 63))
> d
 name sex score
1 张宏  男   90
2 邓兰  女   85
3 刘涛  男   82
4 张峰  男   63
> class(d)
[1] "data.frame"
> d$name
[1] "张宏" "邓兰" "刘涛" "张峰"
> d$sex
[1] "男" "女" "男" "男"
> d[1,2]
[1] "男"
> d[-1,-2]
 name score
2 邓兰   85
3 刘涛   82
4 张峰   63
> d[,c("name","sex")]
 name sex
1 张宏  男
2 邓兰  女
3 刘涛  男
4 张峰  男
> length(d)
[1] 3
> summary(d)
 name             sex              score
 Length:4         Length:4         Min.:63.00
 Class:character  Class:character  1st Qu.:77.25
 Mode:character   Mode:character   Median:83.50
                                   Mean:80.00
                                   3rd Qu.:86.25
                                   Max.:90.00
> names(d)
[1] "name"  "sex"  "score"
```

该例首先创建数据框，接着用 class() 函数查看类型；用 d$name 查看数据框中的 name 列数据；用 d$sex 查看数据框中的 sex 列数据；用 d[1,2] 查看数据框中的第 1 行第 2 列数据；用 d[-1,-2] 排除数据框中的第 1 行第 2 列数据；用 d[,c("name","sex")] 访问 name 列和

sex 列数据；用 length() 查看数据框长度；用 summary() 获取描述性统计量，该函数可以提供最小值、最大值、四分位数和数值型变量的均值、因子向量和逻辑型向量的频数统计等；用 names() 查看数据框各项的名称。

3. 数据框的查看

数据框是 R 语言中非常重要的一种数据类型，对数据框的查看可以使用函数来实现，具体函数见表 2-4。

表 2-4 查看数据框的函数

函数名称	含义
head()	返回数据框的开始部分
tail()	返回数据框的结尾部分
View()	调用数据视图

【例 2-34】在 R 中对数据框进行查看。

```
> s<-data.frame(x=1:10)
> s
   x
1  1
2  2
3  3
4  4
5  5
6  6
7  7
8  8
9  9
10 10
> head(s)
  x
1 1
2 2
3 3
4 4
5 5
6 6
> tail(s)
   x
5  5
6  6
7  7
8  8
9  9
10 10
```

使用 View() 函数会打开数据视图窗口，在其中显示数框中的数据（1 ～ 10），运行如图 2-3 所示。

4. 数据框中的数据清洗

除了可以创建和访问数据框外，还可以对其进行数据清洗。

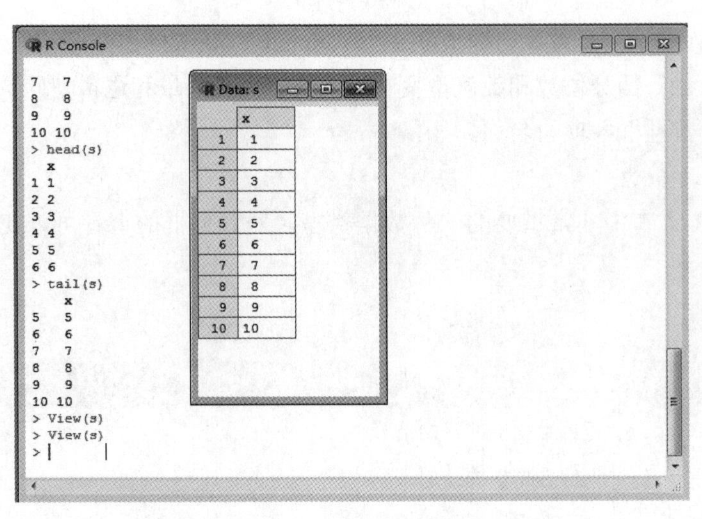

图 2-3　数据视图

【例 2-35】在 R 中创建数据框并对其进行数据清洗。

```
> d<-expand.grid(h=c(40,60),w=c(100,200),sex=c("M","F"))
> d
   h   w   sex
1  40  100  M
2  60  100  M
3  40  200  M
4  60  200  M
5  40  100  F
6  60  100  F
7  40  200  F
8  60  200  F
> summary(d)
      h              w          sex
 Min.:40       Min.:100      M:4
 1st Qu.:40    1st Qu.:100   F:4
 Median :50    Median:150
 Mean:50       Mean:150
 3rd Qu.:60    3rd Qu.:200
 Max.:60       Max.:200
> unique(d)
   h   w   sex
1  40  100  M
2  60  100  M
3  40  200  M
4  60  200  M
5  40  100  F
6  60  100  F
7  40  200  F
8  60  200  F
> duplicated(d)
[1] FALSE FALSE FALSE FALSE FALSE FALSE FALSE FALSE
```

该例使用 expand.grid() 构造一个数据框，此函数可以创建元素所有可能的组合；用 summary() 获取描述性统计量；用 unique() 查询数据中的唯一值；用 duplicated() 查找重复数据，如果有重复值就会标记为 TRUE，没有重复值则标记为 FALSE。

2.4　R 语言中数据类型的转换

R 语言中的不同数据类型有时可以根据需要进行相互转换，本节主要讲述如何使用函数来实现不同数据类型的转换。

2.4.1　类型转换函数介绍

在 R 中要进行数据类型的转换，先要了解判断数据类型的函数和执行数据类型转换的函数，见表 2-5 和表 2-6。

表 2-5　判断数据类型的函数

函数名称	含义
is.numeric()	对象是否为数值型数据
is.character()	对象是否为字符型数据
is.vector()	对象是否为向量数据
is.matrix()	对象是否为矩阵数据
is.data.frame()	对象是否为数据框数据
is.factor()	对象是否为因子数据
is.logical()	对象是否为逻辑型数据
is.array()	对象是否为数组
class()	判断对象数据类型
str()	查看对象内部结构

表 2-6　执行数据类型转换的函数

函数名称	含义
as.numeric()	转换为数值向量
as.character()	转换为字符串向量
as.vector()	转换为向量
as.matrix()	转换为矩阵
as.data.frame()	转换为数据框
as.factor()	转换为因子
as.logical()	转换为逻辑型数据

【例 2-36】在 R 中判断数据类型。

```
> class(c(1,2,3))
[1] "numeric"
> class(c("hello"))
[1] "character"
> class(matrix(c(1,2,3)))
[1] "matrix" "array"
```

该例对向量、字符串和矩阵应用 class() 函数来判断其数据类型。

2.4.2 R中数据类型转换实例

【例 2-37】在 R 中判断数据类型并进行转换。

```
> x<-c("a","b","c")
> is.character(x)
[1] TRUE
> as.factor(x)
[1] a b c
Levels: a b c
> as.data.frame(x)
  x
1 a
2 b
3 c
> as.matrix(x)
    [,1]
[1,] "a"
[2,] "b"
[3,] "c"
```

该例首先判断创建了一个向量 x，接着判断其数据类型，最后将其转换为因子、数据框和矩阵。

2.5 实训

（1）在 R 中创建矩阵并对其进行计算。

```
> x<-matrix(1:16,4,4)
> x
     [,1] [,2] [,3] [,4]
[1,]    1    5    9   13
[2,]    2    6   10   14
[3,]    3    7   11   15
[4,]    4    8   12   16
> diag(x)
[1]  1  6 11 16
> x[lower.tri(x)]
[1]  2  3  4  7  8 12
> x[upper.tri(x)]
[1]  5  9 10 13 14 15
> y<-diag(4)
> y
     [,1] [,2] [,3] [,4]
[1,]    1    0    0    0
[2,]    0    1    0    0
[3,]    0    0    1    0
[4,]    0    0    0    1
```

该实训使用 diag() 函数提取矩阵的主对角线，使用语句 x[lower.tri(x)] 提取该矩阵的下三角，使用语句 x[upper.tri(x)] 提取该矩阵的上三角，使用语句 y<-diag(4) 生成对角线为 1 的对角矩阵。

在 R 中矩阵的主对角线如图 2-4 所示。

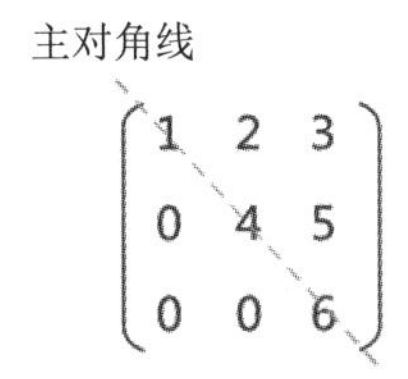

图 2-4　矩阵的主对角线

（2）在 R 中对数据框进行操作。

```
> x<-c("张三","李四","王五","赵六");  y<-c("男","女","女","男");  z<-c(89,90,78,67)
> data.frame(x,y,z)
     x    y    z
1  张三   男   89
2  李四   女   90
3  王五   女   78
4  赵六   男   67
```

其中，每行行首的数字是该行的名字，可以使用 row.names() 来重新为每行命名。

```
> student<- data.frame(x,y,z)
> row.names(student)<-c("a","b","c","d")
> student
     x    y    z
a  张三   男   89
b  李四   女   90
c  王五   女   78
d  赵六   男   67
```

数据框中每列向量也可以有名字，它们是变量，所以不能加引号，可以为每列向量设置名字。

```
> data.frame(姓名=x,性别=y,分数=z)
   姓名  性别  分数
1  张三   男   89
2  李四   女   90
3  王五   女   78
4  赵六   男   67
```

2.6　本章小结

本章讲解了编程语言中数据类型的基本概念、变量与标量和 R 语言中的数据对象。

在每种编程语言和不同的数据库中都有不同的数据类型。通常可以根据数据类型的特点将数据划分为不同的类型，如原始类型、多元组、记录单元、代数数据类型、抽象数据类型、参考类型、函数类型等。

变量是计算机语言中能存储计算结果或表示值的抽象概念，它可以保存程序运行时用户输入的数据、特定运算的结果、要在窗体上显示的一段数据等。标量是指长度为 1 的向量，即长度为 1 的数组。因此标量只是向量的一种特例，并且以单元素向量的形式出现。

R 语言中的数据对象从结构角度来看有向量、矩阵、数组、列表、因子、数据框。

练习 2

1．简述什么是数据类型。
2．简述 R 语言中向量的特点。
3．简述如何在 R 中创建数据框并对其进行访问。

第3章　控制语句与函数

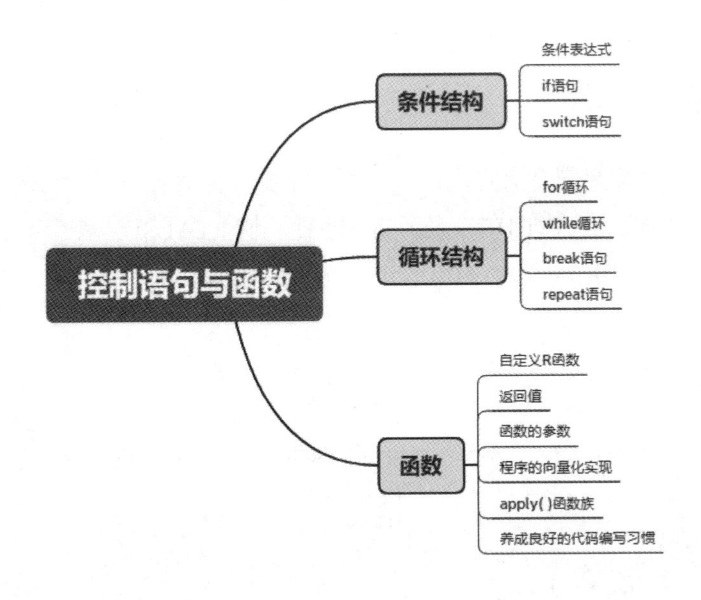

本章导读

现实世界中的很多事情，有时需要遵循一定的条件去执行，有时需要反复执行，只有满足相应的条件才能做相应的事情，不同的条件会执行不同的操作。本章主要介绍R编程最基本的控制语句、自定义函数、程序的向量化和apply()函数族。

本章要点

- if语句的常见用法
- for循环和while循环的常见用法
- 自定义函数的语法结构
- 程序的向量化实现
- apply()函数族的常见函数

3.1 条件结构

在编程中经常会发现，有些代码并不完全是从上到下按顺序执行的，而是这些代码中含有满足特定条件才能执行的分支结构。因此，条件表达式是标准编程语言的基本结构之一。R 语言和大多数程序语言一样都存在分支结构和循环结构这两种流程控制结构，通过 if 语句和 switch 语句可以实现分支结构控制语句。

3.1.1 条件表达式

条件表达式，也称逻辑表达式，是一种能够计算出布尔值（布尔真值 TRUE 和布尔假值 FALSE）的表达式。真（TRUE）表示满足条件，假（FALSE）表示不满足条件。

条件表达式举例如下：

```
> 6 == 7
[1] FALSE
> FALSE == 0
[1] TRUE
> FALSE & FALSE #与运算，若运算符两边均为TRUE，则返回TRUE；否则，返回FALSE
[1] FALSE
> is.integer(2.5)
[1] FALSE
> "Truth" %in% c("what","is","truth")
[1] FALSE
```

if 语句

3.1.2 if 语句

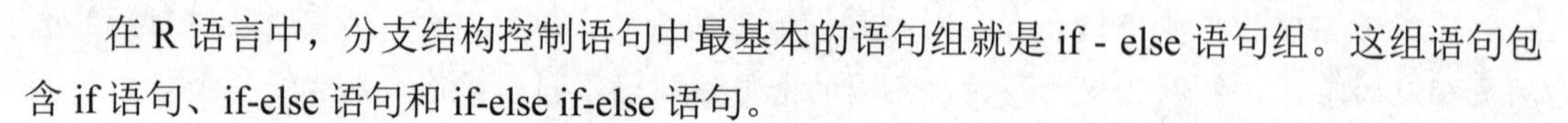

在 R 语言中，分支结构控制语句中最基本的语句组就是 if - else 语句组。这组语句包含 if 语句、if-else 语句和 if-else if-else 语句。

1. if 语句

单一 if 语句一般用在程序中只有一个分支的情况下，语法结构如下：

```
if(条件表达式){
  程序体
}
```

如果条件表达式（也称布尔表达式）为真，表示满足条件，则运行大括号中的程序体；如果为假，表示不满足条件，则跳过 if 语句继续运行下面的程序。

【例 3-1】判断一个数是否为正数，如果为正数则输出语句“这个数是正数”。

```
x<-5
if (x> 0) { print("x是正数") }
```

上述代码中，x>0 就是条件表达式。如果条件表达式为真，则输出语句“x 是正数”；如果 x 为非正数，则不满足这个条件，不输出任何语句。

2. if-else 语句

if-else 语句的语法结构和 if 语句的区别仅在于，如果 if 条件表达式的判定是假，则运行 else 中的程序体，语法结构如下：

```
if(条件表达式){
```

```
  程序体1
}
else {
  程序体2
}
```

如果条件表达式为真，则运行首个大括号中的程序体 1；如果为假，则运行 else 中的程序体 2。

【例 3-2】判断一个数，如果为正数，则输出语句“这个数是正数”，如果为非正数，则输出语句“这个数是非正数”。

```
> x<- -5
> if(x>0) {
  print("x是正数")
  } else {
    print("x是非正数")
  }
[1] "x是非正数"
```

3. if-else if-else 语句

当出现更多的分支时，R 语言中可以使用 if-else if-else 语句，这里 else if 的个数需要通过程序的分支个数来确定，语法结构如下：

```
if(条件表达式1){
  程序体1
} else if(条件表达式2){
  程序体2
}
...
else if(条件表达式n-1){
  程序体n-1
} else {
  程序体n
}
```

【例 3-3】判断一个数 x，如果 x 为正数，则输出语句“这个数是正数”；如果 x 为负数，则输出语句“这个数是负数”；如果 x 为 0，则输出语句“这个数为 0 值”。

```
> x<- 0
> if(x>0) {
    print("这个数是正数")
  }
  else if(x<0) {
    print("这个数是负数")
  } else {
    print("这个数是0值")
  }
[1] "这个数是0值"
```

由于 if 本质上是一个原函数，它的返回值就是满足条件分支表达式的值，因此，if 表达式也可以用作 R 语言的内联函数。由于函数的返回值就是函数体中最后一个表达式的值，所以在这种情况下可以删掉大括号：

```
if (x > 0) print("x是正数")
```

则一个简单的形式如下：

```
if (x > 0) print("这个数是正数")
  else if (x < 0) print("这个数是负数")
    else print("这个数是0")
```

4. 向量化的 ifelse() 函数

在之前的程序中，所有的条件表达式接受的都是单一值，R 语言最有特色的地方就是存在向量化的变量，那么条件表达式是否可以接受一个向量呢？答案是可以，R 语言对向量有比较优秀的处理方式，即借助 ifelse() 函数来实现，并且也可以处理条件表达式。

ifelse() 函数是 if 的向量化形式，语法格式如下：

```
ifelse(条件表达式,TRUE表达式,FALSE表达式)
```

这个语法中，先要判断条件表达式是 TRUE 还是 FALSE，如果是 TRUE，返回“TRUE 表达式”；如果是 FALSE，返回“FALSE 表达式”。

示例代码如下：

```
> x <-5
> ifelse(x >=0, 1, 0)
[1] 1
> x <- c(-2, 0, 1)
> ifelse(x >=0, 1, 0)
[1] 0 1 1
```

当条件表达式是由多个布尔值组成的向量化条件表达式时，对于条件表达式内的每一个元素，若是 TRUE，则选择 ifelse() 函数第二个参数 TRUE 所对应的元素；若是 FALSE，则选择 ifelse() 函数第三个参数 FALSE 所对应的元素。

示例代码如下：

```
> ifelse(c(TRUE, FALSE, FALSE), c(1, 2, 3), c(4, 5, 6))
 [1] 1 5 6
```

c(TRUE, FALSE, FALSE) 中的第一个元素为 TRUE，此时就取 c(1, 2, 3) 中的第一个元素；c(TRUE, FALSE, FALSE) 中的第二个元素为 FALSE，此时就取 c(4, 5, 6) 中的第二个元素；c(TRUE, FALSE, FALSE) 中的第三个元素为 FALSE，此时就取 c(4, 5, 6) 中的第三个元素。

如果要求向量化的输入和输出，就会存在一个问题：若 TRUE 表达式是数值向量，而 FALSE 表达式是字符向量，那么一个混合了 TRUE 和 FALSE 的判定条件会将输出向量中的所有元素强制转换为字符串，因此返回结果是一个字符向量。

示例代码如下：

```
> ifelse(c(TRUE, FALSE), c(1, 2), c("a", "b"))
 [1] "1" "b"
```

3.1.3 switch 语句

switch 语句

在编程中一个常见的情况就是判断一个对象值是否符合某一个条件，如果不符合，再用另一个条件来判断，以此类推。遇到这样的多重条件判断时，可以使用前面介绍过的 if-else if-else 语句来处理，但是重复地编写 else if 过于麻烦，而且会使程序的运行效率不高。这种情况下可以借助 switch 语句，需要注意的是，上面提到的向量化的条件表达式不能用到 switch 语句的表达式中。

switch 语句的基本语法格式如下：

```
switch(表达式,实例1,实例2, ...)
```

switch 语句和其他条件语句的差别较大，它需要遵循以下规则：

（1）如果表达式的值不是字符串，那么它被强制变为整数，也就是说，switch 语句中的表达式只有字符串和整数两种类型，所以它无法处理向量。

（2）在参数列表中可以有任意数量的实例，中间需要用“,”隔开。

（3）表达式的类型是整数，表达式的值从 1 开始，到参数表最大值 -1 结束，返回与该值对应的实例结果。

（4）如果表达式的类型是字符串，那么返回与该字符串名称匹配的那个实例。如果有多个字符串匹配，则返回第一个匹配的实例。

（5）不能设置参数的默认值。

（6）在表达式没有匹配到任何实例的情况下，如果实例列表中有一个未命名的实例，则返回未命名的实例。如果有多个这样的实例，则返回错误。

switch 语句示例代码如下：

```
>x <- 2
>switch(x, "first", "second", "third", "fourth")
[1] "second"
>x <- switch(3, "first", "second", "third", "fourth")
>print(x)
 [1] "third"
```

总而言之，if() 函数、ifelse() 函数和 switch() 函数的性质略有不同，具体使用哪个要依据实际情况确定。

3.2 循环结构

R 语言擅长处理向量、列表、数据框等复杂数据结构，这些数据结构多数都需要对其中的元素进行迭代。大多数语言中，这种迭代选择循环是很正常的事情，R 语言在这方面的设计要比其他语言都优秀，它提供了多种用于数据迭代的函数，但是在实际项目中普通的矢量数据循环也是不可避免的，所以它也提供了 for 和 while 之类的循环方式。

3.2.1 for 循环

在 R 语言中，for 循环的语法结构如下：

```
for(循环变量 in 循环区间) {
  循环体
}
```

R 语言中 for 循环语法结构的特别之处在于它存在循环区间这个概念，循环区间一般存放一个向量，循环变量的运行是通过遍历循环区间中存放的每一个元素来实现的。

【例 3-4】使用 for 循环实现 1 ～ 10 的累加和。

```
> sum<-0
> for(n in 1:10) {
  sum = sum +n
  }
```

```
> print(sum)
[1] 55
```

3.2.2 while 循环

R 语言中 while 循环的语法结构和其他语言的相似，如下：

```
while(条件表达式) {
    循环体
}
```

while 循环的语法结构比较简单，例 3-4 的实现如下：

```
> sum <- 0
> i <-0
> while( i <= 10)
{
  sum = sum +i
  i <- i + 1
}
> print(sum)
[1] 55
```

3.2.3 break 语句

break 语句的作用是，一旦其被调用，不论循环是否结束都会跳出循环。需要注意的是，和 return() 函数不同，return() 函数是结束该函数，而 break 语句只会从循环中跳出，如果循环之外还有程序需要执行，break 语句不会对其产生任何影响。由于 break 语句只是跳出循环，所以它一般都和 for 语句或 while 语句一起使用。

【例 3-5】使用 break 语句实现 1 和 10 之间整数的累加和，当大于等于 10 时跳出循环。

```
> sum <- 0
> i <-0
> while( i <= 100)
{
  if (i>=11) break;
  sum = sum +i
  i <- i + 1
}
> print(sum)
[1] 55
```

3.2.4 repeat 语句

repeat 是无限循环语句，并且会在达到循环条件后使用 break 语句直接跳出循环，语法结构如下：

```
repeat {
  语句
  if (条件表达式){
     break
  }
}
```

【例 3-6】求 1 和 10 之间整数的累加和。

```
> i <- 1
> sum <- 0
> repeat {
      sum = sum + i
      i=i+1
      if (i>10) break
}
> print (sum)
[1] 55
```

3.3 函数

R 语言包含丰富的内部函数，其扩展包也包含大量的实用函数。这些函数有的是 R 核心团队提供的，有的是各专业领域的专业人才提供的。在真实的项目中，这些函数可以满足大部分开发者的需求，但还是有一些项目的需求是这些函数不能完美实现的，或者某些函数的实现并不能达到项目目标。因此，若想成为一个合格的 R 程序员或者 R 数据分析师就需要会编写自己的 R 函数来实现项目的需求。这种 R 函数被称为自定义函数。

3.3.1 自定义 R 函数

自定义函数的格式如下：

```
函数名<-function(参数1,参数2, ...) {
    函数体
    return(value)
}
```

函数名：函数的实际名称。函数的所有内容均以这个名称作为一个对象存储在 R 环境中。

参数：用一个占位符表示。当函数被调用时，可以传递一个值到参数中。参数是可选的，也就是说一个函数可能包含一个参数、多个参数，或者不包含参数。

函数体：函数中所有语句的集合。

返回值：函数最终需要返回的结果。

【例 3-7】自定义函数实现 1 和 n 之间整数的累加和。

```
> sum<-function(n){
   s<-0
   for (i in 1:n)
   {
      s<-s+i
   }
   s   #返回1和n之间整数的累加和
}

#调用sum()函数实现1至100之间整数的累加和
> sum(100)
[1] 5050
```

请注意 sum() 函数体的最后一行语句，若不将运算结果赋值给对象，那么默认就会返

回这一行的结果值，代替 return() 函数实现函数最终的返回结果。

在自定义函数中，函数的主体应用大括号括起来，但如果函数的主体只有一行，则大括号可以省略。

3.3.2 返回值

通过上述的简单 R 程序，发现 return() 函数的存在似乎没有意义，完全可以用函数体中的最后一行代码代替实现函数最终的返回结果，但其实真相并不是这样的。

在 R 语言中，函数的返回值可以是任何的 R 对象，尽管返回值通常为列表形式。在程序中可以通过显式调用 return() 函数把一个值返回给主调函数。如果省略这条语句，默认会把最后执行的语句的值作为返回值。需要特别注意的是，return() 函数不仅有把一个值返回给主调函数的作用，还有结束 R 程序的作用。

示例代码如下：

```
> sum<-function(n){
    s<-0
    return("返回")
    for (i in 1:n)  s<-s+i
    return(s)    #返回1和n之间整数的累加和
}
> sum(100)
[1] "返回"
```

上例中，函数的返回值是第一个 return(" 返回 ") 的值，和其他程序语言不同，R 语言在一条分支中写多少个 return() 函数都不会报错，但是只要有 return() 函数运行程序就会结束，其后面的代码便不会被执行。由于 return() 函数的这个特性，有些程序中需要在 return() 之后结束程序，这时候就需要书写 return() 函数，比如前面讲到的流程控制中，当达到某一条件时程序终止，这时就必须书写 return() 函数。

现在 R 语言的普遍用法是，避免显式调用 return() 函数。主要原因是调用 return() 函数会延长执行时间，并且增加代码量。使用 R 语言的人群有两类：数学家和程序员。R 语言在大数据分析成为热门之前，大多是被数学家使用，直到大数据兴起，计算机行业的从业者才逐渐走进 R 语言的世界。如今 R 语言的一些主流编程思想还是数学家的编程思想，但由于有大量的程序员进入，编程方式已经开始偏向计算机编程思维。就 return() 函数本身来讲，调用它确实需要耗费一定的时间，但对程序员来说，除非函数非常短，否则避免显式调用所节省的时间是微不足道的，所以这并不是避免显式调用 return() 函数的重要原因。另外就代码量来说，程序员通常不会介意多写几行代码来增加代码的可读性，良好的代码书写习惯可以使读者浏览一遍程序代码后就能立即发现哪些地方、哪些值会被返回给主调函数。要想达到这个目的，最简单的方法是在代码中需要返回值的地方显式调用 return() 函数。

3.3.3 函数的参数

函数的参数

函数执行其实就是帮助主调函数实现一个功能。这里就会涉及几个问题：函数帮助主调函数实现的功能会不会用到主调函数中的对象值、需要什么类型的对象值、需要多少个值。函数参数就是为解决这类问题而出现的。在 R 语言中，函数的参数可以没有，可以有一个，也可以有多个；参数值的类型可以是R语言的基本类型，也可以是函数。

没有参数值传递的函数一般称为无参函数，这样的函数多数是为了完成固定的功能，而和主调函数没有必然的关系，只有一个参数的函数在前面已经学习过。这里将讲解多个参数的情况。

如果一个自定义的函数有多个参数，那么只需要将多个参数放到函数的参数表中，并且用 "," 将各个参数隔开即可。

【例3-8】自定义一个函数实现3个数相加。

```
>sum<- function(a=50, b, c=500) {
   return(a+2*b+3*c)
}
> sum(100, 200, 500)   #虽然参数a和c都有默认值，但此处对a和c重新赋值，b取值200
[1] 2000
> sum(100, 200)        #参数c取默认值
[1] 2000
> sum(a=100, b=200)   #通过赋值的方式给a和b赋值，参数c取默认值
[1] 2000
> sum(b=200, a=100)   #通过赋值的方式给a和b赋值，可以不按顺序
[1] 2000
>sum(100, 200, 300)   #参数a和c不取默认值，重新赋值
[1] 1400
```

当函数有多个参数时，只需要在参数表中继续加参数，并且用“,”分隔。函数的写法比较简单，但是多个参数传值会引发一个比较有趣的问题。如果将调用函数写成sum(100,200,500)，这种参数调用的顺序说明，当函数有多个参数的时候参数是按位置匹配的。

当某一个或多个参数有默认值，并且在函数调用过程中参数要使用默认值时，取默认值的参数可以不录入。比如将调用函数写成sum(100, 200)时，表示c取默认值500，a取值100，b取值200；将调用函数写成sum(,200)时，表示第二个参数b取值200，a和c取默认值，注意参数表中逗号之前的内容为空，表示第二个参数之前的第一个参数为空，此时第一个参数取默认值，这里sum(,200)、sum(,b=200)和sum(,200,)的调用是一样的，结果也相同。但是与sum(200)的调用不同，sum(200)表示第一个参数取值200，第二个参数和第三个参数取默认值，由于第二个参数b没有默认值，也没有赋值，因此程序运行会报错，提示“Error in sum(a =100) : 缺少参数“b”，也没有默认值”。基于以上原因，设计一个函数时设定默认值的参数一般情况下是放到参数表的末尾位置。

有时函数的参数按位置匹配并不理想，那么有没有什么指定的方式可以把200赋给参数b，把100赋给参数a，而不论参数位置怎么放呢？这种方式在R语言中是存在的，比如将调用函数写成sum(b=200, a=100)即可实现。此处sum(a=100, b=200)、sum(100, 200)和sum(b=200, a=100)的调用结果是一样的，所以只要在参数表中确定好要为哪个参数传值，结果就不会因为参数位置的变化而变化，也就是说，这个时候参数表不再是按位置传参数了。

3.3.4 程序的向量化实现

在R语言中，采用显式循环会涉及多次函数调用和迭代，会非常耗费时间。很多情况下循环和控制结构可以通过向量化来实现，这样可以有效提升速度，因为向量化函数的内

部是用C语言实现的，C语言是一种编译语言，效率很高。而R是一种解释语言，在计算时C语言通常要比R语言快100倍。在R语言中使用向量化时，会调用C语言进行运算，这样可以大大提高计算效率，因此R程序使用向量化能大幅提升速度。

【例3-9】将条件语句改用逻辑索引的向量化实现。

```
> x<-c(2, 3, 2, 4, 2, 5)
> y <-c(1:length(x))      #创建一个与x等长的向量y
> for (i in 1:length(x)){
  if (x[i] == 2)
    y[i] <- 0
  else
    y[i] <- 1
}
```

上述语句可以改写为：

```
> x<-c(2, 3, 2, 4, 2, 5)
> y <-c(1:length(x))
> y[x == 2] <- 0
> y[x != 2] <- 1
```

通过这个示例可以发现，使用向量化实现不仅可以使运算速度加快，而且能让代码更简洁。

常用加速代码的向量化函数有ifelse()、which()、where()、any()、all()、cumsum()和cumprod()等。对于矩阵而言，可以使用rowSums()和colSums()等函数。对于“穷举所有组合”这类问题，可能需要combin()、outer()、lower.tri()、upper.tri()、expand.grid()等函数。

3.3.5 apply()函数族

在真正的数据处理阶段，需要对清洗过的目标数据进行必要的数据处理。R语言本身就擅长处理向量数据，并且后续在使用R语言进行数据分析时需要的目标数据都是向量数据，在数据处理阶段需要对向量数据做转换、合并、拆分等处理。由于需要处理的数据都是向量，所以经常会用到循环功能。前面已经介绍过for循环和while循环，虽然这两种循环可以达到处理向量数据的目的，但是在真实的项目实战中使用这两种循环来处理向量数据的情况并不常见，同时也不建议读者过多地使用for循环和while循环来处理向量，原因有两个：第一，使用for循环和while循环来处理向量数据的程序编写起来很麻烦；第二，R语言的这两种循环操作都是基于R语言本身来实现的，R语言的底层又是基于C语言来实现的，所以这两种循环在实现时需要先解析成C语言，然后再由C语言来实现，这就要经过两次编译，所以效率不高。在实际的数据分析项目中，目标数据往往都是拥有超大规模的数据集。在这种情况下，for循环和while循环的使用会大大降低数据处理和分析的效率。解决这个问题最好的办法就是直接使用C语言相关函数来处理向量。R语言中的apply()函数族，包括apply()函数、lapply()函数、sapply()函数、vapply()函数和mapply()函数等，就是使用C语言的相关函数来实现向量计算的。

apply()函数族是R语言中数据处理的一组核心函数，它们可以实现对数据的循环、分组、过滤、类型控制等操作。apply()函数本身就是用来解决与数据循环处理相关的问题的，为了让函数面向不同的数据类型、不同的返回值，apply()函数组成了一个族，共包括8个功能类似的函数，下面介绍其中常用的几个。

1. apply() 函数

apply() 函数是 apply() 函数族中的核心函数，R 语言通常会使用它代替 for 循环。apply() 函数可以对矩阵、数据框、（二维、多维）数组按行或列进行循环计算；可以对子元素进行迭代，并把子元素以参数的形式传到自定义函数中；可以返回自定义函数的计算结果。apply() 函数的语法结构如下：

```
apply(X, MARGIN, FUN, ...)
```

X：数组、矩阵、数据框等目标数据。

MARGIN：表示按行或按列进行计算，1 表示按行，2 表示按列。

FUN：表示函数，可以是 R 自带的函数，如 mean、sum 等，也可以是自定义函数。

...：表示更多参数。

【例 3-10】使用 apply() 函数对矩阵的每一行求和。

```
>x<-matrix(1: 12, ncol=3)
> x
     [,1]  [,2]  [,3]
[1,]   1     5     9
[2,]   2     6    10
[3,]   3     7    11
[4,]   4     8    12
> apply(x, 1, sum)
[1] 15 18 21 24
```

这个例子比较简单，但是可以看出 apply() 函数的作用。也可以使用 rowSums() 实现，但是如果稍微复杂些，rowSums() 函数就不适用了，则需要用自定义函数实现。

【例 3-11】先创建一个数据框并存放到对象 x 中，然后对数据框的每一列做除法运算。

```
> x<-cbind(x1=5, x2=c(1:3))
> x<-as.data.frame(x)    #创建 data.frame
> x
   x1  x2
1   5   1
2   5   2
3   5   3
>newfun <- function(x) { x/c(2, 5) }     #将第一列除以2，第二列除以5
>apply(x,1, newfun)
     [,1]  [,2]  [,3]
x1   2.5   2.5   2.5
x2   0.2   0.4   0.6
```

可见，自定义函数 newfun() 可实现一个常用的循环计算。for 循环也可以实现 newfun() 函数的计算过程，但是实现的过程比较烦琐，要构建循环体、定义结果数据集、将每次循环的结果存放到结果数据集中，这些操作都需要自己来编写。很显然，使用 for 循环实现的计算比较费时费力，而使用 apply() 函数实现的循环编写起来更简单，而且耗时也相对短些。

通过上例可知，对于一个需要用循环来实现的计算来说，应该尽量避免显式地使用 for 循环和 while 循环，而优先考虑采用 R 语言内置的向量计算方式，如果采用这种方式还解决不了问题，则可尝试使用 apply() 函数来处理。

2. lapply() 函数

lapply() 函数用来对列表、数据框等数据集进行循环，并返回和 x 长度相同的列表作为结果数据集，参数与 apply() 函数的参数相同，与 apply() 函数表面上的区别是以字母“l”开头，而主要区别在于返回结果数据集的类型不同。

【例 3-12】计算 list 中每个 key 对应数据的分位数。

```
#构建一个list数据集x，包括a、b、c三个key值。
 >x <- list(a = 1:10, b = exp(-3:3), c= c(TRUE, FALSE, FALSE, TRUE))
$a
 [1] 1 2 3 4 5 6 7 8 9 10

$b
[1] 0.04978707 0.13533528 0.36787944 1.00000000 2.71828183 7.38905610
[7] 20.08553692

$c
[1] TRUE FALSE FALSE TRUE

#分别计算每个key对应数据的分位数
> lapply(x, quantile)
$a
   0%    25%    50%    75%    100%
   1.00  3.25   5.50   7.75   10.00

$b
   0%            25%           50%           75%           100%
   0.04978707    0.25160736    1.00000000    5.05366896    20.08553692

$c
   0%    25%    50%    75%    100%
   0.0   0.0    0.5    1.0    1.0
```

从结果可以看出，lapply() 函数可以很方便地对列表进行循环操作。lapply() 函数还可以对数据框按列进行循环操作，但是不能像 apply() 函数那样对向量或矩阵对象进行循环操作。

3. sapply() 函数

sapply() 函数与 lapply() 函数其实是一样的，只是返回的结果是一个向量或矩阵，当无法将一个结果简化为矩阵时就会返回一个列表。在参数 simplify 和 USE.NAMES 都使用默认值时，sapply() 函数的返回值为向量，这是它和 lapply() 函数的最大区别。sapply() 函数的语法格式如下：

```
sapply(X,FUN,..., simplify=TRUE, USE.NAMES=TRUE)
```

X：表示输入为列表、矩阵、数据框。

FUN：自定义函数。

...：更多参数。

simplify：表示是否数组化，默认值为 TRUE，可以将其设置为 FALSE 来关闭数组化。比较特别的是，它还有一个值 array，如果将参数值设置为 array，则输出结果按数组进行分组。

USE.NAMES：默认值为 TRUE，此时如果 X 的内容为字符串，那么若数据没有名字，就用 X 中的字符串来命名，如果参数设置为 FALSE，则不去命名。

sapply() 函数的使用示例如下：

```
> x <- list(a=1:5, b=rnorm(5), c=rnorm(5,1))
> x
$a
[1] 1 2 3 4 5

$b
[1] -0.55825260 -0.64523388  0.65826347 -0.02316176  1.07831357

$c
[1]  0.10549647 -0.01716549  1.67225328  0.26572079  0.89511642

> sapply(x, mean)
a           b          c
3.0000000   0.1019858  0.5842843
```

4. vapply() 函数

sapply() 函数很灵活，可以返回向量、矩阵和列表，但这种灵活有时候会有风险。vapply() 函数是 sapply() 函数的升级版，它通过附加一个参数来设定每次返回值的模板。与 sapply() 类似，vapply() 也会对 apply 结果进行简化，不同之处在于它需要显式指明所希望简化为的具体格式，如果无法简化为所指定的格式，则会给出错误提示。

示例代码如下：

```
> a <- list(c(1,2), c(6,3))
> a
[[1]]
[1] 1 2
[[2]]
[1] 6 3

> vapply(a, function(x) x^2, numeric(2))
     [,1]  [,2]
[1,]   1    36
[2,]   4     9
```

通过显式指明所希望得到的格式，vapply() 函数比 sapply() 函数更加“保险”，总能通过 vapply() 函数得到希望的结果（或者错误提示）。此外，在数据量较大时，使用 vapply() 函数的效率明显比 sapply() 函数要高，因为 vapply() 函数不需要像 sapply() 函数那样去猜测如何对结果进行合适的简化。

5. tapply() 函数

tapply() 函数允许根据某些变量的值把原始数据分割为若干组，然后对每组数据应用特定的操作。具体来说，tapply(x,f,g) 函数是将向量 x 按 f 的因子进行分组，每组对应一个因子 f，得到 x 的子向量后再对这些子向量应用 g 函数。

示例代码如下：

```
> a <- c(24,25,36,37)
> b <- c('q','w','q','w')
> tapply(a,b,mean)
q   w
30  31
```

先将向量 a 按 b 的因子进行分组，因子 'q' 对应的子向量为 c(24,36)，因子 'w' 对应的子向量为 c(25,37)，再对这些子向量应用 mean() 函数求均值。

6. mapply() 函数

mapply() 函数是 sapply() 函数的多参数版本。第一次传入各组向量的第一个元素到 FUN，进行计算得到结果；第二次传入各组向量的第二个元素，得到结果；第三次传入各组向量的第三个元素，以此类推。

示例代码如下：

```
> s1 <- list(a = c(1:10), b = c(11:20))
> s2 <- list(c = c(21:30), d = c(31:40))
> mapply(sum, s1$a, s1$b, s2$c, s2$d)
 [1] 64 68 72 76 80 84 88 92 96 100
```

7. rapply() 函数

rapply() 函数是 lapply() 函数的递归版本，它只负责处理列表（list）类型数据，对列表中的每个元素进行递归遍历，如果 list 包括子元素则继续遍历。基本语法格式如下：

```
rapply(object, f, classes = "ANY", deflt = NULL, how = c("unlist", "replace", "list"), ...)
```

object：列表（list）类型数据。

f：自定义函数。

classes：匹配类型，默认为 ANY，即匹配所有类型。

deflt：默认结果，若 how 参数选择了，则 replace 不能使用。

how：字符串匹配的 3 种操作方式，当为 replace 时，用调用 f 后的结果替换列表中原来的元素；当为列表时，新建一个列表，若原列表中的数据类型匹配 classes 中的类型，则调用 f 函数，结果存入新的列表中，若不匹配则赋值为 deflt；当为 unlist 时，执行一次 unlist(recursive=TRUE) 操作。

【例 3-13】使用 rapply() 函数对列表中所有 numeric 类型的数据进行求平方根运算。

```
> newlist <- list(list(a = 81, b = list(c = 1:3)))
> newlist
[[1]]
[[1]]$a
[1] 81

[[1]]$b
[[1]]$b$c
[1] 1 2 3

> rapply(newlist, sqrt, classes = "numeric", how = "replace")
[[1]]
[[1]]$a
[1] 9

[[1]]$b
[[1]]$b$c
[1] 1 2 3
```

3.3.6 养成良好的代码编写习惯

编写函数，尤其是编写很长的函数或程序时，往往是一件费时费力的浩大工程，而且程序写得越长，越难以管理，也不好理解。下面是编写程序的基本原则：

（1）建立从上到下分块设计的原则，将大的程序拆分成几块来写，每一块又分成几步，每步可以设计成单独的函数，便于调用。

（2）及时添加注释。之前写好的代码经过一段时间后，往往会忘了其含义，这时注释可以发挥作用。

（3）尽可能做向量化运算。因为 R 将所有对象都存储在内存中，所以尽量少用 for 循环或 while 循环。建议使用向量化运算，使用后续章节讲到的 R 内置函数 lapply()、sapply()、mapply() 等处理向量、矩阵和列表。

（4）在使用完整的数据集运行程序之前，应先抽取部分数据的子集进行测试，以便于消除代码中的错误和进一步优化程序，而且这样做有时能大大节省时间。

3.4 实训

实训 1：自定义函数实现新向量输出

按照要求，根据原有向量实现新向量的输出，请编写自定义函数实现遍历向量 x 中的每一个元素，在 i 位置时按如下条件操作：

（1）当元素小于 3 时，这个新向量 y 中相应位置的元素是原来元素的 i 次方。

（2）当元素小于 4 时，新向量 y 中相应位置的元素是原来元素的 i-1 次方。

（3）当元素小于 5 时，新向量 y 中相应位置的元素是原来元素的 i-2 次方。

（4）当元素大于等于 5 时，新向量 y 中相应位置的元素是新向量 y 的最大值加上 10。

自定义函数代码如下：

```
newfun <- function(x) {
    y<-c()
    for(i in 1:length(x)){
      if(x[i]<3){
        y[i]<-x[i]^i
      } else if(x[i]<4){
            y[i]<-x[i]^(i-1)
      } else if(x[i]<5){
             y[i]<-x[i]^(i-2)
      } else {
           y[i]<- x[i]+10
      }
   }
   return(y)
}
```

newfun() 函数调用结果如下：

```
> newfun(c(2:6))
[1]  2  3  4 15 16
> newfun(c(3,6,7,4,7,3,8,3))
[1]    1   16   17   16   17  243   18 2187
```

实训 2：老虎机符号的向量转换

请分别自定义函数使用 3 种不同的方法将一个包含老虎机符号的向量转换成一批新的符号，并尝试比较 3 种方法消耗的时间。

方法 1：使用 if-else 控制语句实现。

```
change1<-function(vec){
  for(i in 1:length(vec)){
    if(vec[i]=="DD"){
      vec[i]<-"joker"
    }else if(vec[i]=="C"){
      vec[i]<-"ace"
    }else if(vec[i]=="7"){
      vec[i]<-"king"
    }else if(vec[i]=="B"){
      vec[i]<-"queen"
    }else if(vec[i]=="BB"){
      vec[i]<-"jack"
    }else if(vec[i]=="BBB"){
      vec[i]<-"ten"
    }else {
      vec[i]<-"nine"
    }
  }
  vec
}
```

方法 2：使用向量化的方式实现。

```
change2<-function(vec){
    vec[vec=="DD"]<-"joker"
    vec[vec=="C"]<-"ace"
    vec[vec=="7"]<-"king"
    vec[vec=="B"]<-"queen"
    vec[vec=="BB"]<-"jack"
    vec[vec=="BBB"]<-"ten"
    vec[vec=="0"]<-"nine"
    vec
}
```

方法 3：使用查找表的方式实现。

```
change3<-function(vec){
    tb<-c("DD"="joker","C"="ace","7"="king","B"="queen","BB"="jack","BBB"="ten","0"="nine")
    unname(tb[vec])      #unname()函数用来去掉R对象的name属性
}
```

对 3 种方式的自定义函数进行调用并输出结果：

```
> vec<-c("DD","7","BBB","BB","B","C","0")
> change1(vec)
[1] "joker" "king"  "ten"   "jack"  "queen" "ace"   "nine"
> change2 (vec)
[1] "joker" "king"  "ten"   "jack"  "queen" "ace"   "nine"
> change3 (vec)
[1] "joker" "king"  "ten"   "jack"  "queen" "ace"   "nine"
```

使用 system.time() 函数比较 3 种方式消耗的时间：

```
> many<-rep(vec,1000000)
> system.time(change1(many))
用户    系统    流逝
8.48    0.00    8.47
> system.time(change2(many))
用户    系统    流逝
0.36    0.04    0.40
> system.time(change3(many))
用户    系统    流逝
0.19    0.08    0.27
```

从上述结果可以看出，第三种使用查找表的方式消耗时间最少，其次是第二种方式，使用 if-else 控制语句消耗时间最多。

查找表除了可以简化代码外，还可以节省程序运行时间。if-else 控制语句要求 R 程序沿着 if-else 控制语句自上而下运行多个判断，这个过程中执行了许多不必要的计算。向量化编程与 R 语言的结合是一种更高效的编程风格，同时也能省去多行代码，有极简之美。要将 if-else 控制语句转换成查找表，首先明确要赋的值并将这些值存储在一个向量中，然后提取出 if-else 控制语句中的各个条件语句作为选值的依据。

3.5　本章小结

本章讲解了 R 语言流程控制中的 if-else 语句组、向量化的条件表达式 ifelse、switch 语句、while 循环等的应用，了解了 for 循环和 while 循环的联系与区别，最后学习了如何编写自定义 R 函数、函数的返回值和参数问题、apply() 函数族。

如果计算涉及一个或多个分组变量的单个向量，而结果也是一个向量，此时可以使用 tapply() 函数，它返回一个向量或数组，这使得其单个元素很容易被访问。

如果将组定义为矩阵的行或列，即操作目标为矩阵的每一列或行，则使用 apply() 函数是最佳选择，该函数通常会返回一个向量或数组，但将根据行或列操作的结果维度不同返回一个列表。

如果将组定义为列表中的元素，那么 sapply() 和 lapply() 函数比较适合，区别在于 lapply() 函数返回一个列表，而 sapply() 函数可将输出简化为向量或数组。有时可以结合使用 split() 函数将需要处理的数据创建为一个列表，然后再使用这两个函数。

如果所要计算函数的参数为一个矩阵或数组，则可以考虑使用 mapply() 函数，其返回结果一般是列表形式。

练习 3

1．使用循环语句实现存款利率问题：本金 10000 元存入银行，年利率为 3%，每过一年，将本金和利息相加作为新的本金，计算 10 年后获得的本金。

2．使用循环和条件语句实现整除问题：找出1和1000之间既不能被6整除又不能被8整除的所有数。

3．使用循环和条件语句实现水仙花数问题：水仙花数是指一个三位数，其各位数字的立方和等于该数本身，请统计水仙花数的个数。

4．分别使用 for 循环和 while 循环计算 30 个 Fibonacci 数。

5．自定义函数实现 sum(x, n)=1+x+x^2+...+x^n。

6．自定义函数计算数据集的标准差。

第 4 章　数据的读写与预处理

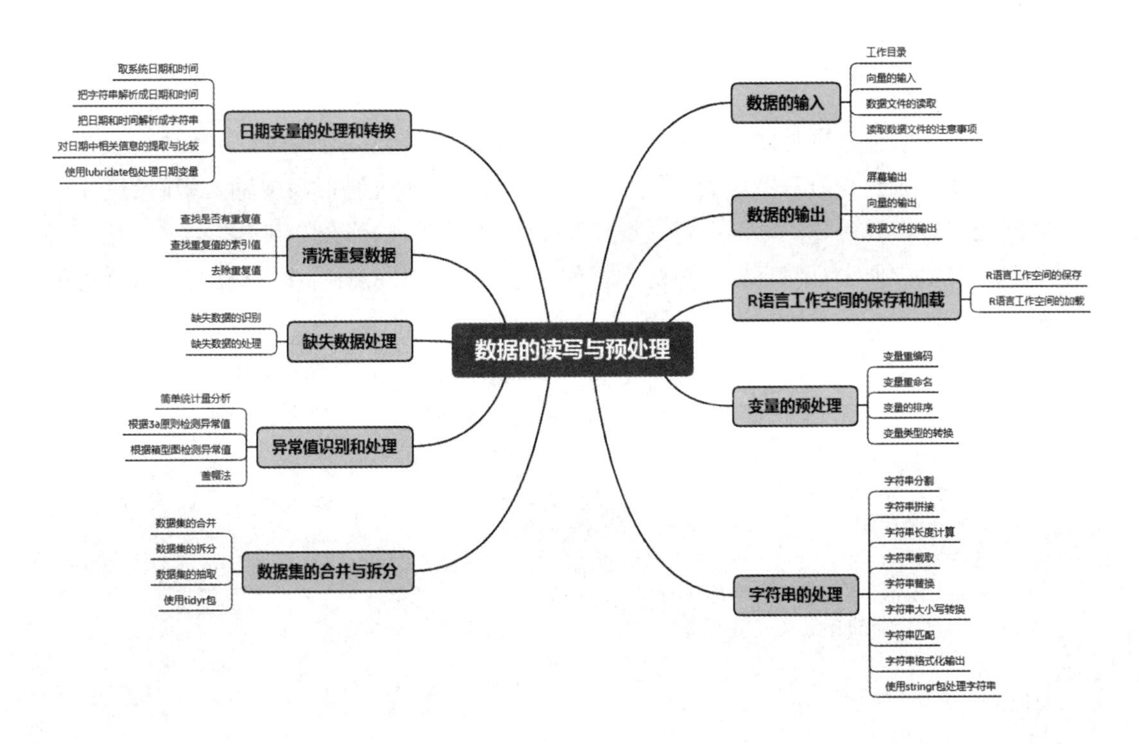

本章导读

在真实的数据分析场景中，获取到的原始数据一般都存在缺失值、重复值、异常值、格式等问题，需要对数据进行预处理，才能进行下一步的数据分析工作。本章主要介绍数据的输入输出、字符串的处理、日期变量的处理、重复数据清洗、缺失数据识别和处理、异常值的识别和处理、数据集的合并与拆分等内容。

本章要点

- 数据输入输出的常见格式和用法
- 字符串处理的常用方法
- 日期变量处理的常用方法
- 缺失值的检测和填充方法
- 异常值的识别和处理方法
- 数据集的合并与拆分

4.1 数据的输入

R语言的基本输入输出功能主要有3种形式：键盘输入和屏幕输出、文本格式的输入输出、自有二进制格式的输入输出。在R语言中，由于输入输出涉及对系统中文件夹和文件的查找和选择，因此本节将对R语言中与文件夹和文件相关的操作进行简单介绍。

4.1.1 工作目录

工作目录是数据分析时输入输出的一个默认文件夹。在数据分析过程中，事先设置一个合适的工作目录至少有三个好处：其一，避免保存和读取文件时反复输入相同的路径；其二，当迁移工作目录时，可以不用大量修改程序中所涉及的路径；其三，当多个工作同时进行时，可以方便进行整理，以避免数据间相互干扰。在R语言中，函数getwd()可用于返回当前工作目录，函数setwd()可用于设置所需的工作目录。

在设置工作目录之前，还需要确认所要设置的文件夹是否存在，这可以利用函数dir.exists()来判断，如果不存在，可以利用函数dir.create()新建一个文件夹，代码如下：

```
>setwd('d:/R语言实训')            #无法设置，可能是文件夹不存在
Error in setwd("d:/R语言实训"): cannot change working directory
>dir.exists('d:/R语言实训')       #判断文件夹是否存在
[1]FALSE
>dir.create('d:/R语言实训')       #若不存在，可以新建一个
>setwd('d:/R语言实训')            #设置工作目录
>getwd()                          #获取当前工作目录
[1]"d:/R语言实训"
```

注意，当使用函数setwd()无法设置工作目录时，虽然常见的原因是文件夹不存在，但也可能是出于其他原因，例如没有写入权限，因此需要判断文件夹是否存在。

在构建工作目录之后，有时还要根据需要建立不同的文件夹以分类存放文件。此时可以利用函数dir.create()创建所需的文件夹。当需要查看工作目录下有哪些文件夹时，可使用函数list.dirs()显示所包含的文件夹。当需要删除某个文件夹时，可使用函数unlink()对其进行删除。

```
>dir.create('数据' )              #创建一个名为“数据”的文件夹
>dir.create('程序')               #创建一个名为“程序”的文件夹
>dir.create('程序/test1')         #在文件夹“程序”下再创建一个名为test1的文件夹
>setwd("E:/R_code/ ")             #设置（改变）新的工作目录
```

注意：设置工作目录时，要使用“/”符号或者“\\”进行层级分隔，而不是默认的“\”符号，在R语言中，“\”符号为转义符，有特定的用途。

将需要读取的数据集放在新的工作目录下，在读取和回写时不用再指定文件路径，简化了代码。

4.1.2 向量的输入

scan()函数用于键盘输入，以构建一个向量，它也可以利用参数file直接读取文件中的向量，例如：

```
>x=1:8
>write(x, 'data.txt')        #将一个数值向量保存在文件data.txt中
>scan('data.txt')            #利用scan()函数将这个数值向量写进来
Read 8 items
[1]12345678
```

scan() 函数默认的分隔符是空格。此外，write() 函数默认按一行 5 个值保存数值向量，而 scan() 函数在正确识别分隔符的情况下可以忽略换行符，直接连续读取整个向量。注意，scan() 函数与后面要介绍的 read.csv() 函数和 read.table() 函数一样，在读取数据后也必须赋值于变量才能进行后续分析。

4.1.3 数据文件的读取

1. 读取 CSV 文件

在数据分析中，数据经常采用数据表的形式进行存储和计算，即每列代表一个变量，每行代表一个个体或一条记录。矩阵和数据框从形式上看都是行列表，因此都能以数据表的形式进行输出，但写入数据表文件时 R 语言会用数据框的形式。

在需要读取 CSV 文件时，可以使用 read.csv() 函数对指定文件进行读取。不指定路径时，默认在工作目录下查找该文件，例如：

```
>set.seed(1)
>x= matrix(rnorm(12), 3)
>write.csv(x, 'data.csv')      #输出一个CSV文件
>read.csv('data.csv')
    X   V1          V2          V3          V4
1   1   -0.6264538  1.5952808   0.4874291   -0.3053884
2   2   0.1836433   0.3295078   0.7383247   1.5117812
3   3   -0.8356286  -0.8204684  0.5757814   0.3898432
```

对于这个文件，read.csv() 函数并不能自动识别行号，而是将自动生成的行名作为一列写了进来。此时，可以利用参数 row.names 指定第一列为行名，例如：

```
> read.csv('data.csv', row.names=1)
    V1          V2          V3          V4
1   -0.6264538  1.5952808   0.4874291   -0.3053884
2   0.1836433   0.3295078   0.7383247   1.5117812
3   -0.8356286  -0.8204684  0.5757814   0.3898432
```

2. 读取文本文件

在 R 语言中，read.table() 函数是基础包自带函数，可以读取文本数据和 CSV 格式数据，基本语法格式如下：

```
read.table(file, header = FALSE, sep = "", quote = "\"'",
        dec = ".", numerals = c("allow.loss", "warn.loss", "no.loss"),
        row.names, col.names, as.is = !stringsAsFactors,
        na.strings = "NA", colClasses = NA, nrows = -1,
        skip = 0, check.names = TRUE, fill = !blank.lines.skip,
        strip.white = FALSE, blank.lines.skip = TRUE,
        comment.char = "#",
        allowEscapes = FALSE, flush = FALSE,
        stringsAsFactors = default.stringsAsFactors(),
        fileEncoding = "", encoding = "unknown", text, skipNul = FALSE)
```

但很多参数在实际中很少使用，因此可以简化其格式为：

```
read.table(file, header = FALSE, sep ="",skip = 0, row.names, col.names,
fileEncoding = "", encoding = "unknown"...)
```

file：字符型，为待读取数据集，使用 "" 进行分隔，从中读取文件的完整路径；file 的读取可用 file.choose() 来选择。

header：逻辑型，指定是否在首行包含变量名，默认为 FALSE。

sep：字符型，分割字符，默认为 ""，表示空字符，还可以设置为空格（一个或多个）、制表符、换行符、回车符。

quote：指定用于包围字符型数据的字符。

dec：字符型，指定小数点字符，默认为“.”，一般不用修改。

numerals：字符型，在数字转换会损失精度时的处理方法，allow.loss 表示允许精度损失；warn.loss 允许精度损失，但显示一条警告信息；no.loss 不允许精度损失，即不转换为数字，而是转换为因子或者不转换，保留字符串形式。

row.names：字符向量，为行指定名称，未定义时以 1、2、3、4 等代替。

col.names：字符向量，为列指定名称，若列名在第一行定义好了则可以不用，未定义时以 V1、V2、V3 等代替。

stringAsFactors：逻辑型，是否将字符串自动编码为因子，默认为 TRUE，当数据量很大时，可将该值设定为 F。

na.strings：字符向量，定义代表缺失值的字符串，比如 c("N",".") 会将“N”和“.”两个字符读取为缺失值，默认为“NA”。

colClasses：字符向量，为列指定类型，比如 c("numeric","character") 指定第一列为数值型，第二列为字符型，若将某列指定为字符串，则不会将其自动编码为因子，默认即可。

nrows：数值型，读取的最大行数，负数为不限制。

skip：数值型，读取前跳过的行数。

check.names：逻辑型，是否检查变量名在 R 语言中的有效性，默认为 TRUE，会对不符合语法的变量进行修改。

fill：逻辑型，是否自动填充空白值，若各变量行数不一致，是否为空白列添加空白值。

strip.white：逻辑型，是否自动过滤掉字符型变量前后的空格。

blank.lines.skips：逻辑型，是否忽略空白行，默认为 TRUE。

comment.char：字符型，注释字符，以此字符开头的行将被忽略。

allowEscapes：逻辑型，是否处理 C 语言风格的转义符。

fileEncoding：字符型，文件编码，默认为空，在读取数据中含有中文时，必须将编码方式改为 UTF-8，否则会出现乱码等异常情况。若出现乱码，请尝试更改此选项。

encoding：字符型，输入文本的编码，若出现乱码，请尝试更改此选项。

text：字符型，直接指定要读取的字符串，此时 file 应该为空。

【例 4-1】使用 read.table() 函数读取文件名为 train.txt 的文件。

```
> train<-read.table("train.txt",sep="",header = TRUE,stringsAsFactors = FALSE)
```

3. 读取 Excel 文件

电子表格是最常用的数据文件，其中 xls 和 xlsx 文件格式是最常见的，而且大多数电子表格软件都可以对这两种文件进行相互转换。R 语言中用于读写这种格式文件的包有 readxl、openxlsx、xlsx、XLConnect 等，而且还有一些专门用于读取或输出的包。本节使用 readxl 包中的 read_excel() 函数对 Excel 文件进行读取，基本语法格式如下：

```
read_excel(path, sheet = NULL, range = NULL, col_names = TRUE,
col_types = NULL, na = "", skip = 0, n_max = Inf,...)
```

path：文件位置，在设置工作路径后，只需要写文件名即可。

sheet：需要读取 Excel 工作簿中的第几张工作表，用数字指定工作表，如 sheet=1，或者指定工作表名字，如 sheet="traindata"。该参数默认为空，当工作簿中有多张表时，会默认读取第一张表。

range：用于设置数据读取单元格范围，如 A1: C200，默认为空，表示读取表中的所有单元格内容。

col_names = TRUE：表示第一行为表头，类似于 header = TRUE。

col_types = NULL：表示使用数据表中原有的数据格式，不做设置。

na = ""：表示如果数据表中存在缺失值，则将其设置为空。

skip = 0：表示默认不做跳行处理，即读取所有行，如果需要跳行，可以设置 skip=5，表示跳过前 5 行数据。

n_max = Inf：表示最大读取行数为无限制，必要时可以设置最大读取行数，如 n_max = 500。

【例 4-2】读取文件名为 data.xlsx 的数据集中的第一张表。

```
> library(readxl)
> read_excel("data.xlsx", sheet = 1)
```

此外 readxl 包中还有 read_xls() 和 read_xlsx() 函数，感兴趣的读者可以自行尝试。

4.1.4 读取数据文件的注意事项

虽然文本格式的数据表文件通用性强，容易交换，但其格式比较自由，因此规范性不太好。在读取文本格式的数据表时需要注意以下情况：

（1）文件后缀名和读取函数无关，后缀只是为了方便标识文件。不论后缀名如何，任何文本格式的文件理论上都可以被各种文本编辑器打开并编辑。

（2）文件中的分隔符对于数据的正确读取非常重要，应预先对文件所使用的分隔符进行检查。

（3）行列名的设置对于数据的正确读取也很重要，应预先对其进行检查。此外，在文件末尾添加数据时需要检查文件中是否有行名，并核查各列的名称。

（4）read.csv() 函数和 read.table() 函数在读取数据后必须赋值于变量才能进行后续分析。

4.2 数据的输出

4.2.1 屏幕输出

在数据分析的过程中，当需要显示某个变量的值时可以在命令提示符后直接输入变量的名称，但在循环结构中必须使用函数对其进行屏幕输出。

示例代码如下：

```
> for(i in 1:2) i
#在循环结构中，仅使用变量名无法输出变量的内容
> for(i in 1:2)
> print(i)     #可以使用print()函数指定输出i的值
[1] 1
[1] 2
> for(i in 1:2)
> cat(i)    #也可以使用cat()函数指定输出i的值
12
```

如上结果所示，print() 函数和 cat() 函数都可用于显示 i 的值，但二者的输出格式不同。

print() 函数是一个类函数，一次对一个变量进行输出。它会根据变量的类别调用合适的函数，以相应的格式进行输出，可使用 methods("print") 语句查看 print() 函数所能调用的输出方法。cat() 函数的功能较为简单，只能对向量进行输出，在输出时将向量中的元素转换为字符串并逐个输出。

示例代码如下：

```
>print('ab\tc')              #对字符进行原样输出
[1]"ab\tc"
>cat('ab\tc', 'de\nf')       #转义字符被转义，多个元素之间默认使用空格连接
ab c de
f
>cat('ab\tc', 'de f', sep='\n')    #可使用参数sep指定多个元素之间的连接符
ab    c
de f
> for(i in 1:2)  cat('这是第', i, '次循环', '\n')     #参数中也可以使用变量
这是第1次循环
这是第2次循环
```

如上结果所示，print() 函数在输出时不对转义字符进行变换，而 cat() 函数可以通过转义字符更灵活地调整显示结果。此外，cat() 函数可以将多个元素连接后进行输出。因此 cat() 函数经常用于临时提示信息的输出。

4.2.2 向量的输出

对于一个向量，无法使用行列表的形式进行输出，只能将其元素逐个输出到文件中。

R 语言可以使用 write() 函数将一个向量输出到文件中，cat() 函数也可以利用参数 file 输出向量。

示例代码如下：

```
>a=1:8
>write(x, 'data.txt')                    #将一个数值向量保存到文件data.txt中
>b=rep(c(T, F),each=4)
>write(y, 'data.txt',appends=T)    #在文件末尾添加一个逻辑向量
>c=letters[1:3]
>write(z, 'data.txt',append=T)     #在文件末尾再添加一个字符向量
>d=as, factor(rep(c('a','b')，4))
>cat('因子向量包括两个类别：a、b\r',file='data.txt',append=T)
>write(d, 'data.txt', append=T)    #在文件末尾再添加一个因子向量
```

如上所示，write() 函数也可以使用参数 append 将数据添加到文件末尾。4 个不同类型的向量依次输出到同一个文件中。

4.2.3 数据文件的输出

1. 写入文本格式文件

（1）write.table() 函数。该函数可以用来输出 CSV 格式的文件，语法格式如下：

```
write.table(x, file = "", append = FALSE, quote = TRUE, sep = " ",
            eol = "\n", na = "NA", dec = ".", row.names = TRUE,
            col.names = TRUE, qmethod = c("escape", "double"),
            fileEncoding = "")
```

x：需要导出的数据名。

file=""：设置导出文件的新名字。

append：逻辑值，是否在文件末尾添加新数据。如果为 TRUE，则在文件末尾直接添加新数据。

col.names = TRUE：表示默认要将表的列名一并导出，如果不需要列名，可以设置为 col.names = FALSE。

row.names = TRUE：表示默认要将表的行名一并导出，如果不需要行名，可以设置为 row.names = FALSE。

fileEncoding = ""：表示不指定默认编码方式，如果需要可以手动设置编码方式，如数据涉及中文则设置 fileEncoding = "UTF-8"。

（2）write.csv() 函数。CSV 文件是用逗号分隔的，它是进行数据交换时常用的一种文本格式。这种格式可以被大多数数据分析与存储软件所识别，而且常见的电子表格软件，如 Excel，可以直接打开 CSV 文件。R 语言使用 write.csv() 函数将矩阵和数据框输出为 CSV 文件，例如：

```
>set.seed(1)
>x=matrix(rnorm(12),3)
>write.csv(x,file='data.csv')  #将矩阵x输出到文件data.csv中
```

如上所示，使用 write.csv() 函数将矩阵 x 保存在文件 data.csv 中。文件默认保存在工作目录下，若想将文件保存在其他路径下，则要在文件名前加上所需的路径。注意，该命令并不会自动生成文件后缀，因此需要在参数 file 中手动添加文件后缀。

注意：write.csv() 函数不能使用 append 参数，因此无法添加数据，只能利用 write.table() 函数在文件末尾进行新数据添加。

2. 写入 Excel 文件

在进行数据分析时，经常涉及和其他软件进行数据交换的问题。虽然文本格式数据的

通用性较强，但大多数软件默认情况下不会将数据保存为文本格式，而是各自保存为专用格式。为了读取这些格式的数据，可以从 CRAN 上在线安装相应的包。

这里以 openxlsx 包为例对 xlsx 格式文件的读取进行讲解。在使用这个包之前，先要用 install.packages() 函数安装它，命令如下：

```
>install.packages("openxlsx")
```

执行这条命令后，R 语言会自动从 CRAN 上下载相应的安装文件以及这个包所依赖的其他 R 包，全部下载成功后自动进行安装。安装成功后即可使用 library() 函数加载这个包，命令如下：

```
>library("openxlsx")
```

在包成功加载后，即可调用其所包含的函数。当需要保存数据时，可以使用 write.xlsx() 函数，基本格式如下：

```
write.xlsx(x, file, sheetName="Sheet1", col.names=TRUE, row.names=TRUE, ...)
```

x：需要导出的数据。

file：导出后的新文件名。

sheetName="Sheet1"：表示默认会将数据导出到 Excel 的 Sheet1 中。

col.names=TRUE：表示默认要将表的列名一并导出，如果不需要列名，可以设置为 col.names = FALSE。

row.names = TRUE：表示默认要将表的行名一并导出，如果不需要行名，可以设置为 row.names = FALSE。

write.xlsx() 函数将数据保存为 xlsx 格式，用法如下：

```
>data<-data.frame(x1=1:3, x2=letters[1:3], x3=c(T, F, T), stringsAsFactors=F)
>write.xlsx(data, 'data.xlsx')      #将数据框data以xlsx格式进行输出
```

如上所示，该函数将一个数据框变量保存为 xlsx 格式文件，并默认保存在工作目录下。这个文件只包含一个名称为 Sheetl 的表。

由于一个 xlsx 格式文件可以包含多个表，因此可以将多个不同结构的数据保存在同一个文件的不同表中，例如：

```
>a<-data.frame(x1=1:3, x2=letters[1:3], x3=c(T, F, T), stringsAsFactors=F)
>b=matrix(1:6, 2)
>c=1:3
>d=list(a, b, c)
>write.xlsx(d, 'data.xlsx', sheetName=letters[1:3])
```

如上所示，多个不同结构的数据需要用列表的形式进行参数传递。当变量 d 不是程序必需的一个变量时，上面最后一条命令也可以改为：

```
>write.xlsx(list(a, b, c), 'data.xlsx', sheetName=letters[1:3])
```

如上所示，列表数据在保存为 xlsx 格式文件时是作为多个变量进行保存的。此外，在函数中还可以利用参数 sheetName 指定文件中各表的名称。如未指定，则如前例所示会自动生成表名，如 Sheetl、Sheet2 等。

可以使用 read.xlsx() 函数读取 xlsx 格式文件。

例如对前例所保存的 xlsx 格式文件进行读取：

```
> read.xlsx('data.xlsx')
```

如上所示，read.xlsx() 函数默认情况下读取文件中的第一个表，并且读取进来的数据格式为数据框。

若需读取其他表的数据，可以使用参数 sheet，例如：

```
>read.xlsx('data.xlsx', sheet=2)   #读取第二个表
>getSheetNames('data.xlsx')        #显示xlsx文件中各表的名称
[1]"a" "b" "c"
>read.xlsx('data.xlsx', sheet='c')  #读取名称为c的表
1
12
23
>read.xlsx('data.xlsx', sheet='c', colNames=F)   #读取数据时不以第一行为列名
```

如上所示，使用参数 sheet 时，既可以指定表的序号，也可以指定表的名称。当表的名称较为复杂时，可以先利用 getSheetNames() 函数获取各表的名称，以避免输入错误。注意，保存向量时虽然默认没有保存变量名，但读取向量时仍然是默认将第一行作为变量名进行读取，此时可以利用参数 colNames 指定第一行为数据，而不是列名。注意，write.xlsx() 函数可以一次输出多个变量，但 read.xlsx() 函数只能一次读入一个表。

4.3 R 工作空间的保存和加载

4.3.1 R 工作空间的保存

考虑到数据文件的通用性，向量、矩阵和数据框经常保存为文本格式用于数据交换，而由于列表的结构比较复杂，它并不能直接保存为文本格式，也不适合保存为文本格式。此外，对于一些体积较大的数据，文本格式的文件比较占地方。例如，对于一个包含一百万个整数的向量来说，若将其保存为文本格式，大小约为 6.8MB，而若将其工作空间保存为 R 语言特有的二进制格式（RData 格式），其大小仅为 2MB，所以从空间占用的角度来考虑，将 R 工作空间保存为 RData 格式可能是一个较好的选择。

save() 函数用于将数据保存为 RData 格式。在保存数据时，它对变量的类型没有要求，可以保存任意类型的数据，例如：

```
>a=1: 10   #构建一个向量
>b=matrix(1: 6, 2)   #构建一个矩阵
>c-data.frame(x1=1: 3, x2=letters[1: 3])   #构建一个数据框
>d=list(a, b, c)   #构建一个列表
>save(a, b, c, d, file='sample.rdata')   #将以上变量保存到文件sample.rdata中
```

如上所示，由于 save() 函数保存的变量数目并不是固定的，因此参数 file 的位置也不固定，所以其名称不可省。此外，由于 RData 格式是一种二进制格式，因此无法用文本编辑器查看内容。

4.3.2 R 工作空间的加载

加载 RData 文件可以使用 load() 函数。需要注意的是，由于借助 RData 格式保存数据时同时保存了变量名，因此读取数据时需要避免和当前工作环境下的变量重名，如下代码所示：

```
>rm(list=1s())
#删除当前工作环境中的变量
```

```
>a=1: 5
#创建一个数值向量，包含5个整数
load('sample.rdata')   #写入前面保存的RData文件
>1s()
#显示当前工作环境中的变量
[1]"a""b""""d"
>a
#显示变量a的内容
1]12 34 5 678 910
```

如上所示，RData 格式的输入输出操作虽然简单，但由于保留了变量名，有可能会在读入时覆盖原有变量，因此操作时要谨慎。

4.4 变量的预处理

4.4.1 变量重编码

1. 创建数据集

在 R 语言中，数据集常使用数据框的形式表示。

示例代码如下：

```
> hospital <- c("New York", "California")
> patients <- c(150, 350)
> costs <- c(3.1, 2.5)
> df <- data.frame(hospital, patients, costs)
>df
    hospital    patients  costs
1   New York    150       3.1
2   California  350       2.5
```

2. 改变变量的名称

示例代码如下：

```
>df$costs_euro <- df$costs
>df$costs <- NULL
#根据条件将costs列重命名为costs_euro
>df$patients <- ifelse(df$patients==150, 100, ifelse(df$patients==350, 300, NA))
>df
    hospital    patients  costs_euro
1   New York    100       3.1
2   California  300       2.5
```

3. 定义缺失值

示例代码如下：

```
#将年龄显示为99岁的定义为缺失值
> df$degree[df $ patients >= 300] <- NA

#某一变量[筛选条件] <- 表示值
> variable[condition] <- expression
```

4. 创建新变量（在原有的基础上）

示例代码如下：

```
> df$degree[df $ patients >= 200] <- "serious"
> df$degree[df $ patients < 200] <- " mild"
>df
  hospital    patients  costs_euro  degree
1 New York    100       3.1         mild
2 California  300       2.5         serious
#degree为新建变量，且为满足patient的逻辑筛选条件下建立的新变量
```

4.4.2 变量重命名

变量重命名

数据框允许用户根据行名和列名进行数据选取和过滤。由于并不是所有的数据集都包含行名和列名，因此需要使用内置的命名函数重命名数据集的相关变量。在 R 语言中，变量重命名的常用方法是利用 names()、colnames()、rownames() 等函数进行修改，它们是在原数据集中修改变量名。

1. 重命名全部列

示例代码如下：

```
> per <- data.frame(name = c("张三", "李四", "王五", "赵六"), age = c(23, 45, 34, 100))
> names(per) <- c("姓名", "年龄")
> per
  姓名  年龄
1 张三  23
2 李四  45
3 王五  34
4 赵六  100
```

2. 重命名单个列

示例代码如下：

```
> colnames(per)[2] <- 'nianling'
> per
  姓名  nianling
1 张三  23
2 李四  45
3 王五  34
4 赵六  100
```

也可以使用 rownames() 函数改变行名。

4.4.3 变量的排序

order() 函数用于返回向量由小到大顺序的秩（序号）。

```
#向量元素的排序
> a <- c(3,5,2,0)
> order(a)                #升序排列，返回序号
[1] 4 3 1 2
> a[order(a)]             #升序排列，返回由小到大排序的元素
[1] 0 2 3 5
> order(a, decreasing = T)          #降序排列
[1] 2 1 3 4
```

```
#数据框中变量的排序
> a <- c(3,7,5,2,9)
> b <- c(9,3,7,8,1)
> c <- c(3,7,8,2,5)
> d <- data.frame(a,b,c)
> d
  a b c
1 3 9 3
2 7 3 7
3 5 7 8
4 2 8 2
5 9 1 5
> d[order(d$a),]    #对数据框的a列进行升序排序
  a b c
4 2 8 2
1 3 9 3
3 5 7 8
2 7 3 7
5 9 1 5
> d[order(d$b,decreasing = T),]   #对数据框的b列进行降序排序
  a b c
1 3 9 3
4 2 8 2
3 5 7 8
2 7 3 7
5 9 1 5
```

4.4.4 变量类型的转换

在R语言中，可以使用以下函数来判断变量类型和对变量类型进行转换：

- is/as.numeric()：是/否转换为数值型。
- is/as.character()：是/否转换为字符型。
- is/as.vector()：是/否转换为向量。
- is/as.matrix()：是/否转换为矩阵。
- is/as.data.frame()：是/否转换为数据框。
- is/as. factor ()：是/否转换为因子。
- is/as.logical()：是/否转换为逻辑型。

【例4-3】对向量进行判断和转换。

```
> a<-c(0,2,3,5)
> is.numeric(a)
[1] TRUE
> is.vector(a)
[1] TRUE
> as.character(a)   #转换为字符型
[1] "0" "2" "3" "5"
> is.numeric(a)
[1] TRUE
> is.vector(a)
[1] TRUE
> is.character(a)
[1] FALSE
```

4.5 字符串的处理

虽然 R 语言是一门以向量和数据框为核心的统计语言，但在数据分析特别是预处理阶段时字符串的处理是经常会遇到的问题。R 语言是一种擅长处理数据的语言，但是用它来处理字符串也是不可避免的。如何高效地处理字符数据，将看似杂乱无章的字符数据整理成可以进行统计分析的规则数据，是数据分析必备的前提。

其他编程语言，如 perl 语言拥有强大的字符串处理能力，字符串处理是它的一大亮点。而 R 语言作为数据统计分析方向最热门的语言，虽然它处理字符串的方法没有其他编程语言丰富，但其处理字符串的能力却是非常强的。特别是在文本数据的分析和处理日趋重要的背景下，就要求数据分析师在数据预处理阶段能熟练地操作字符串对象去处理文本数据。

4.5.1 字符串分割

R 语言中分割字符串是使用 strsplit() 函数实现的，该函数是一个拆分函数，它可以使用正则表达式来对字符串进行匹配拆分。语法结构如下：

```
strsplit(x, split, fixed= FALSE, perl= FALSE, useBytes= FALSE)
```

x：字符串，函数依次对此向量的每个元素进行拆分。

split：拆分位置的字符串向量，即在哪个字符串处开始拆分。该参数默认是正则表达式匹配的拆分方式。

fixed：若设置 fixed=TRUE，则用普通文本匹配或者正则表达式精确匹配。

perl：当设置 perl=TRUE 时，表示可以使用 perl 语言中的正则表达式。

useBytes：是否逐字节进行匹配，默认为 FALSE，表示是按字符而不是按字节进行匹配。

其中，x 和 split 是 strsplit() 函数中的必要参数。

【例 4-4】对字符串“It requires non-string elements to be converted to strings.”中的空格进行拆分。

第一种拆分方式的代码如下：

```
> x<-"It requires non-string elements to be converted to strings."
> y<-strsplit(x, " ")   #用空格来拆分字符串
> y
[[1]]
[1] "It" "requires" "non-string" "elements" "to"
[6] "be" "converted" "to" "strings."
```

第二种拆分方式的代码如下：

```
#用NULL串拆分
> y<-strsplit(x, "")
> y
[[1]]
[1] "I" "t" " " "r" "e" "q" "u" "i" "r" "e" "s" " " "n" "o" "n" "-" "s" "t" "r" "i" "n" "g"
[23] " " "e" "l" "e" "m" "e" "n" "t" "s" " " "t" "o" " " "b" "e" " " "c" "o" "n" "v" "e" "r"
[45] "t" "e" "d" " " "t" "o" " " "s" "t" "r" "i" "n" "g" "s" "."
```

第三种拆分方式的代码如下：

```
> y<-strsplit(x, "\\s+")
> y
[[1]]
[1] "It"  "requires"  "non-string"  "elements"  "to"  "be"  "converted" "to"  "strings."
```

上例使用了 3 种方式来拆分字符串，其中第一种和第三种完成了例子的要求，而第二种没有完成。

这 3 种方式的区别在于 strsplit() 函数中的 split 参数设置不同，第一种方式是用空格拆分，第二种方式是用空字符拆分，第三种方式是用符号“\\s+”进行拆分。第一种方式空格和第三种方式“\\s+”得到了相同的效果，都是使用空格对字符串 x 进行了分割。使用“\\s+”和空格进行拆分具有相同的效果，这是因为使用了正则表达式，“\\s+”表示匹配一个或以上的空白字符，包括空格、制表符和换行符等。这里的第一个“\”是用来转义第二个“\”符号的。第二种拆分方式相当于设置了“split=""”，当 split 参数被设置为空字符的时候，strsplit() 函数会把字符串按照单个字符进行一个个的分割。所以在拆分的时候需要注意的是，如果想要使用空格来拆分字符串，split 参数的值就不能设置为空字符串。

参数 fixed 的默认值是 FALSE，如果将它设置成 TRUE，那么 strsplit() 函数是不能按照正则表达式来拆分的，例如：

```
> y<-strsplit(x, "\\s+", fixed=TRUE)
> y
[[1]]
[1] "It requires non-string elements to be converted to strings."
```

另外值得注意的是，使用 strsplit() 函数后返回的结果是一个列表，如果想要返回一个字符向量，则需要使用 unlist() 函数对 strsplit() 函数返回的结果进行转换，例如：

```
> class(y)    #查看向量y的类型
[1] "list"
> z<-unlist(y)
> class(z)
[1] "character"
```

字符串拼接

4.5.2 字符串拼接

上一节介绍了如何把字符串拆成单词，本节则介绍如何再将单词拼接为字符串。

拼接字符串在 R 语言中使用 paste() 函数来实现，语法结构如下：

```
paste(..., sep = " ", collapse = NULL)
```

...：拼接的字符串。

sep：用于设置两个字符串间的拼接内容。

collapse：用于设置一组字符串是否在内部拼接。

【例 4-5】对 c("a","b", "c", "d", "e") 和 c("A", "B", "C", "D","E") 进行拼接，拼接方式：直接拼接、用空串拼接、用“>”拼接。

```
> x<-c("a","b", "c", "d", "e")
> y<-c("A", "B", "C", "D","E")
> paste(x, y)           #直接拼接：将两个字符串向量拼接，sep取默认值
[1] "a A" "b B" "c C" "d D" "e E"
> paste(x, y, sep=" ")  #使用空格拼接：结果与直接拼接相同
```

```
[1] "a A" "b B" "c C" "d D" "e E"
> paste(x, y, sep="")    #使用空串拼接：将两个字符串向量用空串拼接
[1] "aA" "bB" "cC" "dD" "eE"
> paste(x, y, sep=">")  #用“>”拼接：将两个字符串向量用“>”拼接
[1] "a>A" "b>B" "c>C" "d>D" "e>E"
```

从上述代码的运行结果来看，如果参数 sep 使用默认值，则两个字符向量会用空格的方式拼接；如果想让两个字符向量用空串拼接，则要把 sep 参数设置为 ""；如果想让两个字符向量用“>”拼接，则要将 sep 参数设置为“>”。

上一节讲述了字符串的拆分，如果想要把字符串拆分的结果重新拼接回去，需要解决将向量中的多个字符拼接成一个字符串的问题，这时就要对参数 collapse 进行设置。该参数用于对向量内部进行拼接，默认值为 NULL，当取默认值时函数不在内部做拼接；如果将参数 collapse 设定一个值，paste() 函数就会在向量内部做拼接。

【例 4-6】使用 paste() 函数对字符串拆分的结果进行重新拼接。

```
> x<-"It requires non-string elements to be converted to strings."
> y<-strsplit(x, " ")
> y<-unlist(y)     #注意需要使用unlist()函数将其转换成字符向量
> z<-paste(y, collapse=" ")
> z
[1] "It requires non-string elements to be converted to strings."
```

需要注意的是，上述第二行代码运行后的结果是 list 类型的，如果想拼接回原来的字符串，则需要使用 unlist() 函数将其转换成 character 类型的字符向量，转换之后需要设置参数 collapse，本例中是将 collapse 的值设置为空格。

4.5.3 字符串长度计算

计算字符串长度可以用 nchar() 函数来实现。需要注意的是，length() 函数与 nchar() 函数的作用不同，length() 函数是取向量的长度，nchar() 函数用于计算字符串中字符的总数目。

nchar() 函数的语法结构如下：

```
nchar(x, type = "chars", keepNA = FALSE)
```

其中，参数 x 表示目标字符串，参数 type 用于判断长度的类型，参数 keepNA 用于设置 NA 值是否参与计算。

nzchar() 函数用于判断字符串的长度是否大于 0，大于 0 则返回 TRUE，否则返回 FALSE。语法结构如下：

```
nzchar(x,keepNA= FALSE)
```

需要注意的是，对于缺失值 NA，nzchar() 的结果为 TRUE，而函数 nchar() 的返回结果为 2。所以在对字符串计算长度之前，应尽量先使用 is.na() 函数判断一下是否是 NA 值。

下面举例来说明 nchar() 函数和 nzchar() 函数计算字符串长度的区别。

【例 4-7】判断 c("asfef ", "stuff.blah.yech", " year-month-day", NA, "", "d[dd.ff]") 中每个字符串的长度。

```
> x<-c("asfef ", "stuff.blah.yech", " year-month-day", NA, "", "d[dd.ff]")
> nchar(x)
[1] 6 15 15 NA 0 8
```

```
> nzchar(x)
[1] TRUE TRUE TRUE TRUE FALSE TRUE
```

上述代码的运行结果是在两个函数都使用默认值的情况下得出的。换句话说，如果多数 type 是 chars，参数 keepNA 是 TRUE，nchar() 函数将对每一个字符计数 1 次来计算字符串的长度，NA 值不参与计算而直接返回；nzchar() 函数用于判定字符串的长度是否大于 0，如果是空串，字符串的长度等于 0，返回 FALSE。

nchar() 函数的参数 type 还可以取 bytes 值，这种情况在处理中文时使用较多，如果参数 type 设置为 bytes，则每个中文字符按照两个字符计算，例如：

```
> nchar("你好",type="chars")      #默认情况
[1] 2
> nchar("你好",type="bytes")      #每个中文字符占两个字节
 [1] 4
```

参数 keepNA 主要用于设置 NA 值是否参与计算。在 nchar() 函数中，若参数 keepNA 设为 FALSE，则 NA 值计算为 2。此时如果再将 nzchar() 函数中的参数 keepNA 设为 TRUE，则 NA 不参与判断，直接显示 NA 值。

```
> nchar (x, keepNA=FALSE)
[1]  6 15 15  2  0  8
> nzchar(x, keepNA=TRUE)
[1] TRUE TRUE TRUE NA FALSE TRUE
```

4.5.4 字符串截取

截取字符串通常使用 substr() 函数和 substring() 函数，两个函数的功能几乎相同，只是参数设置不同。这两个函数的语法结构如下：

```
substr(x, start, stop)
substring(text, first, last = 1000000L)
substr(x, start, stop) <- value
substring(text, first, last = 1000000L) <- value
```

start 和 stop 分别表示起始位置和结束位置。substr() 函数必须设置参数 start 和 stop，缺少哪一个都将出错。substring() 函数可以只设置参数 first，若不设置参数 last，则 last 默认为 10000001，是指字符串的最大长度。

下面举例说明 substr() 函数和 substring() 函数的用法。

【例 4-8】取字符串的一个子串。

```
> substr("abcdefg", 3, 6)
[1]"cdef"
>substring ("abcdefg", 3, 6)
[1]"cdef"
```

这里需要注意，R 语言的起始索引值是 1，并不是其他语言的 0。本例中取第 3 个到第 6 个字符形成的子串，两个函数在实现上没有区别，但如果要取到最后一个字符，substring() 函数可以省略对参数 last 的设置，但 substr() 函数不能省略对参数 stop 的设置。

```
>substr ("abcdefg", 3)
Error in substr("abcdefg", 3) : 缺少参数stop，也没有默认值
>substring ("abcdefg", 3)
[1]"cdefg"
```

使用上述两个函数就可以从起始位置到结束位置截取一个字符串的子串，但是当起始位置大于字符串的长度时，会出现怎样的结果呢？例如：

```
>substr("abcdefg", 8, 10)
[1] ""
>substring("abcdefg", 8)
[1] ""
```

从结果可以看出，如果起始位置大于字符串的长度，则字符串截取的返回结果为空。

此外，还可以对截取出的子串进行替换操作，下面举例说明。

【例 4-9】将一个字符串“abcdefg”存入字符对象 x，并将子串“cde”转换成“ing”。

```
> x<-"abcdefg"
> substr (x, 3,5)<-"ing"
> x
[1] "abingfg"
>substring (x, 3)<-"ing"
>x
[1] "abingfg"
```

这里是通过对 substr() 函数和 substring() 函数进行赋值的方式实现用指定的字符串替换截取出来的子串。但是当用于替换的串比截取出来的子串长或者比截取出来的子串短时会出现什么结果呢？

```
> x<-"abcdefg"
> substr(x, 3, 5)<-"ingmy"
> x
[1] "abingfg"
> x<-"abcdefg"
> substr(x,3,5)<-"in"
> x
[1] "abinefg"
```

从以上代码的运行结果来看，对于 substr() 函数，如果用于替换的子串比截取的子串长，超出的部分就会默认不进行替换；如果比截取的子串短，有多少子串就替换多少子串。substring() 函数和 substr() 函数的结果一样。

4.5.5 字符串替换

上一节介绍了如何对截取出来的字符串进行替换，但是 substring() 函数和 substr() 函数毕竟不是专门用来做替换操作的函数，一般情况下使用 chartr() 函数、sub() 函数和 gsub() 函数来实现字符串的替换。这 3 个函数的语法结构如下：

```
chartr (old, new, x)
sub(pattern, replacement, x, ignore.case=FALSE, perl=FALSE, fixed=FALSE, useBytes =FALSE)
gsub(pattern, replacement, x, ignore.case= FALSE, perl= FALSE, fixed=FALSE, useBytes=FALSE)
```

chartr() 函数中的参数 x 为替换的目标字符串，old 用于设定对目标字符串中的哪些字符做替换，new 用于设置替换的字符串是什么。pattern 为需要搜索出来的被替换的字符串，注意这里是可以接收正则表达式的。replacement 表示替换 pattern 参数内容的字符串。x 表示目标对象。ignore.case 设置匹配时是否区分大小写，默认为 FALSE，即匹配的时候区分大小写。perl 表示是否使用和 perl 语言兼容的正则表达式。若设置 fixed=TRUE，则用普通文本匹配或正则表达式的精确匹配。useBytes 表示是否逐字节进行匹配，默认为 FALSE，表示按字符匹配而不是按字节匹配。pattern、replacement 和 x 是 sub() 函数和 gsub() 函数的必要参数。

这 3 个函数中，只有 chartr() 函数的用法比较简单，下面举例说明。

```
> x<-"abcdefg"
> chartr ("a", "A", x)
[1] "Abcdefg"
> chartr ("acf", "ACF", x)
[1] "AbCdeFg"
```

对于 chartr() 函数需要注意的是，如果第二个参数中的字符数量多于第一个参数中的字符数量，多出的部分会被舍去；如果第二个参数中的字符数量少于第一个参数中的字符数量，则会报错。

【例 4-10】定义一个对象 x，将字符串“Hello Word”存入对象 x，针对 x 做以下替换操作：①操作 1，将“W”替换成“R”；②操作 2，将“Word”替换成“世界”；③操作 3，在字符串的最后增加“空格 +R”，即输出“Hello Word R”；④操作 4，将所有的字母“o”替换成字母“A”。

```
>x<-"Hello Word"
>sub("W", "R", x)              #操作1
[1] "Hello Rord"
> sub("Word", "世界",  x)      #操作2
[1] "Hello 世界"
> sub ("+$ ", "R", x)          #操作3
[1] "Hello Word"
> sub("o", "A", x)             #操作4
[1] "HellA Word"
> gsub("o", "A", x)
[1] "HellA WArd"
```

需要注意的是，操作 3 的要求比较特殊，需要在字符串最后加一个空格和一个 R，由于没有发生替换操作，所以这里的参数 pattern 需要使用正则表达式来实现，在正则表达式中“$”表示匹配字符串的尾行。操作 4 使用 sub() 函数没有实现需求，但是用 gsub() 函数达到了目标。这个例子说明 sub() 函数和 gsub() 函数的区别在于：sub() 函数只能替换搜索到的第一个目标，而 gsub() 函数可以替换搜索到的所有目标。

4.5.6 字符串大小写转换

前面介绍的函数已经可以实现将大写字母转换成小写字母、小写字母转换成大写字母，但是通常这种转换比较烦琐，而 R 语言提供了几个可以直接对字母大小写进行转换的函数，如下：

（1）toupper()：将字符串统一转换为大写。

（2）tolower()：将字符串统一转换为小写。

（3）casefold()：根据参数转换大小写。

这几个函数的用法比较简单，举例说明如下：

```
>toupper("abc")
[1]"ABC"
>tolower("ABC")
```

```
[1]"abc"
>x<-c("My","First","Trip")
>tolower(x)
[1] "my" "first" "trip"
```

casefold() 函数中参数 upper 的默认值为 FALSE，表示把字符串全部转换为小写，若将其设置为 TRUE，则表示把字符串全部转换为大写。

```
> casefold('ABDATA', upper = FALSE)
[1] "abdata"
> casefold('baorui', upper = FALSE)
[1] "baorui"
> casefold('baorui', upper = TRUE)
[1] "BAORUI"
```

4.5.7 字符串匹配

在字符串处理中，字符串匹配是一个使用非常频繁的操作。字符串匹配的主要用途是实现查找目标数据对象中包含的特定字符串的数据信息。在 R 语言中，字符串匹配可以使用 grep() 函数和 grepl() 函数来实现，语法结构如下：

```
grep(pattern, x, ignore.case = FALSE, perl = FALSE, value = FALSE, fixed = FALSE, useBytes = FALSE,
invert = FALSE)
grepl(pattern, x, ignore.case = FALSE, perl = FALSE, fixed = FALSE, useBytes = FALSE)
```

grep() 函数和 grepl() 函数中的部分参数与 sub() 函数中的部分参数相同，这里只介绍必要参数和特别参数。

参数 pattern 和参数 x 是必要参数，参数 pattern 为要匹配的内容，参数 x 是匹配的目标数据对象，参数 value 用于设置匹配类型，参数 invert 的值为 FALSE 时返回匹配值，为 TRUE 时返回非匹配值。

grep() 函数和 grepl() 函数的区别在于：grep() 函数返回结果的值必须要依据参数 value 的值，如果参数 value 是 FALSE，则返回匹配到的索引值，如果参数 value 是 TRUE，则返回匹配的值；grepl() 函数表示是否匹配到值，返回值是逻辑值，如果匹配到值，则返回 TRUE，如果没有匹配到值，则返回 FALSE。

【例 4-11】对一个字符向量 c("library", "being", "compiled", "with", "Unicode", "property") 进行如下替换操作：①操作 1，查找所有包含字母“b”的字符串的下标；②操作 2，查找所有包含字母“b”的字符串；③操作 3，查找所有包含“co”子串的字符串的下标；④操作 4，查找所有包含“co”子串的字符串；⑤操作 5，查找所有不包含“co”子串的字符串的下标；⑥操作 6，查找所有不包含“co”子串的字符串；⑦操作 7，查询对象 x 中的字符串是否包含子串“co”。

```
> x<-c("library", "being", "compiled", "with", "Unicode", "property")
#操作1
> grep ("b",x)
[1] 1 2
#操作2
>grep ("b", x, value=T)
[1] "library" "being"
#操作3
>grep ("co", x)
```

```
[1] 3 5
#操作4
> grep ("co", x, value=T)
[1] "compiled" "Unicode"
#操作5
> grep ("co",x, invert=T)
[1] 1 2 4 6
#操作6
> grep ("co",x, value=T, invert=T)
[1] "library" "being"  "with"   "property"
#操作7
> grepl ("co",x)
[1] FALSE FALSE TRUE FALSE TRUE FALSE
```

通过这个例子基本上可以掌握 grep() 函数和 grepl() 函数的用法，并且可以匹配到自己想要的信息。

4.5.8 字符串格式化输出

字符串格式化输出也是在字符串处理过程中要频繁使用到的，下面就来讲解如何进行字符串的格式化输出。

在 R 语言中，可以使用 sprintf() 函数进行字符串格式化输出，语法结构如下：

```
sprintf(fmt, ... )
```

其中，参数 fmt 表示要输出的格式化字符向量，参数 ... 表示替换字符。

参数 fmt 一般由两部分组成：一部分是直接输出的字符串，另一部分是占位符，而参数 ... 中的字符串在输出的时候替换占位符输出。

示例代码如下：

```
>sprintf ("Hello : %s", "Word")
[1] "Hello : Word"
```

这段代码中，“Hello:”为输出字符串中的固定部分，变化的部分是指“Hello:”之后的字符串，这里由于要输出的是字符串，所以用占位符“%s”表示，打印的时候用参数 ... 中的第一个参数替换占位符“%s”。这里参数 ... 是可以传向量的。

示例代码如下：

```
>x<-c("library", "being", "compiled", "with", "Unicode", "property")
> sprintf ("Hello : %s", x)
[1] "Hello : library"  "Hello : being"    "Hello : compiled"
[4] "Hello : with"     "Hello : Unicode"  "Hello : property"
```

前面已经提到，由于要输出的是字符串，所以用占位符“%s”表示，如果要输出的是其他类型的数据，如整数或浮点数，那么要用什么占位符表示呢？

整数使用“%nd”表示，其中 n 表示替换后整数的位数，如果 n 小于整数的位数，则打印整数真实的位数，如果 n 大于整数的位数，不足的部分用空格或 0 在整数前补位，如果 n 是负数，则表示不足的部分用空格在整数后补位。

具体操作参考如下代码：

```
> sprintf ("Hello: %6d", 200)      #用空格补位
[1] "Hello:    200"
> sprintf ("Hello: %06d", 200)     #用0补位
```

```
[1] "Hello: 000200"
> sprintf ("Hello: %0-6d", 200)
[1] "Hello: 200   "
```

对于浮点数，由于需要确定小数点后保留多少位，所以比较麻烦，需要用“%n.mf”表示。 其中 n 表示替换后浮点数的总长度，如果 n 大于浮点数的总长度，则不足的部分用空格或 0 在浮点数前补位，如果 n 是负数，则不足的部分用空格在浮点数后补位，m 为保留多少位小数。

```
sprintf("%f", pi)            #n和m没有设置，则默认取6位输出，结果为“3.141593”
sprintf("%.3f", pi)          #结果为“3.142”
sprintf("%1.0f", pi)         #结果为“3”
sprintf("%5.1f", pi)         #结果为“3.1”
sprintf("%05.1f", pi)        #结果为“003.1”
sprintf("%+f", pi)           #结果为“+3.141593”
sprintf("% f", pi)           #结果为“3.141593”
sprintf("%-10f", pi)         #结果为“3.141593”（左对齐）
sprintf("%e", pi)            #结果为“3.141593e+00”
sprintf("%E", pi)            #结果为“3.141593E+00”
sprintf("%g", pi)            #结果为“3.14159”
sprintf("%g", 1e6 * pi)      #结果为“3.14159e+06”（指数）
sprintf("%.9g", 1e6 * pi)    #结果为“3141592.65”（固定不变的）
sprintf("%G", 1e-6 * pi)     #结果为“3.14159E-06”
```

4.5.9 使用 stringr 包处理字符串

字符串处理在数据处理和可视化等过程中经常会被用到，虽然 R 语言本身提供了字符串基础函数，但随着时间的推移，R 语言在这方面有些落后了。stringr 包就是为了解决这个问题，它让字符串处理变得简单易用，并提供友好的字符串操作接口。

stringr 包提供了一系列字符串处理函数，其中常用的一般以 str_ 开头来命名，方便更直观地理解函数的定义。

使用 stringr 包之前，需要先安装和加载 stringr 包。

```
>install.packges("stringr")
>library(stringr)
```

（1）字符串长度。str_length() 求字符型向量每个元素的长度，一个汉字长度为 1（此处需要注意），一个 ASCII 字符的长度也为 1。比如 str_length('str') 结果为 3，str_length(' 你好 ') 结果为 2。

（2）连接字符串。str_c() 与 paste() 功能类似，用 sep 指定分隔符，用 collapse 指定将多个元素合并时的分隔符。str_c() 默认是没有分隔的，这一点与 paste() 不同。字符型缺失值参与连接时，结果变成缺失值；可以用 str_replace_na() 函数将待连接的字符型向量中的缺失值转换成字符串“NA”再连接。例如，str_c('a','b') 表示把两个字符串拼接为一个大的字符串，输出结果为“ab”；str_c('a','b',sep = '|') 表示用符号“|”将两个字符串进行拼接，输出结果为“a|b”。

（3）取子串。str_sub() 起到与 substring() 相同的作用。增强的地方是，允许开始位置与结束位置用负数，这时最后一个字符对应 -1，倒数第二个字符对应 -2，以此类推。如果要求取的子串没有那么长就有多少取多少，如果起始位置就已经超过总长度则返回空字符串。

```
>str_sub("term2017",5,8)
[1]"2017"
```

（4）按指定的 locale 排序。str_sort() 对字符型向量排序，可以用 locale 选项指定所依据的 locale，不同的 locale 下次序不同。通常的 locale 是“en”（英语），中国大陆地区的 GB 编码对应的 locale 是“zh”。

（5）长行分段。str_wrap() 可以将长字符串拆分为基本等长的行，行之间使用换行符分隔。

（6）删除首尾空格。str_trim() 起到与 trimws() 相同的作用，删除首尾空格，也可以要求仅删除开头空格（指定 side="left"）或者仅删除结尾空格（指定 side="right"）。

（7）匹配表达式。str_view(string,pattern) 在 RStudio（R 语言集成开发环境）中打开 View 窗格，显示 pattern 给出的正则表达式模式在 string 中的首个匹配。string 是输入的字符型向量，用 str_view_all() 显示所有匹配。如果要匹配的是固定字符串，则写成 str_view(string,fixed(pattern))。

（8）查看匹配结果。str_detect(string,pattern) 返回字符型向量 string 的每个元素是否匹配 pattern 中模式的逻辑型结果，str_count() 返回每个元素匹配的次数。

```
>str_count(c("str_str_string","streep"),"str")
[1]31
```

（9）返回匹配的元素。str_subset(string,pattern) 返回字符型向量中能匹配 pattern 的那些元素组成的子集，与 grep(pattern,string,value=TRUE) 结果相同，支持正则表达式。

比如输出字符向量中包含有字符 str 的字符串。

```
>str_subset(c("ssss","str_str"),"str")
[1] "str_str"
```

（10）提取匹配内容。str_subset() 返回的是有匹配的源字符串，而不是匹配的部分子字符串。用 str_extract(string,pattern) 从源字符串中取出首次匹配的子串。

```
>str_extract("Afallingball","all")
[1]"all"
```

str_extract_all() 取出所有匹配子串，这时可以加选项 simplyfy=TRUE，使得返回结果变成一个字符型矩阵，每行是原来一个元素中取出的各个子串。

（11）提取分组捕获内容。str_match() 提取匹配内容以及各个捕获分组内容，支持正则表达式。

【例 4-12】查看字符向量 c("ssss","str_str") 中是否包含有字符串“str”，如果不包含，在相应位置输出空值；如果包含，在相应位置返回该字符串。

```
>str_match(c("ssss","str_str"),"str")
[,1]
[1,] NA
[2,] "str"
```

（12）替换。用 str_replace_all() 实现与 gsub() 类似的功能。

```
>str_replace_all(c("123,456","011"),",","")
[1]"123456""011"
```

注意参数次序与 gsub() 不同。

（13）字符串拆分。str_split() 起到与 strsplit() 类似的作用，并且可以加 simplify=TRUE 选项使得原来每个元素拆分出的部分存入结果矩阵的一行中。可以用 boundary() 函数指定模式为单词等边界。例如，str_split("This is a sentence.",boundary("word")) 表示将“This is a sentence.”拆分为“This”“is”“a”和“sentence”，字符串末端的句号被删除了。

（14）定位匹配位置。str_locate() 和 str_locate_all() 返回匹配的开始位置和结束位置。注意，要取出匹配的元素可以用 str_subset()，要取出匹配的子串可以用 str_extract()，从字符串中提取匹配组可以用 str_match()。

【例 4-13】从字符串中匹配字符 a 并返回对应的字符。

```
> string<- c("abc", 123, "cba")
> str_match(string, "a")
     [,1]
[1,]  "a"
[2,]  NA
[3,]  "a"
```

4.6 日期变量的处理和转换

在 R 语言的实际项目分析中时间是一个重要的数据，在很多数据分析项目中时间序列是重要的分析指标，本节讲述 R 语言是如何处理日期和时间的。R 语言针对日期和时间的操作有非常丰富的内置函数。需要注意的是，在 R 语言中虽然日期类型是 Date 型，但是事实上它在内部存储的是一个整数，这个整数是操作的日期距离 1970 年 1 月 1 日的天数。

4.6.1 取系统日期和时间

程序员在编程中遇到的第一个与时间相关的问题大多是如何取系统时间，R 语言取系统时间常使用的函数是 date() 函数、Sys.Date() 函数和 Sys.time() 函数。

```
> date()
[1] "Sat Jan 09 12:13:29 2021"
> class (date())
[1] "character"
```

以上是 date() 函数的运行结果。date() 函数可以取得系统时间，但是要注意这个函数并不友好，首先它得到的结果并不利于对时间的后续处理，其次查询 date() 函数的类型会发现，它的类型是 character 类型，并不是 R 语言专门的时间类型（Date），而后面要讲到的针对日期进行计算的函数大多不允许传递 character 类型的数据。所以请读者慎用 date() 函数。比较友好的取得系统日期和时间的函数是 Sys.Date() 函数和 Sys.time() 函数。

示例代码如下：

```
> Sys.Date()
[1] "2021-01-09"
> class(Sys.Date())
[1] "Date"
> Sys.time ()
[1] "2021-01-09 12:15:15 CST"
```

Sys.Date() 函数和 Sys.time() 函数提供的结果比较友好，并且利于用处理时间的函数对结果做出处理。

4.6.2 把字符串解析成日期和时间

R 语言中时间的类型是 POSIXct 类型和 POSIXlt 类型。POSIXct 类型存储的是整数，POSIXlt 类型存储的是列表，其中包含年、月、日等信息。在实际的数据分析项目中，日期和时间通常是用字符串（文本）的形式存储的，要在 R 语言中处理日期和时间就需要把这些信息转换为 Date 类型的。在 R 语言中，将文本转换成日期和时间通常使用 as.Date() 函数、as.POSIXct() 函数、as.POSIXlt() 函数、strptime() 函数，语法结构如下：

```
as.Date(x, format)
as.POSIXct(x. format. tz="", ...)
as.POSIXlt(x. format, tz="", ...)
strptime(x, format, tz="")
```

这几个函数的使用比较简单，就是把文本形式的数据转换为日期或时间格式的数据，示例代码如下：

```
> x<-as.Date(c('2021-05-01', '2021-06-01'), '%Y-%m-%d')
> x
[1] "2021-05-01" "2021-06-01"
> as.POSIXct(Sys.time())
[1] "2021-01-09 12:21:29 CST"
> as.POSIXlt(Sys.time())
[1] "2021-01-09 12:21:52 CST"
```

参数 x 代表要处理成日期或时间的字符串，参数 format 表示要转变的日期格式，参数 tz 表示时区（默认是系统时区）。需要注意的是，参数 format 需要和对象 x 中的字符串一一对应，参数 x 中的年、月、日、时间等信息用占位符进行替换。下面是参数 format 经常用到的占位符的意义。

%y：用两位数字表示的年份（00 ～ 99），例如数值是 18，符号 %y 表示 2018 年。

%Y：用四位数字表示的年份（0000 ～ 9999）。

%m：用两位数字表示的月份，取值范围是 01 ～ 12。

%d：月份中的天，取值范围是 01 ～ 31。

%b：缩写的月份。

%B：月份全名。

%a：缩写的星期名。

%A：星期全名。

%H：小时（24 小时制）。

%I：小时（12 小时制）。

%p：对于 12 小时制，指定上午（AM）或下午（PM）。

%M：分钟。

%S：秒。

4.6.3 把日期和时间解析成字符串

字符串类型的数据可以转换成时间类型的，当然时间类型的数据也可以转化为字符串类型的，常用的函数有 format() 函数和 strftime() 函数，语法格式如下：

```
format(x,format,tz="")
strftime(x,format,tz="")
```

函数中参数的含义和用于将字符串转换为日期和时间的函数参数的含义相同，并且占位符的用法也相同。

参考代码如下：

```
> today<-Sys.Date()
> chrday<-format (today, format= '%Y-%m-%d')
> chrday
[1] "2021-01-09"
> class (chrday)
[1] "character"
> chrday1<-strftime (today, format='%Y-%m-%d')
> chrday1
[1] "2021-01-09"
> class (chrday1)
[1] "character"
```

4.6.4 对日期中相关信息的提取与比较

在数据分析项目中需要加入的时间轴数据大多只是时间数据中的部分数据，例如分析美国大选投票情况需要以年为单位、分析树木成长和日照温度的关系需要以月为单位、分析股市信息要以天为单位等，所以实际项目中是有在日期数据中提取部分时间数据的需求的。R 语言提供的用于取得日期数据中部分内容的函数有以下几个：

- weekdays()：返回这个时间是星期几。
- quarters()：返回这个时间中的季度。
- months()：返回这个时间中的月份。
- julian()：返回这个时间距离 1970 年 1 月 1 日有多少天。

下面通过实例来了解这些函数的用法。

```
> d <- as.Date("1970-01-01")
> months(d)
[1] "一月"
> weekdays(d)
[1] "星期四"
> quarters(d)
[1] "Q1"
> julian(d)
[1] 0
attr(,"origin")
[1] "1970-01-01"
```

这些函数完成了部分对日期的相关操作。但如果读者需要更简单、规范、灵活的函数来处理与时间有关的问题，那么可以加载 lubridate 包，其中更多对时间进行处理的函数。

4.6.5 使用 lubridate 包处理日期变量

在 R 语言中，lubridate 包中主要有两类函数：一类用于处理时间点数据（time instants)，另一类用于处理时间段数据（time spans)。

1. 从字符串生成日期数据

```
>library(lubridate)
```

函数 lubridate::today() 返回当前日期：

```
>today()
[1] "2021-08-24"
```

函数 lubridate::now() 返回当前日期时间：

```
>now()
[1] "2021-08-24 15:52:22 CST"
```

用 ymd()、mdy()、dmy() 函数可以将字符型数据转换为日期型数据。

【例 4-14】将字符型向量转换为日期型向量。

```
>ymd(c("1998-3-10", "2017-01-17", "21-6-17"))
[1] "1998-03-10" "2017-01-17" "2021-06-17"
>mdy(c("3-10-1998", "01-17-2017"))
[1] "1998-03-10" "2017-01-17"
>dmy(c("10-3-1998", "17-01-2017"))
[1] "1998-03-10" "2017-01-17"
```

make_date(year, month, day) 可以将 3 个数值构成日期向量。

```
>make_date(2021, 3, 10)
[1] "2021-03-10"
```

as_date() 可以将日期时间型转换为日期型：

```
>as_date("1998-03-16 13:15:45")
[1] "1998-03-16"
```

as_datetime() 可以将日期型数据转换为日期时间型：

```
>as_datetime(as.Date("2021-03-16"))
[1] "2021-03-16 UTC"
```

2. 日期显示格式

用 as.character() 函数把日期型数据转换为字符型。

【例 4-15】将日期型数据转换为字符型。

```
> x <- c('1998-03-16', '2015-11-22')
>as.character(x)
[1] "1998-03-16" "2015-11-22"
```

可以用 format 选项指定显示格式：

```
>as.character(x, format='%m/%d/%Y')
[1] "1998-03-16" "2015-11-22"
```

3. 访问日期时间的组成值

lubridate 包中的如下函数可以取出日期型或日期时间型数据中的组成部分：

- year()：取出年。
- month()：取出月份数值。
- mday()：取出日数值。
- yday()：取出日期在一年中的序号，元旦为 1。
- wday():取出日期在一个星期内的序号，注意星期日为 1，星期一为 2，星期六为 7。
- hour()：取出小时。
- minute()：取出分钟。
- second()：取出秒。

【例 4-16】输出这一天是星期几。

```
>wday("2021-6-17 13:15:40")
[1] 2
```

4. 日期舍入计算

lubridate 包提供了 floor_date()、round_date()、ceiling_date() 等函数，对日期可以用 unit 指定一个时间单位进行舍入。时间单位为字符串，如 seconds、5 seconds、minutes、2 minutes、hours、days、weeks、months、years 等。比如，以 10 minutes 为单位，floor_date() 将时间向前归一化到 10 分钟的整数倍，ceiling_date() 将时间向后归一化到 10 分钟的整数倍，round_date() 将时间归一化到最近的 10 分钟的整数倍，时间恰好是 5 分钟倍数时按照类似四舍五入的原则向上取整。

【例 4-17】将 2018-01-11 08:32:44 向前归一化到 10 分钟的整数倍。

```
> x <- ymd_hms("2018-01-11 08:32:44")
>floor_date(x, unit="10 minutes")
[1] "2018-01-11 08:30:00 UTC"
```

5. 日期的其他计算

在 lubridate 包的支持下日期可以相减、相加、相除。lubridate 包提供了如下 3 种与时间长短有关的数据类型：

- 时间长度（duration）：按整秒计算。
- 时间周期（period）：如日、周。
- 时间区间（interval）：包括一个开始时间和一个结束时间。

（1）时间长度。

Lubridate 包中的 dseconds()、dminutes()、dhours()、ddays()、dweeks()、dyears() 函数可以直接生成时间长度类型的数据，例如：

```
> dhours(1)
[1] "3600s (~1 hours)"
```

lubridate 的时间长度类型总是以秒作单位，可以在时间长度之间相加，也可以对时间长度乘以无量纲数。

```
> dhours(1) + dseconds(5)
##[1] "3605s (~1 hours)"
dhours(1)*10
##[1] "36000s (~10 hours)"
```

（2）时间周期。

时间长度的固定单位是秒，但是像月、年这样的单位，因为可能有不同的天数，所以日历中的时间单位往往没有固定的时长。

lubridate 包中的 seconds()、minutes()、hours()、days()、weeks()、years() 函数可以生成以日历中正常周期为单位的时间长度，不需要与秒数相联系，可以用于时间的前后推移。这些时间周期的结果可以相加、乘以无量纲整数：

```
>years(2) + 10*days(1)
[1] "2y 0m 10d 0H 0M 0S"
```

（3）时间区间。lubridate 提供了 %--% 运算符构造一个时间区间。时间区间可以求交集、并集等。

【例 4-18】利用 %--% 运算符构造一个时间区间。

```
> d1 <- ymd_hms("2021-01-01 0:0:0")
> d2 <- ymd_hms("2021-01-02 12:0:5")
> din <- (d1 %--% d2); din
[1] 2021-01-01 UTC--2021-01-02 12:00:05 UTC
```

对一个时间区间可以用除法计算其时间长度，例如：

```
> din / ddays(1)
[1] 1.500058
> din / dseconds(1)
[1] 129605
```

生成时间区间也可以用 lubridate::interval(start, end) 函数，例如：

```
>interval(ymd_hms("2021-01-01 0:0:0"), ymd_hms("2021-01-02 12:0:5"))
[1] 2021-01-01 UTC--2021-01-02 12:00:05 UTC
> Sys.Date()              #返回当前日期
> Date()                  #返回当前日期和时间
```

日期值不同格式之间的转换：

```
> wodate <- c("07/13/2016","07/12/2016")
> mydate <- as.Date(wodate,"%m/%d/%Y")
> mydate
[1] "2016-07-13" "2016-07-12"
```

提前设定日期格式（format）：

```
> today <- Sys.Date()
> format(today,format="%A")    #对赋值给today的日期值设定格式
```

4.7 清洗重复数据

在数据分析中有些需求会要求数据集中的数据只出现一次，如果该数据重复出现就需要处理它或忽略它。这种对重复值的处理需要在数据预处理过程中完成。

4.7.1 查找是否有重复值

对目标数据做去除重复值的清洗工作的第一个步骤是确定该目标数据中是否存在重复值。R 语言中可以使用 duplicated() 函数来查询是否存在重复值。duplicated() 函数会在数值第一次出现的时候返回 FALSE，在数值重复出现的时候返回 TRUE，代码如下：

```
> x<-c(5, 6, 7, 5, 6, 8, 9, 7, 5)
> duplicated(x)
[1] FALSE FALSE FALSE TRUE TRUE FALSE FALSE TRUE TRUE
```

经过查询，向量 x 中有 TRUE 值，说明 x 中包含重复值。

4.7.2 查找重复值的索引值

去除重复值的第二个步骤是查找重复值的索引值，该操作使用 which() 函数来完成，代码如下：

```
> x<-c(5, 6, 7, 5, 6, 8, 9, 7, 5)
> y<-duplicated(x)
```

```
> which (y)    #返回重复值的索引位置
[1] 4 5 8 9
```

4.7.3　去除重复值

去除重复值的主要思想就是把上面找到的索引值以外的数据从目标数据中取出并放到一个新的对象中。这里介绍两种去重方法。

第一种方法是使用负值搜索，搜索到所有不属于上面索引的索引号，把这些内容存放在一个新的对象中。需要注意的是，对内置数据集中的数据操作以后，所得的结果需要自己建立一个对象来存储，不要把结果再存储到内置数据集中，那样会破坏掉内置数据集中的数据，不利于下次实验。代码如下：

```
> x<-c(5, 6, 7, 5, 6, 8, 9, 7, 5)
> y<-which(duplicated(x))
> new<-x[-y]    #注意x为向量，若x为其他数据类型，则需要调整引用方式
> new
[1] 5 6 7 8 9
```

从结果来看，已经没有重复的值存在了。

第二种方法是直接使用 duplicated() 函数的“逻辑非”运算。这种方法相当于把 duplicated() 函数中逻辑值是 FALSE 的值全部取出来。代码如下：

```
>news<-x [! duplicated (x)]    #此处x为向量，若x为其他数据类型，则需要调整引用方式
> news
[1] 5 6 7 8 9
```

第二种方法和第一种方法得到了同样的结果，得到的新对象 new 和 news 都是不包含重复值的数据框。

4.8　缺失数据处理

从缺失的分布来讲缺失可以分为完全随机缺失、随机缺失和完全非随机缺失。完全随机缺失指的是数据的缺失是随机的，不依赖于任何不完全变量或完全变量，缺失情况相对于所有可观测和不可观测的数据来说在统计意义上是独立的。随机缺失指的是数据的缺失不是完全随机的，即该类数据的缺失依赖于其他完全变量，即一个观测出现缺失值的概率是由数据集中不含缺失值的变量决定的，而不是由含缺失值的变量决定的。完全非随机缺失指的是数据的缺失依赖于不完全变量自身，而是与缺失数据本身存在某种关联，比如问题设计过于敏感造成的缺失。

从统计上说，非随机缺失的数据会产生有偏估计，因此不能很好地代表总体。其次，它决定数据插补方法的选择。随机缺失数据处理相对比较简单，而非随机缺失数据处理较为困难，原因在于偏差的程度难以把握。事实上，绝大部分的源数据都包含不完整的观测值，因此如何处理这些缺失值很重要。

一般来说，缺失值的处理包括两个步骤，即缺失数据的识别和缺失值处理。

4.8.1　缺失数据的识别

缺失数据的识别

R 语言中，NA 为 Not Available 的缩写，代表缺失值，NaN 为 Not a Number 的缩写，

代表不可能值，Inf 和 -Inf 代表正无穷和负无穷。函数 is.na()、is.nan() 和 is.infinite() 分别用来识别缺失值、不可能值和无穷值。每个返回结果都是 TRUE 或 FALSE。这些函数返回的对象与其自身参数的个数相同。若每个元素的类型检验都通过，则由 TRUE 替换，否则由 FALSE 替换。is.na() 函数用于检测缺失值是否存在，将返回一个相同大小的对象，如果某个元素是缺失值，相应的位置将被改写为 TRUE，不是缺失值的位置则为 FALSE。示例代码如下：

```
> y <- c(1, 3, Inf, NaN, NA)
> is.na(y)
[1] FALSE FALSE FALSE TRUE TRUE
> is.nan(y)
[1] FALSE FALSE FALSE TRUE FALSE
> is.infinite(y)
[1] FALSE FALSE TRUE FALSE FALSE
```

complete.cases() 函数用来识别矩阵或数据框中没有缺失值的行。若每行都包含完整的实例，则返回 TRUE 的逻辑向量；若每行有一个或多个缺失值，则返回 FALSE。示例代码如下：

```
> airquality[1:6, ]
  Ozone Solar.R Wind Temp Month Day
1   41    190    7.4   67    5    1
2   36    118    8.0   72    5    2
3   12    149   12.6   74    5    3
4   18    313   11.5   62    5    4
5   NA     NA   14.3   56    5    5
6   28     NA   14.9   66    5    6
> complete.cases( airquality[1:6, ])
[1] TRUE TRUE TRUE TRUE FALSE FALSE
```

结果表明 airquality 数据集的第 5 行和第 6 行含有缺失值。

4.8.2 缺失数据的处理

一般来说，缺失数据（即缺失值）的处理包括两个步骤：缺失数据的识别和缺失数据的处理。在 R 语言中，缺失值通常以 NA 表示，可以用 is.na() 函数判断缺失值是否存在，函数 complete.cases() 可识别样本数据是否完整从而判断缺失情况。在对是否存在缺失值进行判断后需要进行缺失值处理，常用的方法有删除法、替换法、插补法等。

（1）删除法。根据数据处理的不同角度可分为删除观测样本、删除变量两种。删除观测样本又称为行删除法，在 R 中可通过 na.omit() 函数移除所有含有缺失数据的行，这属于以减少样本量来换取信息完整性的方法，适用于缺失值所占比例较小的情况。但这种方法有很大的局限性，即它是以减少样本量来换取信息的完备，会造成资源的大量浪费，丢弃了大量隐藏在这些对象中的信息，在样本量较小的情况下删除少量对象就足以严重影响数据的客观性和结果的正确性。

删除变量适用于变量有较大缺失且对研究目标影响不大的情况，意味着要删除整个变量，在 R 中可通过 data[, -p] 来实现，其中 data 表示目标数据集，p 表示缺失变量所在的列。当缺失数据所占比例较大，特别是当缺失数据非随机分布时，这种方法可能会导致数据发生偏离，从而得出错误的结论。

（2）替换法。将变量的属性分为数值型和非数值型来分别进行处理。如果缺失值是数值型的，则根据该变量在其他所有对象的取值的平均值来填充该缺失的变量值；如果缺失值是非数值型的，则根据统计学中的众数原理用该变量在其他所有对象的取值次数最多的值来补齐该缺失的变量值。

均值替换法是一种简便、快速的缺失数据处理方法。使用均值替换法插补缺失数据对该变量的均值估计不会产生影响，但这种方法是建立在完全随机缺失假设之上的，而且会造成变量的方差和标准差变小。同时，这种方法会产生有偏估计，所以并不被推崇。

【例 4-19】使用均值替换法对缺失数据进行填充。

```
> data<-matrix(floor(rnorm(20,0,4)),4,5)
> data[2:3, 5]<- NA
> data
     [,1]  [,2]  [,3]  [,4]  [,5]
[1,]  0    -1    -1    -4    -2
[2,]  7    -5    -7     3    NA
[3,] -5     4    -3     2    NA
[4,] -3     0     4     3     1
> data[is.na(data)]<-mean(data,na.rm=T)
> data
     [,1]  [,2]  [,3]  [,4]     [,5]
[1,]  0    -1    -1    -4  -2.0000000
[2,]  7    -5    -7     3  -0.3888889
[3,] -5     4    -3     2  -0.3888889
[4,] -3     0     4     3   1.0000000
```

（3）插补法。在面对缺失值问题时，常用的插补法有回归插补、多重插补等。回归插补法利用回归模型，将需要插值补缺的变量作为因变量，其他相关变量作为自变量，通过回归函数 lm() 预测出因变量的值来对缺失变量进行补缺。多重插补法的原理是从一个包含缺失值的数据集中生成一组完整的数据，如此进行多次，从而产生缺失值的一个随机样本。

有关使用插补法对缺失值进行处理的示例参见本章实训。

4.9 异常值识别和处理

异常值指的是样本中的极少数样本点，其数值明显偏离于所属样本的绝大部分观测值，所以也称为离群点，异常值的分析也称为离群点的分析。不论什么来源的数据，如果数据中存在可能的异常值，应尽量在数据分析前进行必要的异常值处理，这是为了防止异常值带来的各种干扰，比如异常值的存在可能会使原本具有相关性的变量变成了不相关的变量，或者影响回归关系、得出异常错误的结论等，换句话说，其他研究方法基本均会受到异常值的干扰，异常值较多或者异常稍大时会直接扭曲结论。

异常值与原始数据集中的常规数据显著不同，本节介绍几种常见的异常值检测方法：简单统计量分析、3σ 原则、箱型图分析和盖帽法。

4.9.1 简单统计量分析

在进行异常值分析时，可以先对变量进行描述性统计和初步筛选，目的是查看哪些数据是不合理的。一般来说，常用的统计量是最大值和最小值，它们可以用来判断这个变量的取值是否超出了合理范围。比如测量人体体温的最大值为50℃时，则判断该变量的取值存在异常。

4.9.2 根据3σ原则检测异常值

如果数据服从或近似服从正态分布，在3σ原则下，观测值与平均值的差值超过3倍标准差，则可以将观测值视为异常值。这是因为距离平均值3σ之内的值出现的概率为99.7%，那么距离平均值3σ之外的值出现的概率为$P(|x-u|>3\sigma) \leqslant 0.003$，属于极个别的小概率事件。如果数据不服从正态分布，则可以使用远离平均值多少倍的标准差来检测异常值。

【例4-20】利用3σ原则过滤数据中的异常值。

```
> data <- do.call(c, lapply(1:5, function (x) rnorm(2^(7-x), sd=2*x)))     #随机生成数据
> daMean <- mean(data)
> daSD  <- sd(data)
> cutoff <- 3*c(-1, 1)*daSD+daMean
> outindex <- data<cutoff[1] | data>cutoff[2]
> outindex
  [1] FALSE FALSE FALSE FALSE FALSE FALSE FALSE FALSE FALSE FALSE FALSE FALSE
 [13] FALSE FALSE FALSE FALSE FALSE FALSE FALSE FALSE FALSE FALSE FALSE FALSE
 [25] FALSE FALSE FALSE FALSE FALSE FALSE FALSE FALSE FALSE FALSE FALSE FALSE
 [37] FALSE FALSE FALSE FALSE FALSE FALSE FALSE FALSE FALSE FALSE FALSE FALSE
 [49] FALSE FALSE FALSE FALSE FALSE FALSE FALSE FALSE FALSE FALSE FALSE FALSE
 [61] FALSE FALSE FALSE FALSE FALSE FALSE FALSE FALSE FALSE FALSE FALSE FALSE
 [73] FALSE FALSE FALSE FALSE FALSE FALSE FALSE FALSE FALSE FALSE FALSE FALSE
 [85] FALSE FALSE FALSE FALSE FALSE FALSE FALSE FALSE FALSE FALSE FALSE FALSE
 [97] FALSE FALSE FALSE FALSE FALSE FALSE FALSE FALSE FALSE FALSE FALSE FALSE
[109] FALSE FALSE  TRUE FALSE FALSE FALSE FALSE FALSE FALSE FALSE FALSE FALSE
[121] FALSE FALSE FALSE  TRUE
```

上述结果中，第111个和最后一个数据是异常值。

4.9.3 根据箱型图检测异常值

另一种经典的检测数据异常值的方法是箱型图法，又称Tukey法。箱型图又称盒须图、盒式图、箱线图，是一种用来显示一组数据分散情况的统计图，因形状如箱子而得名。该方法先计算出数据集的下四分位数（Q1）和上四分位数（Q3），然后用Q3减去Q1得到四分位距（IQR），再将小于Q1+1.5*IQR或者大于Q3+1.5*IQR的数据点当作异常值，可以借助这种方法来检测DataFrame中的异常值。

【例4-21】利用箱型图筛选数据data中的异常值。

```
> Q1<- quantile(data, probs = 0.25)          #计算下四分位数
> Q3 <- quantile(data, probs = 0.75)         #计算上四分位数
> IQR <- Q3-Q1                               #计算四分位距
> which(data > Q1 + 1.5*IQR)                 #找出异常点的位置
> data [which(data > Q3 + 1.5*IQR)]          #找出异常点
```

另外，在R语言中可以使用boxplot.stats()函数实现单变量检测，该函数根据返回的

统计数据生成箱型图，基本语法格式如下：

```
[stats, n, conf, out]<-boxplot.stats(x, coef=1.5, do.conf=TRUE, do.out=TRUE)
```

x：数值向量（NA、NaN 值将被忽略）。

coef：盒子的长度，也就是盒须的长度是几倍的盒长（IQR），默认为 1.5。

do.conf 和 do.out：设置是否输出 conf 和 out。

stats：返回 5 个元素的向量值，包括盒须最小值、盒最小值、中位数、盒最大值、盒须最大值。

n：返回非缺失值的个数。

conf：返回中位数的 95% 置信区间。

out：返回异常值，它是由异常值组成的列表，更明确地说是箱型图中箱须线外面的数据点。

boxplot.stats() 函数用于单变量异常值检测的示例如下：

```
> set.seed(3147)
> x<-rnorm(100)              #取100个0和1之间的随机数
> boxplot.stats(x) $out      #输出异常值
[1] -3.456658
> boxplot(x)    #绘制箱型图
```

运行结果如图 4-1 所示，即箱须线外面的数据点是异常值。

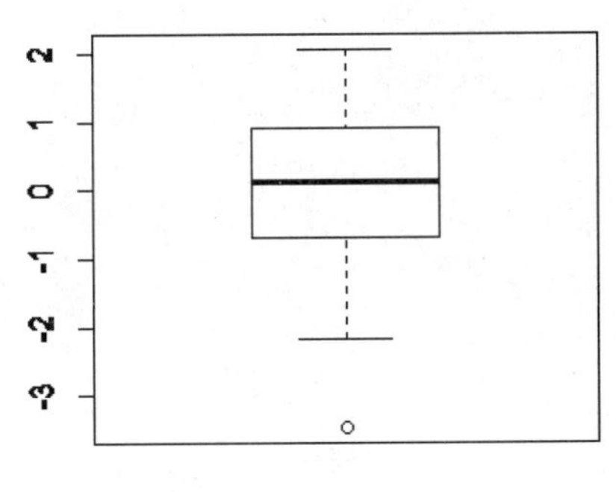

图 4-1　箱型图

4.9.4　盖帽法

对于不服从正态分布的数据，可以尝试使用盖帽法过滤异常值。盖帽法是指对数据中 99% 分位点以上和 1% 分位点以下的数据进行过滤。

【例 4-22】使用盖帽法在不服从正态分布的数据中过滤异常值。

```
> r <- rnorm(100)
> temp <- (r > quantile(r, 0.01)) & (r < quantile(r, 0.99))  #选取字段中位于1%～99%分位点数据的位置
> r[!temp]   #r[!temp] 为输出异常值，r[temp]为输出除去异常值后的数据
[1] -2.125049  2.195398
```

基于正态分布的 3σ 法则是以假设数据服从正态分布为前提的，但实际数据往往并不严格服从正态分布。它判断异常值的标准是以计算数据的均值和标准差为基础的，而均值和标准差的耐抗性极小，异常值本身会对它们产生较大影响，这样产生的异常值个数不会多于总数的 0.7%。显然，应用这种方法在非正态分布数据中判断异常值，其有效性是有限的。箱型图的绘制依靠实际数据，不需要事先假定数据服从特定的分布形式，没有对数

据作任何限制性要求，它只是真实直观地表现数据形状的本来面貌；另一方面，箱型图判断异常值的标准以四分位数和四分位距为基础，四分位数具有一定的耐抗性，多达25%的数据可以变得任意远而不会很大地扰动四分位数，异常值不能对这个标准施加影响，所以箱型图识别异常值的结果比较客观，在识别异常值方面有一定的优越性。

4.10 数据集的合并与拆分

4.10.1 数据集的合并

cbind() 函数是根据列进行合并，即叠加所有列，m 列的矩阵与 n 列的矩阵 cbind() 后变成 m+n 列，合并前提是 cbind(a, c) 中矩阵 a、c 的行数必须相符。

rbind() 函数是根据行进行合并，就是行的叠加，m 行的矩阵与 n 行的矩阵 rbind() 后变成 m+n 行，合并前提是 rbind(a, c) 中矩阵 a、c 的列数必须相符。

这两个函数的使用示例如下：

```
> a <- matrix(1:12, 3, 4)
> print(a)
     [,1] [,2] [,3] [,4]
[1,]    1    4    7   10
[2,]    2    5    8   11
[3,]    3    6    9   12
>
> b <- matrix(-1:-12, 3, 4)
> print(b)
     [,1] [,2] [,3] [,4]
[1,]   -1   -4   -7  -10
[2,]   -2   -5   -8  -11
[3,]   -3   -6   -9  -12
>
> x=cbind(a,b)
> print(x)
     [,1] [,2] [,3] [,4] [,5] [,6] [,7] [,8]
[1,]    1    4    7   10   -1   -4   -7  -10
[2,]    2    5    8   11   -2   -5   -8  -11
[3,]    3    6    9   12   -3   -6   -9  -12
>
> y=rbind(a,b)
> print(y)
     [,1] [,2] [,3] [,4]
[1,]    1    4    7   10
[2,]    2    5    8   11
[3,]    3    6    9   12
[4,]   -1   -4   -7  -10
[5,]   -2   -5   -8  -11
[6,]   -3   -6   -9  -12
>
>
> c <- matrix(-1:-20, 4, 5)
```

```
> print(c)
     [,1] [,2] [,3] [,4] [,5]
[1,]  -1   -5   -9  -13  -17
[2,]  -2   -6  -10  -14  -18
[3,]  -3   -7  -11  -15  -19
[4,]  -4   -8  -12  -16  -20
>
> x2=cbind(a,c)
Error in cbind(a, c) : 矩阵的行数必须相符
> print(x2)
     [,1] [,2] [,3] [,4] [,5] [,6] [,7] [,8] [,9]
[1,]   1    4    7   10   -1   -4   -7  -10  -13
[2,]   2    5    8   11   -2   -5   -8  -11  -14
[3,]   3    6    9   12   -3   -6   -9  -12  -15
>
> y2=rbind(a,c)
Error in rbind(a, c) : 矩阵的列数必须相符
> print(y2)
Error in print(y2) : 找不到对象y2
```

也可以使用 merge() 函数实现两个数据框的合并，语法格式如下：

```
merge(x, y, by = intersect(names(x), names(y)),
    by.x = by, by.y = by, all = FALSE, all.x = all, all.y = all,
    sort = TRUE, suffixes = c(".x",".y"), no.dups = TRUE,
    incomparables = NULL, ...)
```

x、y：数据框。

by、by.x、by.y：指定的两个数据框中匹配列的名称，默认情况下使用两个数据框中相同列的名称。

all.x：逻辑值，默认为 FALSE。如果为 TRUE，显示 x 中匹配的行，即便 y 中没有对应匹配的行。y 中没有匹配的行用 NA 来表示。

all.y：逻辑值，默认为 FALSE。如果为 TRUE，显示 y 中匹配的行，即便 x 中没有对应匹配的行。x 中没有匹配的行用 NA 来表示。

all：逻辑值，all=L 为 all.x=L 和 all.y=L 的简写，L 可以是 TRUE 或 FALSE。

sort：逻辑值，是否对列进行排序。

【例 4-23】使用 merge() 函数完成数据框的合并。

```
#创建数据框
> name1 <- c("Bob","Mary","Jane","Kim","Smith")
> weight <- c(60,65,45,55,60)
> name2 <- c("Bob","Mary","Kim","Jane","Eric")
> height <- c(170,165,140,135,170)

> df1 <- data.frame(name1,weight,stringsAsFactors=F)  #加上这个参数是为了防止字符串自动转化为因子
> df1
  name1 weight
1  Bob     60
2  Mary    65
3  Jane    45
4  Kim     55
```

```
5  Smith  60

> df2 <- data.frame(name2, height, stringsAsFactors=F)
#注意name2的成员与df1中name1的不完全一样
> df2
  name2  height
1  Bob     170
2  Mary    165
3  Kim     140
4  Jane    135
5  Eric    170

> df3 <- data.frame(name1,height,stringsAsFactors=F)
> df3
  name1  height
1  Bob     170
2  Mary    165
3  Jane    140
4  Kim     135
5  Smith   170

> merge(df1,df3)  #自动根据相同的列名匹配
  name1 weight height
1  Bob    60     170
2  Jane   45     140
3  Kim    55     135
4  Mary   65     165
5  Smith  60     170

> merge(df1,df2,by.x="name1",by.y="name2")  #没有相同的列名则指定根据这两列融合
  name1 weight height
1  Bob    60     170
2  Jane   45     135
3  Kim    55     140
4  Mary   65     165
#上面默认保留了df1和df2共有的行

> merge(df1,df2,by.x="name1",by.y="name2",all=T)  #保留所有出现过的行，没有的显示NA
  name1 weight height
1  Bob    60     170
2  Eric   NA     170
3  Jane   45     135
4  Kim    55     140
5  Mary   65     165
6  Smith  60     NA

> merge(df1,df2,by.x="name1",by.y="name2",all.x=T)  #保留所有x的行
```

```
  name1 weight height
1  Bob    60   170
2  Jane   45   135
3  Kim    55   140
4  Mary   65   165
5  Smith  60   NA

> merge(df1,df2,by.x="name1",by.y="name2",all.y=T)    #保留所有y的行
  name1 weight height
1  Bob    60    170
2  Eric   NA    170
3  Jane   45    135
4  Kim    55    140
5  Mary   65    165
```

4.10.2 数据集的拆分

在 R 语言中，可以使用 stack() 函数和 unstack() 函数对数据框和列表的长宽格式进行转换。stack() 函数用于将数据框或列表转换成两列，分别是数据和对应的名称。函数 unstack() 的作用正好相反。

这两个函数的使用示例如下：

```
> x <- data.frame(a1=c(2, 5, 9), b2=c(1, 3, 11))
> x
   a1    b2
1   2     1
2   5     3
3   9    11
> y<-stack(x)
> y
  values  ind
1   2     a1
2   5     a1
3   9     a1
4   1     b2
5   3     b2
6  11     b2
> unstack(y)
   a1    b2
1   2     1
2   5     3
3   9    11
```

4.10.3 数据集的抽取

在用 R 处理数据的过程中，大多时候并不需要访问整个数据集，而是选取数据中的一部分，下面介绍的方法可以有效提取数据的子集。

1. 单层方括号索引

单层方括号索引包含数值型索引和逻辑型索引，使用符号 [] 来对数据进行子集处理。

单层方括号索引返回值的类型和源对象的类型相同。

示例代码如下：

```
> x<-c(1,2,3,4,5)
> x[2]
[1] 2
> y<-list(a="aaa",b="foo",c=1:4)
> y[3]
> mode(x[2])
[1]"numeric"
> mode(y[3])
[1]"list"
```

这里分别给 x 和 y 赋值一个向量和一个列表，我们看到返回对象和源对象的数据类型是相同的，单层方括号 [] 中的单个数字表示数据的第几个元素，即 x 的第二个元素和 y 的第三个元素。单层方括号也能提取相邻或者我们需要位置的元素。

（1）数值型索引。数值型索引即括号内采用数值进行运算，示例代码如下：

```
> m<-x[2:4]
> n<-x[c(1,5)]
> m
[1] 2 3 4
> n
[1] 1 5
> y
> mymatrix<-matrix(1:6,nrow=2,ncol=3)
> mymatrix
        [,1] [,2] [,3]
   [1,]  1    3    5
   [2,]  2    4    6
> fe<-mymatrix[2,]
> fe
[1] 2 4 6
```

这里用单层方括号来提取向量、列表、因子和矩阵的数据子集，也可以用负号加括号内的值来剔除不需要的元素，-2 表示不需要第二个元素，放在矩阵中就是不需要第二行。矩阵的数据按行或者按列可以看成是数字索引，如 mymatrix[1,] 表示第一行的所有列，事实上也不总需要明确所有索引。

```
> mymatrix[-2,1:2]
[1] 1 3
> mymatrix[1,]
[1] 1 3 5
```

这里返回了一个向量。但也可以使用 drop 参数来防止被改变数据类型，一般情况下该选项为 TRUE 时会丢掉矩阵原来的维度，所以返回的不是一个二维对象。

```
> mymatrix[-2,1:1:2,drop=FALSE]
     [,1] [,2]
[1,]  1    3
```

这样它就返回了一个矩阵。

（2）逻辑型索引。逻辑型索引即采用逻辑判断来对数据子集进行操作，示例代码如下：

```
> data<-c(2,4,6,9,4,8,19)
> data[data>6]
```

```
[1] 9 8 19
> data>6
[1] FALSE FALSE FALSE  TRUE FALSE  TRUE  TRUE
```

2. 双层方括号索引

双层方括号被用来从列表或者数据框中提取元素，但返回的对象不一定是列表或数据框。

```
> num=1:4
> names=c("lliy","lucy","ziggs","ben")
> sex=c("F","F","M","M")
> score=c(75,89,90,68)
> stu=data.frame(number=num,name=names,sex=sex,score=score,)
> stu
  number  name   sex  score
1 1       lliy   F    75
2 2       lucy   F    89
3 3       ziggs  M    90
4 4       ben    M    68
> stu[["sex"]]
[1] F F M M
Levels: F M
> stu[[1]]
[1] 1 2 3 4
```

使用双层方括号索引仅提取一个元素。

```
> x<-list(a=c(1,34,6),b=c(3.14,1.732,2.256))
> x[[c(1,3)]]
[1] 6
> x[[c(2,1)]]
[1] 3.14
```

3. $ 符号索引

美元 $ 符号索引可以从有命名的列表或者数据框中提取元素，在一定程度上美元符号和双层方括号的用途一样。

示例代码如下：

```
> stu$name
[1] lliy  lucy  ziggs ben
Levels: ben lliy lucy ziggs

> stu$name[score>80]
[1] lucy  ziggs
Levels: ben lliy lucy ziggs
> stu$name[sex=="M"]
[1] ziggs ben
Levels: ben lliy lucy ziggs
```

使用 [[]] 提取 stu 的 name 变量。

```
> stu[["name"]][score>80]
[1] lucy  ziggs
Levels: ben lliy lucy ziggs
```

同样提取了 score 在 80 分以上的学生。

注意：使用 attach() 函数可以帮助我们在处理多变量数据框时频繁使用 $ 符号索引。

4. 局部匹配

局部匹配功能在编写函数或代码时或许没什么用，但是在命令行下却可以帮助省下很多代码，它能加快输入速度。局部匹配可以在 [[]] 和 $ 索引下使用，例如：

```
> jar<-list(excludevalue=5)
> jar$e
[1] 5
> jar$ex
[1] 5
> jar$a
NULL
```

使用 [[]] 局部匹配有一些区别，需要在匹配中参数 exact=F 才能达到使用 $ 的效果，否则返回 NULL。

4.10.4 使用 tidyr 包

1. tidyr 对象

在数据预处理过程中，不可避免地会遇到数据的各种变形和转换。tidyr 包增强了 R 语言的这些功能，解决了数据变形问题和变量与列的转换，正如其名，tidyr 包是为了让数据变得更整洁。

2. 数据转换

（1）gather() 函数。在 R 语言的 tidyr 对象中，gather() 函数是将宽数据转换为长数据，语法结构如下：

```
gather(data, key, value, ..., na.rm = FALSE, convert = FALSE)
```

data：需要转换的宽形表。

key：将原数据框中的所有列赋给一个新变量 key。

value：将原数据框中的所有值赋给一个新变量 value。

...：可以指定哪些列聚到同一列中。

na.rm：是否删除缺失值。

【例 4-24】将宽数据转换为长数据。

```
>install.packages("tidyr")
>library(tidyr)
>widedata<- data.frame(person=c('Alex','Bob','Cathy'),grade=c(2,3,4),score=c(78,89,88))
>widedata
  person  grade  score
1 Alex    2      78
2 Bob     3      89
3 Cathy   4      88
>longdata<- gather(widedata, variable, value, -person)
>longdata
  person  variable  value
1 Alex    grade     2
2 Bob     grade     3
3 Cathy   grade     4
4 Alex    score     78
5 Bob     score     89
6 Cathy   score     88
```

（2）spread() 函数。spread() 函数将长数据转换为宽数据，即将列展开为行，语法结构如下：

```
spread(data, key, value, fill = NA, convert = FALSE, drop = TRUE)
```

data：需要转换的长形表。

key：需要将变量值拓展为字段的变量。

value：需要分散的值。

fill：对于缺失值，可将 fill 的值赋给被转型后的缺失值。

【例 4-25】将长数据转换为宽数据。

```
> spread (longdata, variable, value)
   person   grade   score
1  Alex     2       78
2  Bob      3       89
3  Cathy    4       88
```

3. 数据合并

unite() 函数是将数据框中的多列合并为一列，语法结构如下：

```
unite(data, col, ..., sep = "_", remove = TRUE)
```

data：数据框。

col：被组合的新列名称。

...：指定哪些列需要被组合。

sep：组合列之间的连接符，默认为下划线。

remove：是否删除被组合的列。

【例 4-26】将 widedata 中的 person 列、grade 列和 score 列合并。

```
>wideunite<- unite(widedata, information, person, grade, score, sep= "-")
>wideunite
  information
1  Alex-2-78
2  Bob-3-89
3  Cathy-4-88
```

4. 数据拆分

separate() 函数的作用和 unite() 函数正好相反，即将数据框中的某列按照分隔符拆分为多列，一般可用于日志数据和日期时间型数据的拆分，语法结构如下：

```
separate(data, col, into, sep = "[^[:alnum:]]+", remove = TRUE,convert = FALSE, extra = "warn",
fill = "warn", ...)
```

data：数据框。

col：需要被拆分的列。

into：新建的列名，为字符串向量。

sep：被拆分列的分隔符。

remove：是否删除被分割的列。

【例 4-27】将 widedata 中的 information 列用 - 符号拆分成 person 列、grade 列和 score 列。

```
>widesep<- separate(wideunite, information,c("person","grade","score"), sep = "-")
>widesep
```

```
   person   grade   score
1  Alex     2       78
2  Bob      3       89
3  Cathy    4       88
```

5. 数据填充

使用 replace_na() 可以对缺失值进行填充，语法结构如下：

```
replace_na(data, replace, ...)
```

data：数据框。

replace：为制定列填充相应的缺失值。

【例 4-28】对数据框中的缺失值分别进行填充。

```
> x <- c(7,8,NA,22,NA); y <- c('b',NA,'b',NA,'a'); df <- data.frame(x = x, y = y)
> df
   x    y
1  7    b
2  8    <NA>
3  NA   b
4  22   <NA>
5  NA   a
>replace_na(data = df, replace = list(x = 10, y = "a"))  #x列为数值型，y列为字符串类型
   x    y
1  7    b
2  8    a
3  10   b
4  22   a
5  10   a
```

4.11 实训

实训 1：空气质量数据集的缺失值处理

利用线性回归模型对 R 自带的 airquality 数据集的 Ozone 变量进行缺失值的插补。

（1）读取 airquality 数据集并查看其中有哪些变量。

```
> str(airquality)
'data.frame':   153 obs. of  6 variables:
 $ Ozone  : int  41 36 12 18 NA 28 23 19 8 NA ...
 $ Solar.R : int  190 118 149 313 NA NA 299 99 19 194 ...
 $ Wind   : num  7.4 8 12.6 11.5 14.3 14.9 8.6 13.8 20.1 8.6 ...
 $ Temp   : int  67 72 74 62 56 66 65 59 61 69 ...
 $ Month  : int  5 5 5 5 5 5 5 5 5 5 ...
 $ Day    : int  1 2 3 4 5 6 7 8 9 10 ...
```

（2）识别 Ozone 变量中的缺失值并输出其行号。

```
> index<-is.na(airquality$Ozone)
>which(index)
[1]   5  10  25  26  27  32  33  34  35  36  37  39  42  43  45  46  52
[18]  53  54  55  56  57  58  59  60  61  65  72  75  83  84 102 103 107
[35] 115 119 150
```

（3）建立回归模型，使用其他所有变量来预测 Ozone 变量的值。

```
> Ozone_train<-airquality[!index, c("Ozone", "Wind", "Temp", "Month", "Day")]   #训练集
```

```
> Ozone_test<-airquality[index, c("Ozone", "Wind", "Temp", "Month", "Day")]    #测试集
> fit<-lm(Ozone~., data = Ozone_train)  #建立线性回归模型
```

（4）使用已训练的回归模型来填充 Ozone 变量的缺失值。

```
> airquality[index1,"Ozone"]<-predict(fit, newdata =Ozone_test )  #利用线性回归模型对Ozone列
                                                                   #变量的缺失值进行预测和补缺
> head(airquality)
     Ozone      Solar.R  Wind  Temp  Month  Day
1    41.00000   190      7.4   67    5      1
2    36.00000   118      8.0   72    5      2
3    12.00000   149      12.6  74    5      3
4    18.00000   313      11.5  62    5      4
5    -12.46155  NA       14.3  56    5      5
6    28.00000   NA       14.9  66    5      6
```

实训 2：口红数据集的预处理

为了让商家生产出更符合消费者需要的口红，提高销售量，同时让消费者能够买到更理想的口红，我们从某购物网站上爬取了 1000 条口红销售数据（lip.xlsx），该数据共有店名、描述分、价格分、质量分、服务分、标题、价格、总评价数、总销量、颜色、适合肤质、功效、防晒、保质期、规格类型、国家、是否进口、使用人群 18 个属性。这个数据集含有一些特殊字符和缺失值，需要按以下要求对数据进行预处理：

（1）安装必要的 R 数据包，读取口红数据集的 Excel 文件。

```
> #install.packages("xlsx")
> #install.packages("openxlsx")
> library(xlsx)
> library(openxlsx)
#读取Excel文件和 sheet的序号
> data_lip<- read.xlsx("lip.xlsx", sheet = 1)
> head(data_lip)
> str(data_lip)
'data.frame':   1000 obs. of  18 variables:
 $ 店名    : chr "碧黛美妆专营店" "碧黛美妆专营店" "韩熙贞官方旗舰店" "ILISYA化妆品旗舰店" ...
 $ 描述分 : chr "4.64" "4.64" "4.57" "4.60" ...
 $ 价格分 : chr "4.59" "4.59" "4.49" "4.53" ...
 $ 质量分 : chr "4.63" "4.63" "4.54" "4.57" ...
 $ 服务分 : chr "4.66" "4.66" "4.59" "4.63" ...
 $ 标题    : chr "想你同款 MAC魅可显色丰润唇膏口红持久度显色咬唇妆" "chanel香奈儿炫亮魅力
丝绒唇膏口红持久不脱色43#" "【第二支1元】韩熙贞浪漫经典唇膏保湿滋润持久防脱色咬唇妆
口红" "送润唇膏ILISYA柔色不易沾杯哑光丝绒唇釉雾面哑光防水锁色" ...
 $ 价格    : chr "￥155.48" "￥264.60" "￥39.60" "￥69.42" ...
 $ 总评价数: chr  "542" "409" "31620" "2507" ...
 $ 总销量 : chr "1327" "595" "9203" "1550" ...
 $ 颜色    : chr "Candy Yum Yum\nGirl About Town\nSaint Germain\nLady Danger\nRuby Woo
  \nFreckletone\nCHILI小辣椒" "44#歌剧名伶\n37#纵情\n93#兴奋\n99#海盗\n96#古灵精怪
  \n94#着迷\n91#吸引\n90#活泼\n43#亲爱\n136#悠扬\n13"| __truncated__ "801樱花粉
  \n802桃粉色\n803橘色\n804裸色\n805经典红\n806慕斯红\n807高贵红\n808玫紫红
  \n809胭脂红" "车厘子红\n魅惑大红\n浓橙红色\n气质裸粉\n心动玫粉\n清新暖橘" ...
 $ 适合肤质: chr  "所有肤质" "所有肤质" "所有肤质" "所有肤质" ...
 $ 功效    : chr "易上色，易卸妆，保湿，滋润" "易上色，易卸妆，保湿，滋润" "易上色" "不沾杯，
  易上色，防脱色，防水锁色，不脱妆，丝绒雾面哑光" ...
 $ 防晒    : chr " 是" " 否" " 否" " 否" ...
```

```
$ 保质期 : chr "3年及以上" "3年及以上" "3年及以上" "3年及以上" ...
$ 规格类型: chr " 正常规格" " 正常规格" " 正常规格" " 正常规格" ...
$ 国家   : chr "加拿大" "法国" "韩国" "中国内地" ...
$ 是否进口: chr "是" "是" "否" "否" ...
$ 适合人群: chr NA "女" "女" "女" ...
```

（2）移除“标题”“适合肤质”“保质期”“类型规格”“适合人群”这 5 列数据，这些变量的信息对数据分析帮助不大。

```
> data<-data_lip[, c(-6, -11, -14, -15, -18)]
```

（3）对“价格”列数据进行预处理，对含有价格区间的记录求取平均值。

```
> x_price<-data[,6]
> x_price=data.frame(x_price)
> head(x_price)
  x_price
1 ￥155.48
2 ￥264.60
3 ￥39.60
4 ￥69.42
5 ￥39.90
6 ￥19.00
> x_price<-apply(x_price,1,function(i){
 flag=grepl(pattern="~",x=i)
 if(flag){
     #转换为字符串
     y=as.character(i)
     #字符分割
     n=strsplit(y,split = "~",fixed = T)
     #字符截取
     n<-sapply(n, function(x){
        substring(x, 2, nchar(x))
     })
     #转换为数字
     n=apply(n,2,as.numeric)
     #求平均
     n_mean=apply(n,2,mean)
     i=n_mean
     j="¥"
     i=paste(j, i, sep = "")
 }
else{
     i =i
   }
})
> data[,6]<-x_price
> head(data[,6])
[1] "¥155.48" "¥264.60" "¥39.60"  "¥69.42"  "¥39.90"  "¥19.00"
```

（4）去除“价格”列数据中的￥符号。

```
> data[,6]<-sapply(data[,6], function(x){
   substring(x, 2, nchar(x))
   })
 #查看结构信息
```

```
> summary(data)
店名               描述分             价格分             质量分
Length:1000        Length:1000        Length:1000        Length:1000
Class: character   Class: character   Class: character   Class: character
Mode: character    Mode: character    Mode: character    Mode: character
服务分             价格               总评价数           总销量
Length:1000        Length:1000        Length:1000        Length:1000
Class: character   Class: character   Class: character   Class: character
Mode: character    Mode: character    Mode: character    Mode: character
颜色               功效               防晒               国家
Length:1000        Length:1000        Length:1000        Length:1000
Class: character   Class: character   Class: character   Class: character
Mode: character    Mode: character    Mode: character    Mode: character
是否进口
Length:1000
Class :character
Mode  :character
```

（5）将第 2 ～ 8 列字符串类型数据转换为数值型数据。

```
> data[,2:8]<-lapply(data[, 2:8], as.numeric)
> summary(data)
店名               描述分             价格分             质量分
Length:1000        Min.:4.170         Min.:4.130         Min.:4.110
Class:character    1st Qu.:4.520      1st Qu.: 4.440     1st Qu.:4.480
Mode:character     Median:4.600       Median:4.530       Median:4.570
Mean:4.578         Mean:4.508         Mean:4.544
3rd Qu.:4.660      3rd Qu.:4.590      3rd Qu.:4.630
Max.:4.700         Max.:4.700         Max.:4.700
服务分             价格               总评价数           总销量
Min.:4.190         Min.: 8.455        Min.:0.0           Min.:0.0
1st Qu.:4.540      1st Qu.: 28.600    1st Qu.:2.0        1st Qu.:6.0
Median:4.620       Median: 44.050     Median:15.0        Median:32.5
Mean:4.599         Mean: 64.769       Mean:429.6         Mean:485.5
3rd Qu.:4.660      3rd Qu.: 68.000    3rd Qu.:128.0      3rd Qu.:157.0
Max.:4.850         Max.:999.000       Max.:33199.0       Max.:32192.0
颜色               功效               防晒               国家
Length:1000        Length:1000        Length:1000        Length:1000
Class:character    Class:character    Class:character    Class:character
Mode:character     Mode:character     Mode:character     Mode:character
 是否进口
 Length:1000
 Class :character
 Mode :character
```

（6）将第 9 ～ 13 列字符串类型数据转换为因子类型数据。

```
> data[,c(1,9:13)]<-lapply(data[,c(1, 9:13)], as.factor)
```

（7）使用 mice 包查看数据的缺失情况并统计缺失值总数目。

```
> library(mice)
> md_data=md.pattern(data)
> head(md_data)
店名 描述分 价格分 质量分 服务分 价格 总评   总销量 国家 防晒 是否      颜色 功效
                                    价数                    进口
900  1      1      1      1      1    1      1      1    1    1    1    1    1   0
```

```
53    1    1    1    1    1    1    1    1    1    1    1    1    0    1
29    1    1    1    1    1    1    1    1    1    1    1    0    1    1
1     1    1    1    1    1    1    1    1    1    1    1    0    0    2
2     1    1    1    1    1    1    1    1    1    0    0    1    1    2
15    1    1    1    1    1    1    1    1    0    0    0    1    0    4
```

从上述结果可以观测到，缺失的数据都是非数值的变量。

```
#缺失值的缺失行的记录
> data.lack<-which(!complete.cases(data))

 #转换为数据框
> data.lack<-data.frame(data.lack)

#缺失值的总记录数
> data.lack.num<-nrow(data.lack)
> data.lack.num
[1] 100
> data<-data.frame(data)

 #把缺失的记录全部删除
> data_clean<-na.omit(data)

 #重新查看缺失值的总个数
> n=sum(is.na(data_clean))
> n
[1] 0
>
#非空数据的行数
> nrow(data_clean)
[1] 900
```

（8）移除缺失值。

```
#自定义函数计算NA的总数目
>  na.count<-function(x){
     sum(is.na(x))
}

  #取出每行缺失值的数量超过所有总列数30%的行号
>  idx<-which(apply(data,1,na.count)>=ncol(data)*0.3)

  #去除每行缺失值超过30%的行记录
>  data_clean_01<-data[-idx,]

  #移除“防晒”和“是否进口”这两列含有缺失值的数据
>  idx_Sunscreen<-which((!complete.cases(data_clean_01[,11])))
>  idx_Imported<-which((!complete.cases(data_clean_01[,13])))
>  data_clean<-data_clean_01[c(-idx_Sunscreen,-idx_Imported), ]
```

（9）输出预处理后的数据。

```
> write.csv(data_clean, file = "lip2.csv",row.names = F)
```

4.12 本章小结

本章首先对 R 语言数据的输入输出进行了介绍。由于输入输出涉及对文件夹和文件的选择，因此介绍了工作目录和工作空间的一些基本操作。其中 write.csv() 和 read.csv() 函数的使用较为简单，write.table() 和 read.table() 函数更为灵活。在 RData 格式的输入输出中，由于其包容性强，因此操作方法比较简单，但在读取时需要注意变量名的重名问题。又由于 Excel 是工作中最常使用的文件格式，因此以 openxlsx 为例重点介绍了 xlsx 格式的输入输出。

接着介绍了字符串分割方法、字符串拼接方法、字符串长度计算、字符串截取方法、字符串替换方法、字符串大小写转换方法、字符串匹配方法、字符串格式化输出、日期变量的处理和转换（包括字符串与日期和时间之间的转换）、在日期类型的数据中提取部分相关信息、日期和时间的运算方式、重复数据的清洗、缺失值和异常值的处理等内容，这些内容是在进行数据分析之前经常会使用到的预处理操作，需要重点掌握。

练习 4

1. 字符串处理的常用函数有哪些？
2. 常见的缺失数据处理方法有哪些？
3. 按照以下要求完成 1960 － 2014 年美国犯罪数据的清洗：

   （1）导入 R 语言相关的模块。

   （2）导入数据集（US_Crime_Rates_1960_2014.csv）。

   （3）将数据框命名为 crime。

   （4）每一列的数据类型是怎么样的？

   （5）将 Year 的数据类型转换为 datetime64。

   （6）将 Year 列设置为数据框的索引。

   （7）删除名为 Total 的列。

   （8）按照 Year 对数据框进行分组并求和。

第 5 章　R 语言基本图形

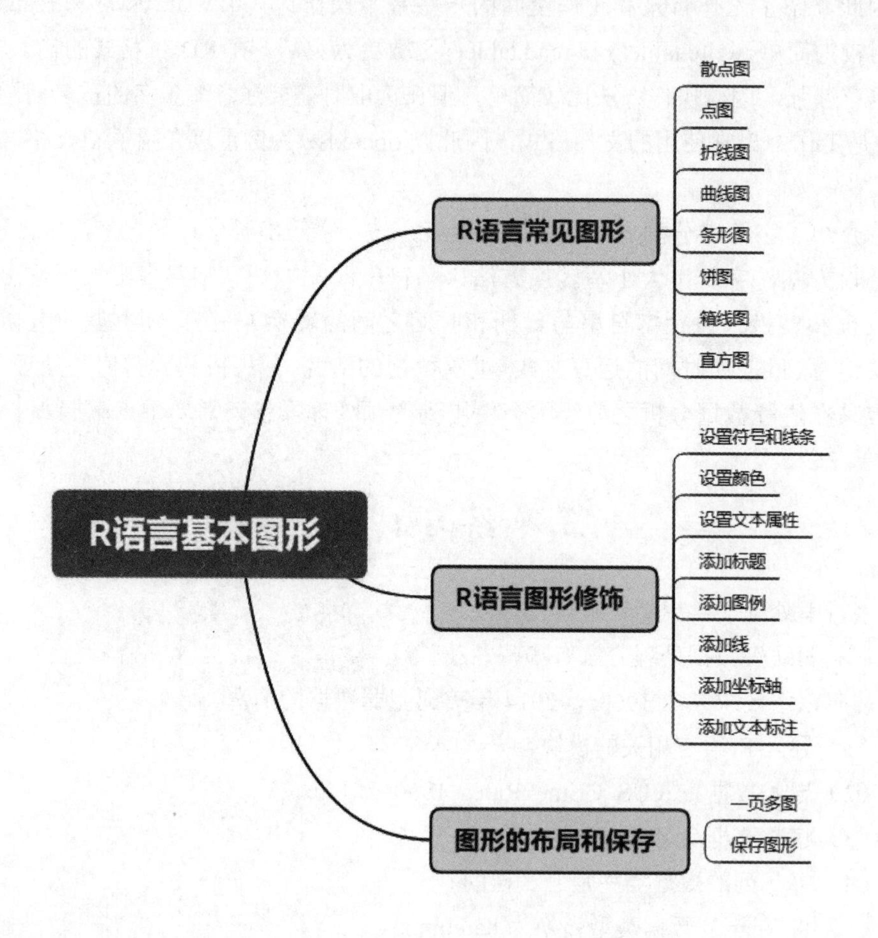

本章导读

由于 R 语言强大的统计绘图能力和唯美的绘图效果，它得到了数据分析人员的青睐，在生物、医学、生态、农牧、环境、食品等诸多领域有着广泛的应用，已有越来越多的科研工作者、数据分析人员使用 R 语言来绘制高质量图片。本章主要介绍 R 语言常见图形(散点图、曲线图、直方图、条形图、饼图、箱线图等）及其修饰方法、布局和保存。

本章要点

- R 语言基本图形函数
- R 语言常用图形修饰
- R 语言图形布局和保存

5.1 R语言常见图形

R 语言的基本图形是由基本绘图函数来实现的，这些绘图函数通常会生成一个默认且相对完整的图形，这些图形基本可以满足实际应用的需要。下面介绍 R 语言绘图的一般原理、基本图形及其常用参数。

5.1.1 散点图

散点图

散点图是将所有数据以点的形式展现在直角坐标系上，每个点代表两个变量的值，以显示变量之间的相互影响程度，点的位置由变量的数值决定，每个点对应一个 X 和 Y 轴点坐标。简单的散点图用 plot() 函数来创建，语法格式如下：

```
plot(x, y, type="p", main, xlab, ylab, xlim, ylim, axes)
```

x：横坐标 x 轴的数据集合。

y：纵坐标 y 轴的数据集合。

type：绘图的类型，取值“p”为点；取值“l”为直线；取值“b”为同时绘制点和线；取值“o”为同时绘制点和线，且线穿过点；取值“c”为仅绘制参数“b”所示的线；取值“h”为绘制出点到横坐标轴的垂直线；取值“s”为阶梯图，先横后纵；取值“S”为阶梯图，先纵后横；取值“n”为不显示所绘图形，但坐标轴仍然显示。

main：图形的标题。

xlab、ylab：x 轴和 y 轴的标签名称。

xlim、ylim：x 轴和 y 轴的范围。

axes：布尔值，是否绘制两个 x 轴。

【例 5-1】用 plot() 函数绘制散点图，显示广告投入与销售额之间的关系。

```
> x <- c(2,5,1,3,4,1,5,3,4,2)      #广告投入
> y <- c(50, 57, 41, 51, 54, 38, 63, 48, 59, 46)    #销售额
> plot(x, y, xlab = "广告投入（万元）", ylab = "销售额（百万元）", main = "广告投入与销售额的关系")
>plot(x, y, xlab = "广告投入（万元）", ylab = "销售额（百万元）", main = "广告投入与销售额的关系",
pch=16, col='red', cex=2)    #pch为指定绘制点时使用的符号，不同的数值会显示不同的符号，取值16
                             #表示实心圆点，cex为指定符号的大小
```

运行结果如图 5-1 所示。

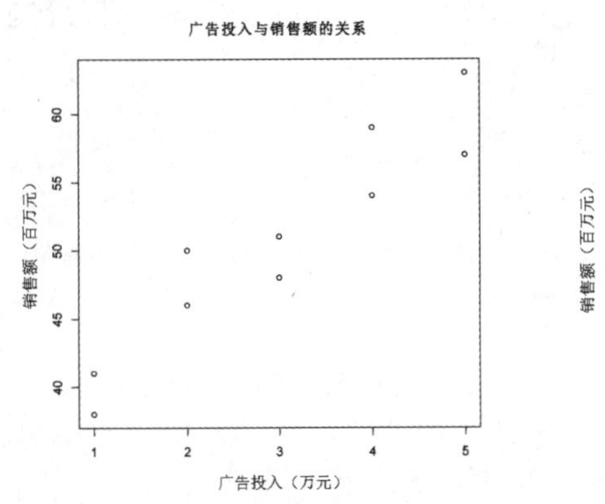

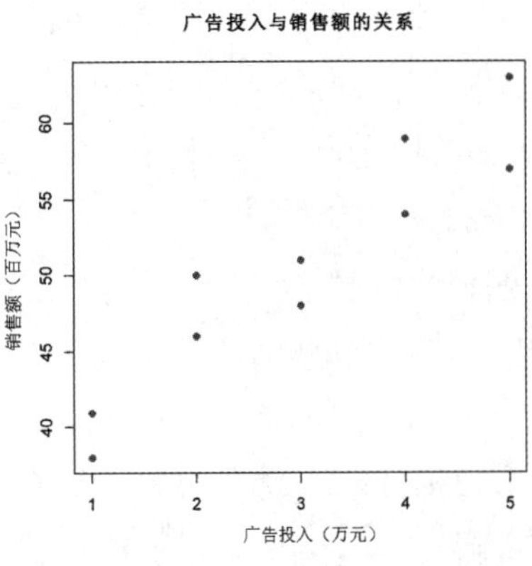

图 5-1 散点图示例

5.1.2 点图

R 语言用 dotchart() 函数来绘制点图，它提供了一种在水平刻度上绘制大量有标签值的点的方法，语法格式如下：

```
dotchart(x, labels)
```

其中，x 是一个数值向量或矩阵，labels 是由每个值的标签组成的向量。

【例 5-2】用 dotchart() 函数绘制点图，显示每个月的销售额情况。

```
>sale1<- c(10,11,13,21,27)
>months <- c("一月","二月","三月","四月","五月")
>dotchart(sale1, labels= months, main="每个月的销售额" , color =" red")
```

运行结果如图 5-2 所示。

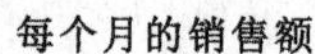

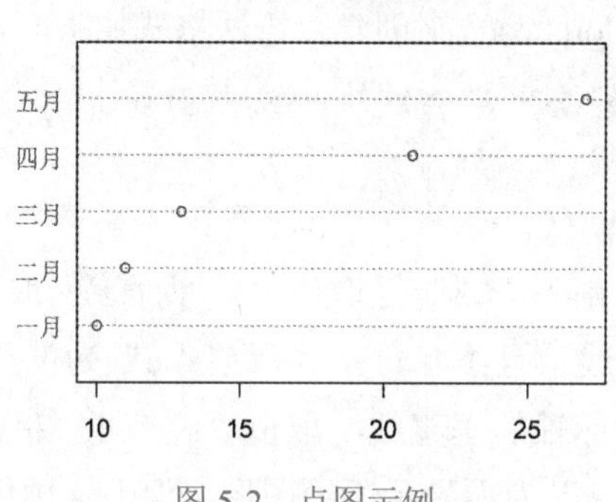

图 5-2　点图示例

一般来说，点图在经过排序并且分组变量被不同的符号和颜色区分开的时候最实用。由此可见，分组并排序后的点图中含有更多的含义：有标签、按某字段排序、根据不同类别进行分组，但随着数据点的增多点图的实用性会下降。

5.1.3 折线图

折线图是通过在多个点之间绘制线段来连接一系列点所形成的图形。通常这些点是按其 x 坐标的值进行排序，用来识别数据的趋势。R 语言中可以用 plot() 函数来创建折线图，语法结构如下：

```
plot(v, type, col, xlab, ylab)
```

v：包含数值的向量。

type：绘制图表的类型，取值“p”表示仅绘制点，取值“l”表示仅绘制线条，取值“o”表示仅绘制点和线。

xlab：x 轴的标签。

ylab：y 轴的标签。

main：图表的标题。

col：用于绘制点和线的两种颜色。

【例 5-3】用每个月的销售额和 type 参数为“o”创建两个简单的折线图。

```
>sale1<- c(10, 11, 13, 21, 27)       #某一团队的销售额
>months <- c("一月","二月","三月","四月","五月")
>plot(sale1, type = "o", main = "销售额趋势图", col = "red",  xlab ="月份", ylab ="销售额")
```

```
>sale2<- c(12, 13, 15, 18, 26)      #另一团队的销售额
>lines(sale2, type = "o", col = "blue")    #lines()函数是在原有图形上新绘制的一条线
```

运行结果如图 5-3 所示。

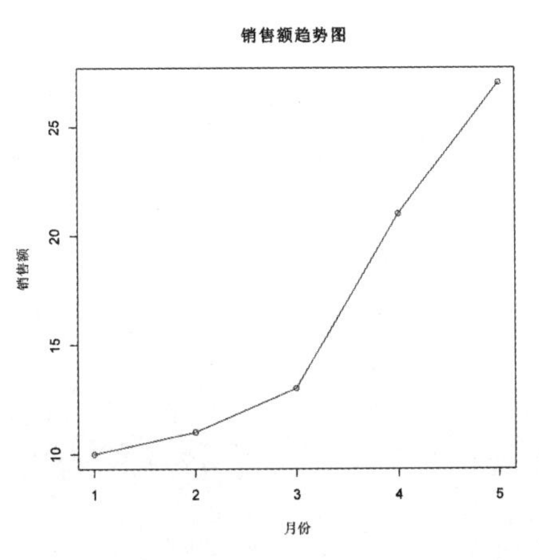

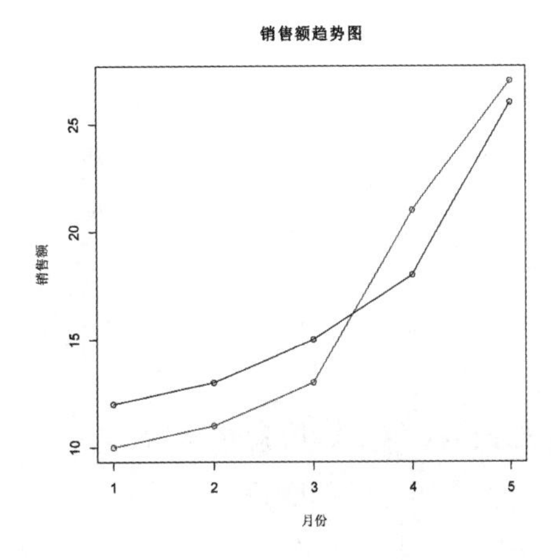

图 5-3　折线图示例

5.1.4　曲线图

R 语言中的 curve() 函数经常用来绘制函数对应的曲线，如正弦函数曲线、余弦函数曲线等。确定了曲线函数的表达式以及对应需要展示的起始坐标和终止坐标，curve() 函数就会自动地绘制在该区间内的函数图像。语法格式如下：

```
curve(expr, from, to, n, add, type, xname, xlab, ylab, xlim, ylim)
```

expr：函数表达式。

from、to：绘图的起止范围。

n：绘制点图时点的数量。

add：逻辑值，当为 TRUE 时，表示将绘图添加到已存在的绘图中。

type：绘图的类型，“p” 为点；“1” 为直线；“o” 同时绘制点和线，且线穿过点。

xname：用于 x 轴变量的名称。

xlim、ylim：x 轴和 y 轴的范围。

xlab、ylab：x 轴和 y 轴的标签名称。

【例 5-4】用 curve () 函数分别绘制正弦函数曲线的点线图和点图，其中 x 轴的取值范围为 [-2π, 2π]。

```
> curve(sin(x), -2 * pi, 2 * pi, type = "o")
> curve(sin(x), -2 * pi, 2 * pi, n=30, type = "p")    #绘制点的数量为30
```

运行结果如图 5-4 所示。

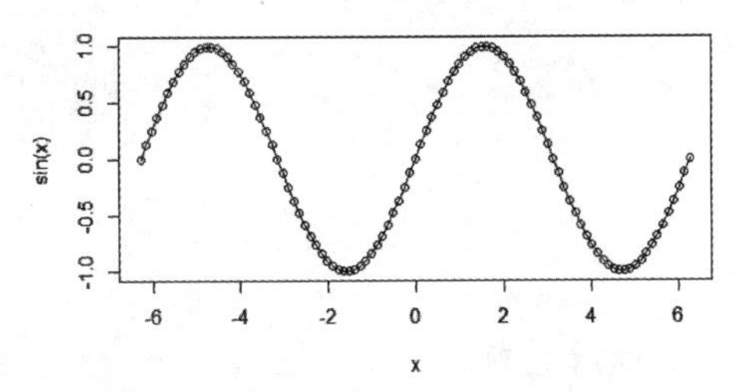

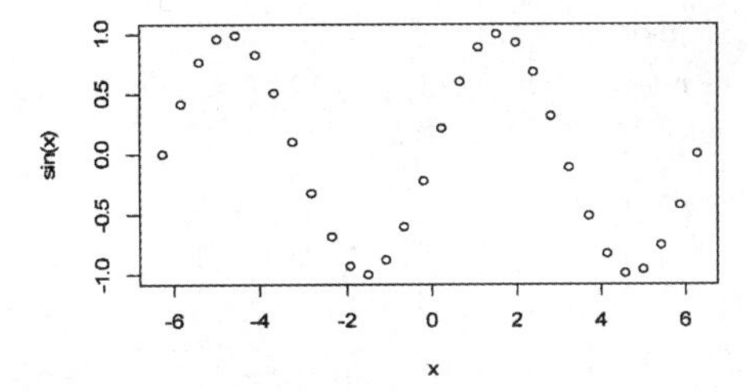

图 5-4　曲线图示例

5.1.5 条形图

条形图，又称柱形图，是一种以矩形条的长度为变量的统计图表。条形图通过垂直的或水平的矩形条展示了不同变量的分布或频数，每个矩形条可以有不同的颜色。R 语言用 barplot() 函数来创建条形图，语法格式如下：

```
barplot(H, xlab, ylab, main, names.arg, col, beside)
```

H：向量或矩阵，包含图表用的数值，每个数值表示矩形条的高度。当 H 为向量时，绘制的是条形图；当 H 为矩阵时，绘制的是堆叠条形图或并列条形图。

xlab：x 轴标签。

ylab：y 轴标签。

main：图表标题。

names.arg：每个矩形条的名称。

col：每个矩形条的颜色。

beside：设置矩形条堆叠的方式，当 beside=FALSE（默认）时，表示条形图的高度是矩阵的数值，矩形条是水平堆叠的；当 beside=TRUE 时，条形图的高度是矩阵的数值，矩形条是并列的。

【例 5-5】用 barplot() 函数分别绘制北上广三个地区的条形图。

```
>H1= c(28, 83, 58)  #表示销售额，单位为百万元
>cols= c("red","orange","green")
>barplot(H1, main="销售额", col= cols, xlab = "地区", ylab = "销售额", names.arg=c("北京","上海","广州"))
>barplot(H1, main="销售额", horiz=T, col= cols, xlab = "地区", ylab = "销售额", names.arg=c("北京",
"上海","广州"))
```

运行结果如图 5-5 所示。

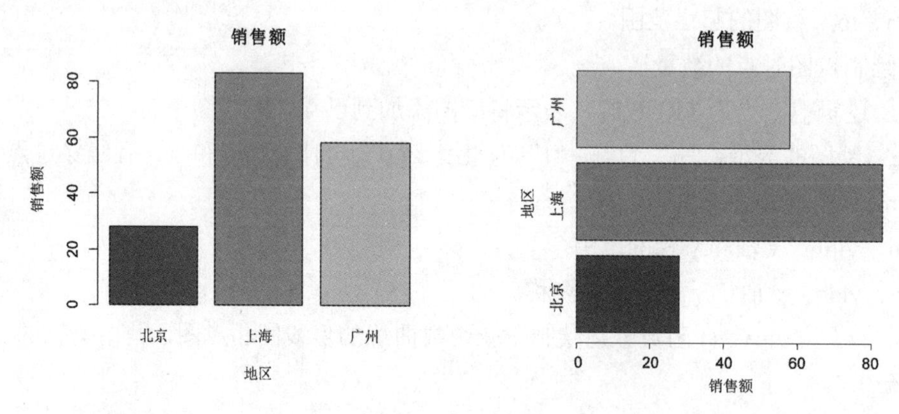

图 5-5 条形图示例

【例 5-6】用 barplot() 函数分别绘制北上广三个地区五个月份的条形图。

```
> months <- c("一月","二月","三月","四月","五月")
> regions <- c("北京","上海","广州")
> values <- matrix(c(3, 9, 3, 11, 9, 4, 8, 7, 3, 12, 5, 3, 9, 10, 11), nrow =3, ncol = 5, byrow = TRUE)
#转化为3行5列的矩阵
> values
     [,1] [,2] [,3] [,4] [,5]
[1,]  3    9    3   11    9   #此行表示北京一月至五月的销售额
[2,]  4    8    7    3   12   #此行表示上海一月至五月的销售额
[3,]  5    3    9   10   11   #此行表示广州一月至五月的销售额
```

```
> barplot(values,main = "总销售额", names.arg = months, xlab = "月份", ylab = "销售额",
    col = c("green","orange","red"))    #此处H为矩阵，绘制的是堆叠条形图
> legend("topleft", regions, cex = 1.3, fill = colors)
> barplot(values,main = "各月份销售额对比", names.arg = months, xlab = "月份", ylab = "销售额",
    col = c("green","orange","red"), beside=TRUE)    #此处H为矩阵，beside为TRUE，绘制的是并列
                                                      #条形图
> legend("topleft", regions, cex = 1.3, fill = colors)
```

运行结果如图 5-6 所示。

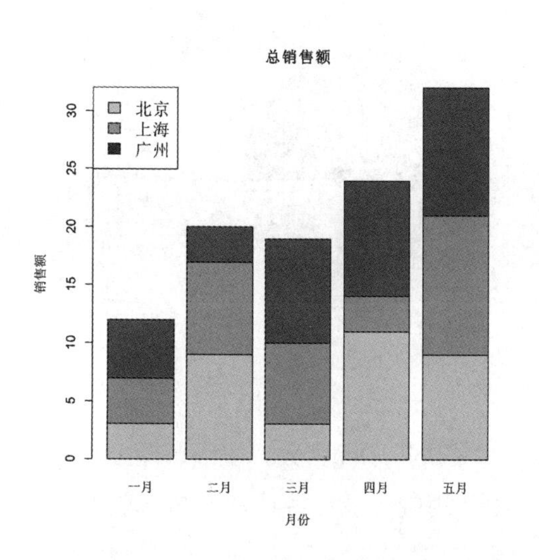

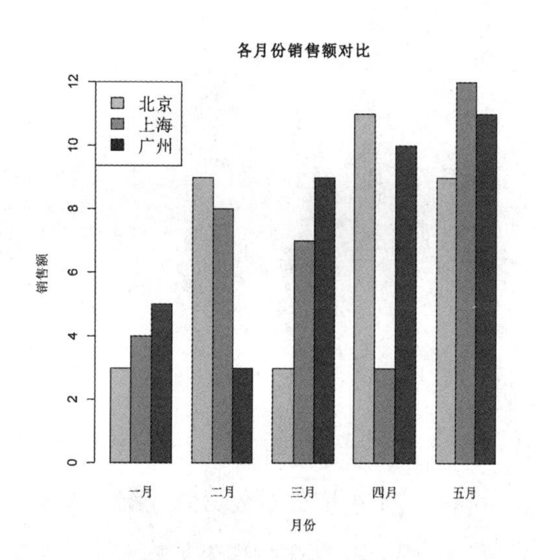

图 5-6 堆叠条形图和并列条形图示例

5.1.6 饼图

饼图，又称饼状图，是将一个圆划分为几个扇形的圆形统计图表，用于描述量、频率、百分比之间的相对关系。R 语言用 pie() 函数来实现饼图，语法格式如下：

```
pie(x, labels = names(x), edges, radius, clockwise, init.angle = if(clockwise) 90 else 0,
      density, angle, col, border)
```

x：数值向量，表示每个扇形的面积。

labels：字符型向量，表示各个“块”的标签。

edges：多边形的边数（圆的轮廓类似很多边的多边形）。

radius：饼图的半径。

main：饼图的标题。

clockwise：逻辑值，用来指示饼图各个切片是否按顺时针作出分割。

angle：底纹的斜率。

density：底纹的密度，默认值为 NULL。

col：每个扇形的颜色，相当于调色板。

【例 5-7】用 pie () 函数绘制饼图，显示每季的销售额情况。

```
> sale= c(1, 2, 4, 8)   #每季对应的销售额情况，单位为百万元
> names = c("春季", "夏季", "秋季", "冬季")
> cols = c("brown","orange","red","green") #指定每季对应的颜色
> pie(sale, labels=names, main = "各季销售额情况") #绘制饼图，系统自动分配颜色
> percent = paste(round(100* sale/sum(sale)), "%") #计算每季销售额的占比情况
```

```
> percent
[1] "7 %"  "13 %"  "27 %"  "53 %"
> pie(info, labels=percent, main = "各季销售额占比情况", col=cols) #绘制饼图，按指定颜色着色，并
                                                          #按每季销售额计算全年的占比情况
> legend("topright", names, cex=0.8, fill=cols)  #添加图例标注
```

运行结果如图 5-7 所示。

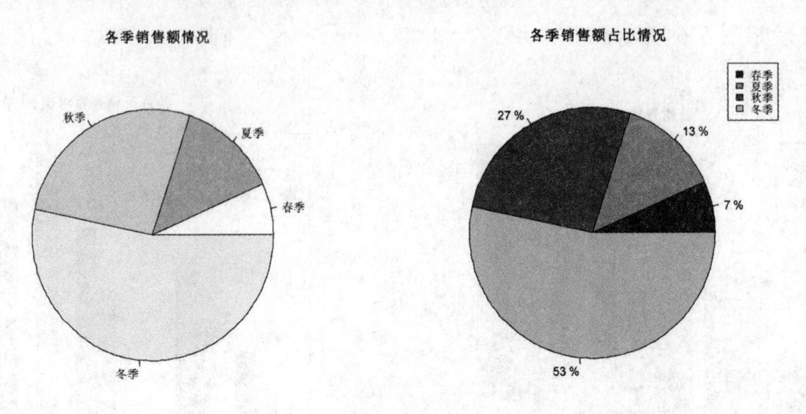

图 5-7　饼图示例

如果要绘制三维饼图，可以用 R 语言 plotrix 包中的 pie3D() 函数。三维饼图虽然美观，但实际上它不能增进对数据的理解，因此在商业中使用较多，在统计学上却一般不使用。pie3D() 函数的语法结构如下：

```
pie3D(x, main, labels, explode, radius, height)
```

x：数值向量。

main：饼图的标题。

labels：各个“块”的标签。

explode：各个“块”之间的间隔，默认值为 0。

radius：整个“饼”的大小，默认值为 1，取 0 和 1 之间的值表示缩小。

height：饼块的高度，默认值为 0.1。

【例 5-8】绘制三维饼图显示每季的销售额情况

```
>install.packages("plotrix")          #安装plotrix包
>library(plotrix)                     #加载plotrix包
> sale= c(1, 2, 4, 8)                 #每季对应的销售额情况，单位为百万元
> names = c("春季", "夏季", "秋季", "冬季")
> cols = c("brown","orange","red","green")    #指定每季对应的颜色
>pie3D(info, labels = names, explode = 0.1, main = "三维饼图", col=cols)    #绘制三维饼图
```

运行结果如图 5-8 所示。

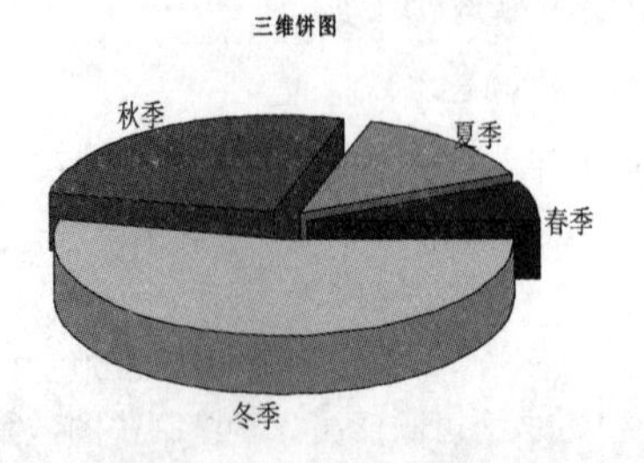

图 5-8　三维饼图示例

扇形图是饼图的一种，它为用户提供了一种同时展示相对数量和相互差异的方法。在R语言中，扇形图是通过 plotrix 包中的 fan.plot() 函数实现的，应用示例如下：

```
>install.packages("plotrix")        #安装plotrix包
>library(plotrix)                   #加载plotrix包
> sale= c(1, 2, 4, 5)               #每季对应的销售额情况，单位为百万元
> names = c("春季", "夏季", "秋季", "冬季")
> cols = c("brown", "orange", "red", "green")    #指定每季对应的颜色
> fan.plot(sale, labels = names, main="各季销售额对比情况", col= cols)    #扇形图
```

运行结果如图 5-9 所示。

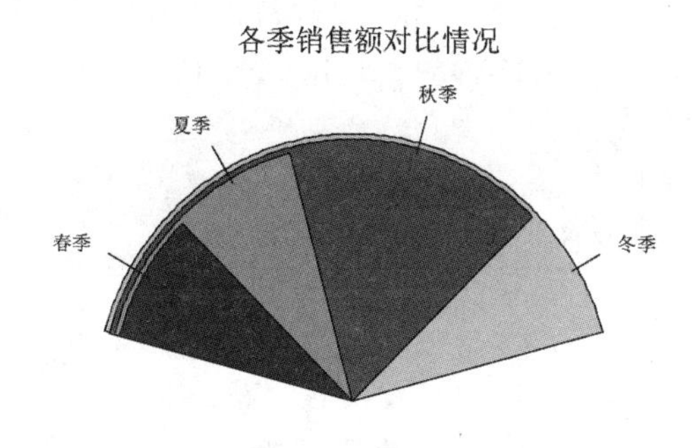

图 5-9　扇形图示例

5.1.7　箱线图

箱线图经常用来衡量数据集中数据的分布情况，它将数据集分为最小值、下四分位数（Q1）、中位数、上四分位数（Q3）和最大值，通过为每个数据集绘制箱形图可以比较数据集中的数据分布，如图 5-10 所示。箱线图能够检测数据中可能存在的离群点或异常值，方法是将 Q3 减去 Q1 计算得出四分位距（IQR= Q3-Q1），然后将小于 Q1+1.5*IQR 或者大于 Q3 + 1.5*IQR 的数据点当作离群点或异常值。

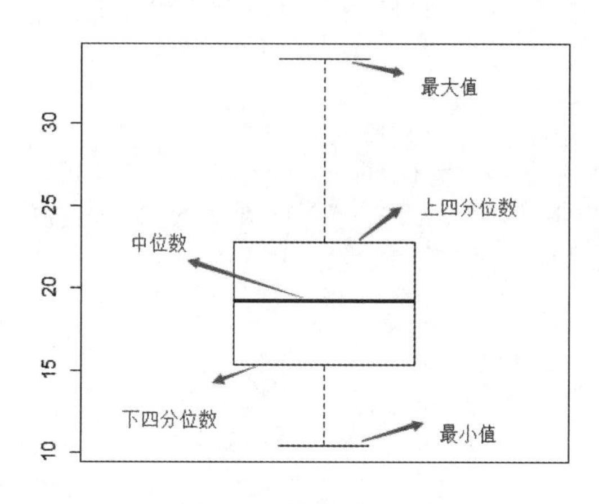

图 5-10　箱线图及注释

R 语言中的箱线图通过 boxplot() 函数来创建，语法结构如下：

```
boxplot(x, data, notch, varwidth, names, range)
```

x：向量、列表或数据框。

data：数据框或列表，用于提供公式中的数据。

notch：逻辑值，如果该参数设置为 TRUE，则在箱体两侧会出现凹口。默认为 FALSE。

varwidth：逻辑值，用来控制箱体的宽度，只有图中有多个箱体时才发挥作用。默认为FALSE，所有箱体的宽度相同。当其值为TRUE时，表示每个箱体的样本量作为其相对宽度。

names：用来绘制在每个箱线图下方的分组标签。

range：触须的范围，默认值为1.5，即range×(Q3-Q1)。

箱线图判定离群点的标准是通过参数range进行设定的，默认为1.5倍的四分位距。用barplot()函数作图时还会返回一些作图时使用的数据，其中就包括图中离群点的值及其所在的分组。

【例5-9】用barplot()函数绘制箱线图，显示某城市各地区的销售额情况。

```
>h <- c(144,166, 163, 143, 152, 169, 130, 159, 160, 175, 161, 170, 146, 159, 150, 183, 165, 146, 169)
>boxplot(h, col = "orange")
```

运行结果如图5-11所示。

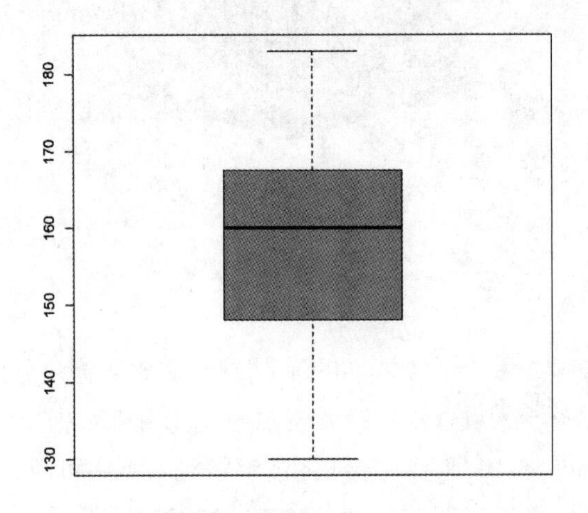

图5-11 箱线图示例

【例5-10】用barplot()函数绘制箱线图，统计两个城市中各地区的销售额情况。

```
>x <- c(35, 41, 40, 37, 43, 32, 39, 46, 32, 39, 34, 36, 32, 38, 34, 31)
>f <- factor(rep(c("城市1","城市2"), each=8))
>data<- data.frame(x,f)
> boxplot(x~f,data,width=c(1,2), col = c("yellow", "orange"))
>boxplot(x~f,data,width=c(1,2), col = c("yellow", "orange"), notch = TRUE)
```

运行结果如图5-12所示。

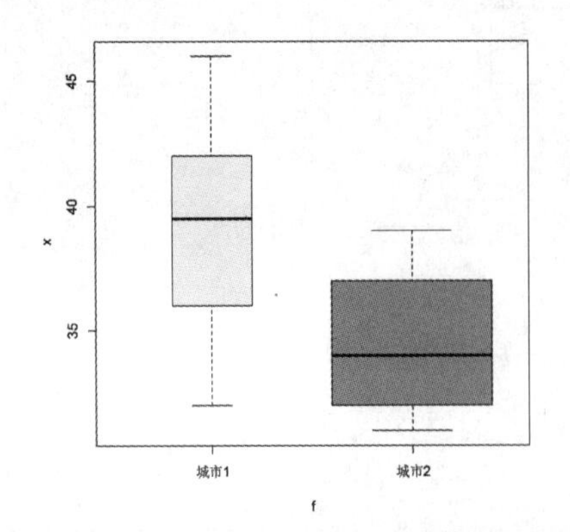

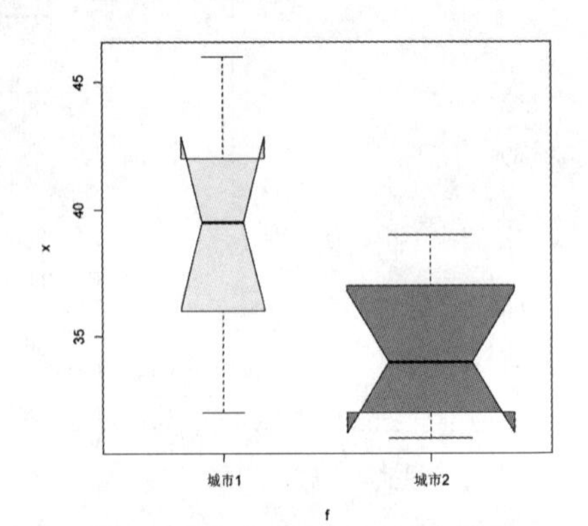

图5-12 并列箱线图和凹口箱线图示例

用 barplot() 函数绘制带凹口的箱线图时应将参数 notch 设置为 TRUE。当两组的凹口不重合时可以认为两组的中位数具有明显差异。箱子可使用参数 col 进行颜色填充。

5.1.8 直方图

直方图表示数据落在某一区间内的次数或频率。直方图类似于条形，区别在于它将值分组为连续范围。直方图中每个栏表示该范围中存在的值的数量的高度。R 语言可以用 hist() 函数来创建直方图，语法格式如下：

```
hist(v, main, xlab, xlim, ylim, breaks, col, border)
```

v：包含直方图中使用数值的向量。

main：图表的标题。

col：设置的颜色。

border：设置每个栏的边框颜色。

xlab：描述 x 轴。

xlim：指定 x 轴上的值范围。

ylim：指定 y 轴上的值范围。

breaks：设置每个栏的宽度。

【例 5-11】用 hist() 函数创建某个兴趣爱好小组中学生成绩分布的直方图。

```
>v <-c(78,63,79,77,86,72,72,84,81,83,69)
>hist(v, main="学生成绩分布", xlab = "分数", ylab="学生数", col = "green",border = "brown")
>hist(v, main="学生成绩分布", xlab = "分数", ylab="学生数", col = "green", border = "brown",
   xlim = c(68,90), ylim = c(0.5, 3.5), breaks = 5)       #使用xlim和ylim参数指定X轴和Y轴允许的值范
                                                        #围，每个条的宽度可以通过断点来决定
```

运行结果如图 5-13 所示。

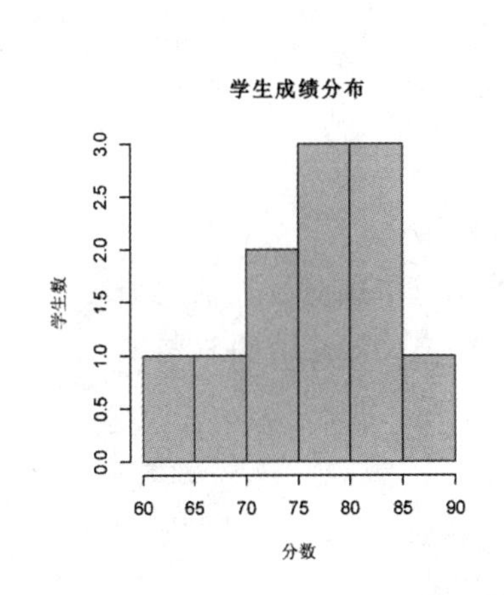

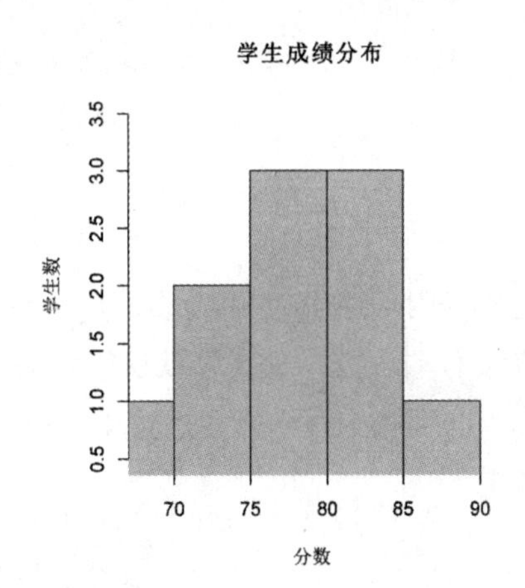

图 5-13 直方图示例

5.2 R 语言图形修饰

图形可以看成是由点、线、文本和多边形（填充区域）等不同元素组成的，在原有图形上新添加不同的元素就会得到不同的效果。除了上述元素外还有一些图形参数，它们在 R 语言的很多绘图函数中是类似的，在其他绘图函数中也是通用的。下面重点介绍 R 语言

的图形参数设置和添加标题、文本和图例这两种情况。值得注意的是，前一种是通过参数的形式设置符号、线条和验收，后一种是在原有图形的基础上通过相应的函数添加标题、文本和图例。

设置符号和线条

5.2.1 设置符号和线条

R 语言可以使用图形参数来指定绘图时使用的符号和线条类型，如表 5-1 所示。

表 5-1 用图形参数指定绘图时使用的符号和线条类型

参数	说明
pch	指定绘制点时使用的符号
cex	指定符号的大小
lty	指定线条的类型
lwd	指定线条的宽度

（1）pch：点参数，用于指定绘制点时使用的符号，取值及相应符号如图 5-14 所示。当 pch 取 21 和 25 之间的整数值时，对应的字符可能与前面的重复，但可以以不同的颜色显示，即可以指定边界颜色（col）和填充色（bg）。

图 5-14 pch 取值及相应符号

（2）cex：指定符号的大小，是一个数值，表示绘图符号相对于默认大小的缩放倍数。默认值为 1，1.5 表示放大为默认值的 1.5 倍，0.5 表示缩小为默认值的 50%。

（3）lty：指定线条类型，可用的取值如图 5-15 所示。

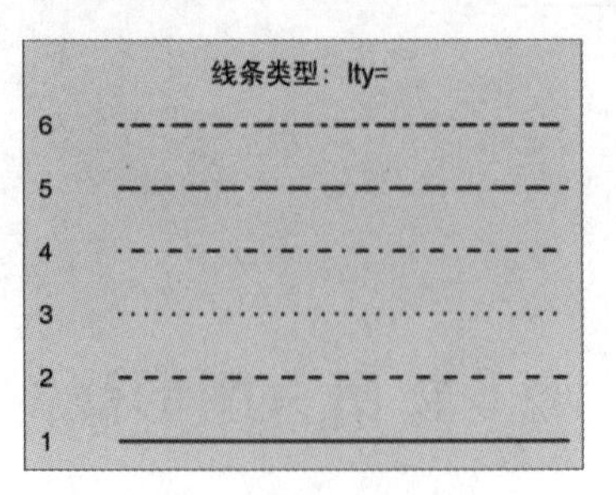

图 5-15 lty 取值及相应线条

（4）lwd：指定线条宽度，默认值为 1，它以默认值的倍数来表示线条的相对宽度，比如 lwd=2 是生成一条两倍于默认宽度的线条。

【例 5-12】用不同的 lty 和 pch 参数绘制一月至五月的销售额趋势图。

```
>sale1<- c(10,11,13,21,27)    #一月至五月的销售额，单位为百万元
>plot(sale1, type="b", lty=3, lwd=5, pch=21, cex=2, main = "销售额趋势图")
>plot(sale1, type="b", lty=6, lwd=5, pch=3, cex=2, main = "销售额趋势图")
```

运行结果如图 5-16 所示。

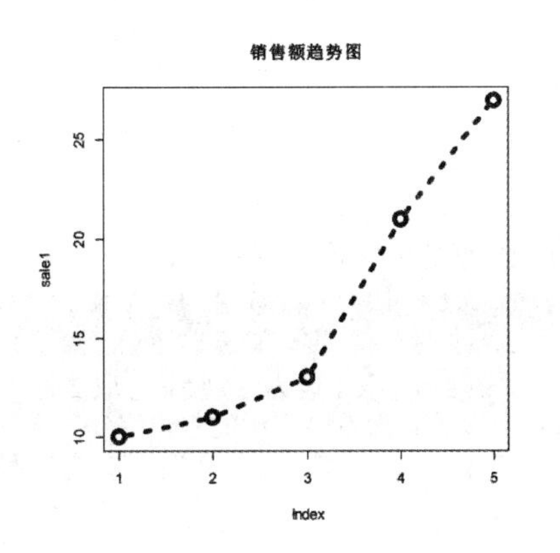

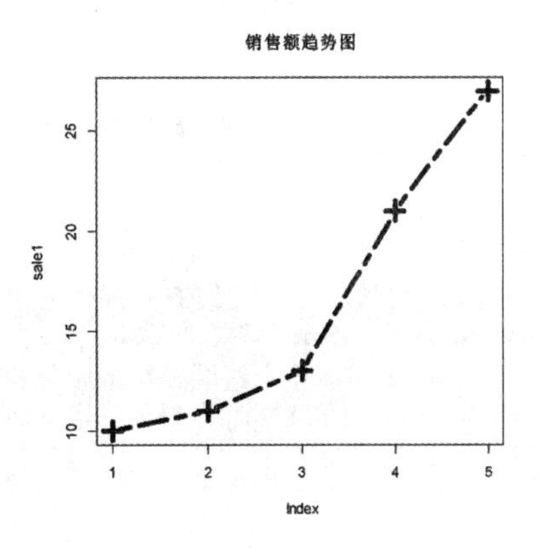

图 5-16　不同的 lty 和 pch 参数效果对比

5.2.2　设置颜色

R 语言中有若干和颜色相关的参数，其中常用参数如表 5-2 所示。

表 5-2　常用参数

参数	说明
col	默认的绘图颜色
col.axis	坐标轴刻度文字的颜色
col.lab	坐标轴标签（名称）的颜色
col.main	图形主标题的颜色
col.sub	图形副标题的颜色
fg	图形的前景色
bg	图形的背景色

col 可以用颜色名称、十六进制的颜色值、RGB 值和 HSV 值来指定颜色，例如 col=3、col="white"、col="#FFFFFF"、col=rgb(1,0,0) 和 col=hsv(1,1,1)。函数 rgb() 是基于红、绿、蓝三色值生成颜色，函数 hsv() 则是基于色相、饱和度、亮度值来生成颜色。

某些函数，比如 lines() 和 pie()，可以接受一个含有颜色值的向量并自动循环使用。例如，如果设定 col=c("red", "blue") 并需要绘制三条线，则第一条线为红色，第二条线为蓝色，第三条线又为红色。

5.2.3　设置文本属性

图形参数同样可以用来指定字号、字体和字样。用于控制文本大小的参数如表 5-3 所示，字体和字样可以通过表 5-4 所示的字体选项进行控制。

表 5-3　用于控制文本大小的参数

参数	说明
cex	表示相对于默认大小缩放倍数的数值
cex.axis	坐标轴注释文字的缩放倍数
cex.lab	坐标轴 x/y 文本的缩放倍数
cex.main	图形主标题的缩放倍数
cex.sub	图形副标题的缩放倍数

表 5-4　用于指定字体和字样的参数

参数	说明
font	指定绘图使用的字体样式，必须取整数值。取 1 时为常规字体，取 2 时为粗体，取 3 时为斜体，取 4 时为粗斜体，取 5 时为希腊字母的字符字体
font.axis	坐标轴刻度文字的字体样式
font.lab	x/y 坐标轴标签（名称）的字体样式
font.main	图形主标题的字体样式
font.sub	图形副标题的字体样式

【例 5-13】绘制北上广地区销售额的条形图，并使用字体相关参数创建斜体、1.5 倍于默认文本大小的坐标轴标签（名称），以及粗斜体、2 倍于默认文本大小的标题。

```
> H1= c(28, 83, 58)    #销售额，单位为百万元
> cols= c("red","orange","green")
> barplot(H1, main="北上广地区销售额",col= cols, xlab = "地区", ylab = "销售额", names.arg
  =c("北京","上海","广州"), font.lab=3, cex.lab=1.5,font.main=4, cex.main=2)
```

运行结果如图 5-17 所示。

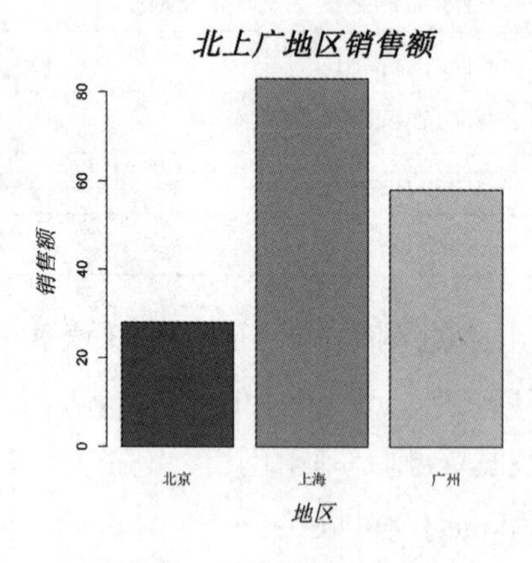

图 5-17　字体相关参数示例

5.2.4　添加标题

R 语言使用 title() 函数为图形添加标题和坐标轴标签，语法结构如下：

```
title(main="主标题文字", sub="副标题文字", xlab="x轴标签文字", ylab=" y轴标签文字")
```

title() 函数中也可以指定其他图形参数，如文本大小、字体、旋转角度和颜色等。title() 函数和 main 参数都可以添加主标题，两者的不同在于 main 添加主标题是在绘制图

形的同时添加，而 title() 函数是在绘制完之后再用 title() 函数添加主标题。

【例 5-14】绘制抛物线曲线，并生成红色的主标题和蓝色的副标题，以及比默认大小大 20% 的黑色 x 轴和 y 轴标签。

```
> curve(-x*x, -10, 10, type = "o")
> title(main="抛物线曲线", col.main="red", sub=" 演示使用curve()函数绘制曲线图 ",
   col.sub="blue", xlab=" x轴标签", ylab="y轴标签", col.lab="black", cex.lab=1.2)
```

运行结果如图 5-18 所示。

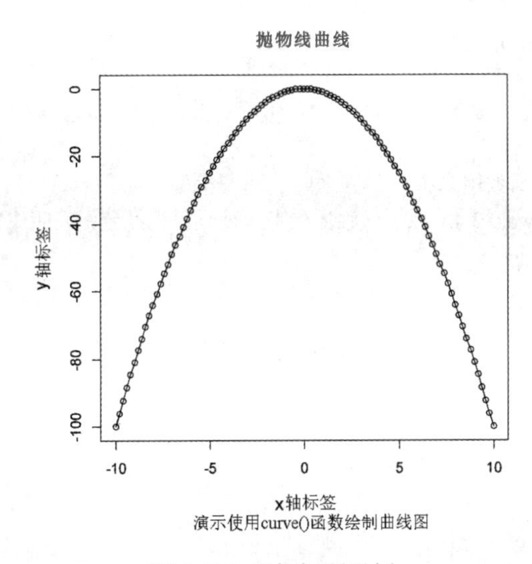

图 5-18　添加标题示例

5.2.5 添加图例

当图形中有多个数据曲线时，图例可以帮助辨别每个条形、曲线、折线各代表哪类数据。R 语言中可以使用 legend() 函数来添加图例，语法结构如下：

```
legend(location , legend, ...)
```

location：指定图例的位置，可以直接使用图例左上角的 x、y 坐标位置，也可以使用方位词汇，如 bottomright、bottom、bottomleft、left、topleft、top、topright、right 和 center 等。

legend：图例的内容，常为字符型向量。

5.2.6 添加线

R 语言中，在原有图形上添加线的方式一般有两种情形：一种情形是添加参考线或趋势线，它可以是水平或垂直的直线，也可以是一条斜线，斜线位置由与 x 轴或 y 轴的交点和斜率来确定，是用 abline() 函数来实现的；另一种情形是在原有图形上添加新的曲线，是用 lines() 函数来实现的。

（1）添加参考线或趋势线。用函数 abline() 来为图形添加参考线或趋势线，语法结构如下：

```
abline(a, b, h, v)
```

a：要绘制的直线截距。

b：直线的斜率。

h：绘制水平线时的纵轴值。

v：绘制垂直线时的横轴值。

函数 abline() 的常见使用方法有以下 4 种格式：

- abline(a, b)：画一条 y=a+bx 的参考线。
- abline(h=y)：画出一条水平参考线。
- abline(v=x)：画出一条竖直参考线。
- abline(lm(y~x))：画出一条 x 与 y 的趋势线。

【例 5-15】绘制广告投入与销售额关系的散点图并添加其趋势线。

```
> x <- c(2,5,1,3,4,1,5,3,4,2)
> y <- c(50, 57, 41, 51, 54, 38, 63, 48, 59, 46)
> plot(x, y, xlab = "广告投入（万元）", ylab = "销售额（百万元）", main = "广告投入与销售额的关系",
  pch=16, col='blue', cex=1 )
> reg <- lm(y~x)   #lm()函数用来拟合x与y之间的回归模型
> abline(reg, col ="red", lwd = 2, lty = 2)   #添加参考线，颜色为红色，表明广告投入与销售额之间的趋势
```

运行结果如图 5-19 所示。

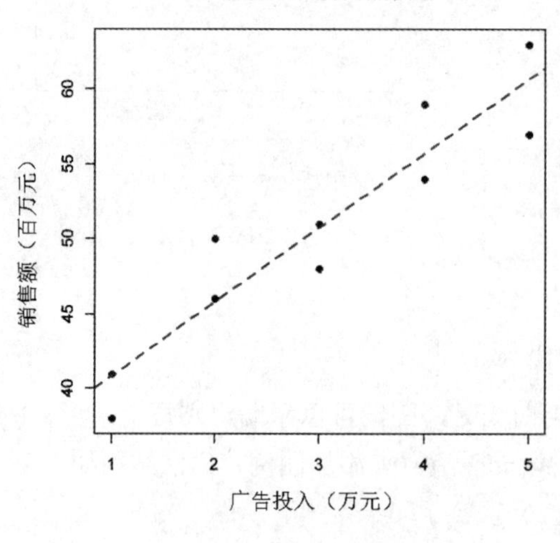

图 5-19 参考线示例

顾名思义，参考线和趋势线说明添加的这条线有参考作用，比如用来判断散点图的趋势或走向。

（2）添加曲线。函数 lines() 是在原有图形的基础上新添加曲线，语法结构如下：

```
lines(x, y, type = "l", ... )
```

x、y：数值向量，表示点的坐标。

type：绘图类型，具体可以参考 plot() 函数中的 type 参数。

【例 5-16】先绘制 sin(x) 函数曲线，再用 lines() 函数绘制 cos(x) 函数曲线。

```
>x <- seq(0, 2*pi, length=200)           #生成0和2π之间的200个数值，表示x轴上的点
>y1 <- sin(x)
>y2 <- cos(x)
>plot(x, y1, type='l', lwd=4, col="red")      #绘制sin(x)函数曲线
>lines(x, y2, lwd=4, col="green")            #在原有图形上绘制cos(x)函数曲线
>abline(h=0, col='gray')                     #添加参考线
```

运行结果如图 5-20 所示。

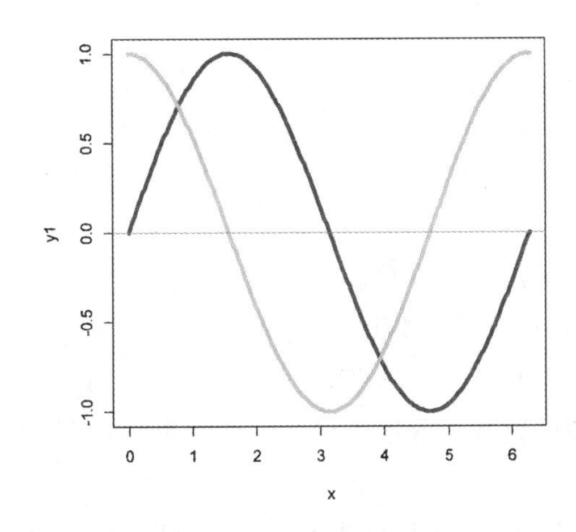

图 5-20　添加曲线示例

5.2.7　添加坐标轴

用函数 axis() 来创建自定义的坐标轴，而不使用 R 中的默认坐标轴，语法格式如下：

```
axis(side, at, labels, ...)
```

side：在图形的哪个位置绘制坐标轴（横轴、纵轴、上方、右方）。

at：需要绘制刻度线的位置。

labels：置于刻度线旁边的文字标签（如果为 NULL，则直接使用 at 中的值）。

【例 5-17】用 axis() 函数绘制新的坐标轴。

```
> sale1<- c(10,11,13,21,27)
> months <- c("一月","二月","三月","四月","五月")
> plot(sale1, type = "o", main = "销售额趋势图", axes=FALSE, col = "red",  xlab ="月份", ylab ="销售额")
> axis(2, at= sale1)     #绘制y轴坐标
> axis(1, at=1:length(sale1), labels= months)  #绘制x轴坐标，length(sale1)表示计算sale1向量元素的个数
```

运行结果如图 5-21 所示。

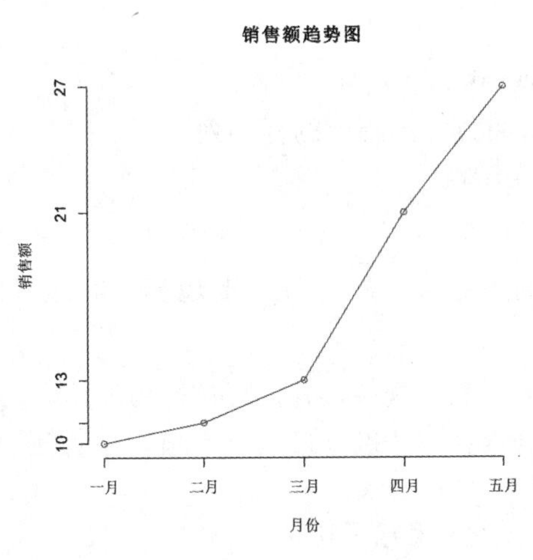

图 5-21　添加坐标轴示例

5.2.8　添加文本标注

R 语言可以通过函数 text() 和 mtext() 将文本添加到图形上。text() 可向绘图区域内部

添加文本，mtext() 则向图形的四个边界之一添加文本。语法格式如下：

```
text(location, "文本内容", pos, adj, ...)
mtext("text to place", side, line=n, ...)
```

location：文本的位置。可为一对 x、y 坐标，也可通过指定 location 为 locator(1) 使用鼠标交互地确定摆放位置。

pos：文本相对于位置参数的方位。1= 下，2= 左，3= 上，4= 右。如果指定了 pos，则可以同时指定参数 offset= 作为偏移量，以相对于单个字符宽度的比例表示。

side：指定用来放置文本的边。1= 下，2= 左，3= 上，4= 右。可以指定参数 line= 来内移或外移文本，随着值的增加文本将外移。也可以使用 adj=0 将文本向左下对齐或使用 adj=1 将文本向右上对齐。

adj：文本内容的对齐方向，取值区间为 [0,1]，取 0 时表示左对齐，取 0.5 时（默认值）表示居中，取 1 时表示右对齐。

有关添加文本标注的示例请参见本章实训。

5.3 图形的布局和保存

图形布局是指将多幅有内在联系的图形共同放置在一张图上时进行布局和展示。在 R 语言中，图形布局是将整个图形设备划分成几行几列，然后按一定的顺序摆放各个图形，再对各个图形设置上下左右的边界。

一页多图

5.3.1 一页多图

一页多图是指将多个图表合理地布局在一幅总括图形上，而不是先将多个图表一一导出，再将它们在其他软件中拼凑在一起。在 R 语言中使用 par() 函数可以很容易地将多幅图形组合为一幅总括图形，语法格式如下：

```
par(mfrow=c(行数,列数), mar=c(n1,n2,n3,n4))
```

或

```
par(nfcol=c(行数,列数), mar=c(n1,n2,n3,n4))
```

行数和列数：将图形设备划分为指定的行和列。

mfrow：逐行按顺序摆放图形。

nfcol：逐列按顺序摆放图形。

mar：设置整体图形的下边界、左边界、上边界、右边界的宽度，分别为 n1、n2、n3、n4。

par() 函数设置的图形布局较为规整，各图形按行列单元格顺序依次放置。

【例 5-18】用 par() 函数在一个绘图区域同时绘制三幅图。

```
> par(mfrow=c(1, 3))
> x <- seq(-pi,pi,by=0.1)      #x轴范围为[-π,π]
> plot(x, cos(x), main="第一行第一列")
> plot(x, 2*sin(x)*cos(x) , main="第一行第二列")
> plot(x, tan(x) , main="第一行第三列")
```

运行结果如图 5-22 所示。

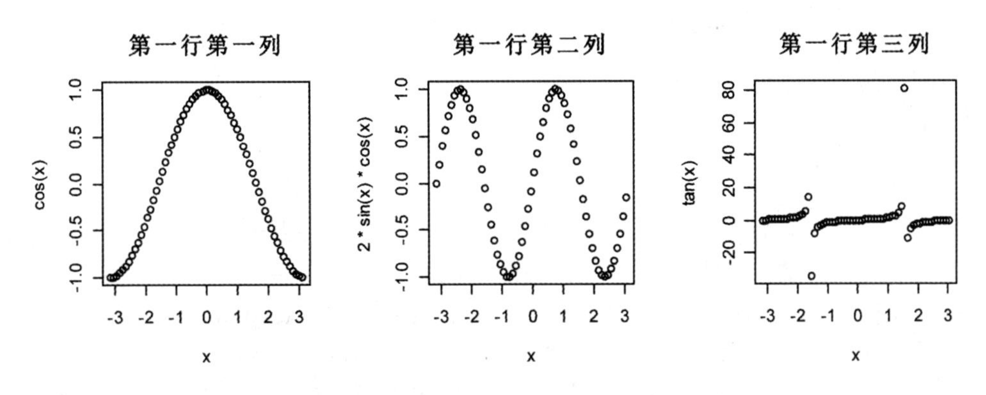

图 5-22　一页显示多图示例

5.3.2　保存图形

在 R 语言中，不仅图形窗口是一种图形设备，图形文件也是一种图形设备。如果想要将当前图形保存到某种格式的图形文件中，则需要指定该图形文件为当前图形设备，相关函数如表 5-5 所示。

表 5-5　常用的图形文件函数

函数	功能
pdf(" 文件名.pdf”)	指定将当前图形保存为 PDF 文件格式
win.metafile(" 文件名.wmf”)	指定将当前图形保存为 WMF 文件格式
png(" 文件名.png”)	指定将当前图形保存为 PNG 文件格式
jpeg(" 文件名.jpeg”)	指定将当前图形保存为 JPEG 文件格式
bmp(" 文件名.bmp”)	指定将当前图形保存为 BMP 文件格式
postscript(" 文件名.ps”)	指定将当前图形保存为 PS 文件格式

当前图形被保存到指定格式文件后，若不再保存图形到图形文件，则需要利用 dev.off() 函数关闭当前图形设备，即关闭当前图形文件。

【例 5-19】使用函数将当前图形保存为 PNG 文件格式。

```
> png("R语言作图保存示例.png")    #以PNG格式打开图形输出设备
> plot(c(1:10))    #绘制图形
> dev.off()        #关闭图形设备，根据已设置的文件名保存图形
```

5.4　实训

实训 1：绘制新冠疫情趋势图

nCov2019.csv 数据集选取的是 2020-01-12 至 2020-02-10 共计 30 天的新冠疫情数据，请按以下要求进行绘图：

（1）读取该数据集，并查看数据集的前 5 行数据。

```
>data<- read.csv("nCov2019.csv", header=T,sep=",")
>head(data)
```

	确诊病例	疑似病例	死亡病例	治愈人数	现有确诊病例	现有严重病例	输入病例	死亡率	治愈率	日期	非感染人数
1	41	0	1	0	0	0	0	2.4	0	1.13	0
2	41	0	1	0	0	0	0	2.4	0	1.14	0
3	41	0	2	5	0	0	0	4.9	12.2	1.15	0
4	45	0	2	8	0	0	0	4.4	17.8	1.16	0
5	62	0	2	12	0	0	0	3.2	19.4	1.17	0

（2）用 plot() 函数绘制新冠疫情累计确诊 / 疑似病例趋势图。

```
>plot(data[, 1], type="b", lty=1, lwd=2.5, pch=21, cex=1.1, col="tan2", axes=FALSE,main
  = "累计确诊/疑似病例趋势", xlab ="日期", ylab ="累计确诊/疑似病例数")
>axis(1, at=1:length(data[, 1]), labels= as.character(data[, 10]))
>axis(2, at=data[, 1])      #绘制y轴坐标
>lines(1:length(data[, 2]), data[, 2],  type="b", lty=1, lwd=2.5, pch=21, cex=1.1, col="turquoise3")
>legend("topleft",colnames(data[, 1:2]), fill =  c("tan2","turquoise3"))
```

运行结果如图 5-23 所示。

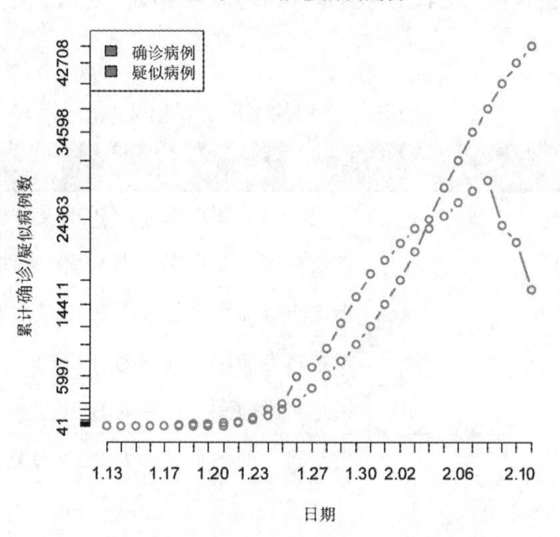

图 5-23　新冠疫情累计确诊 / 疑似病例趋势图

（3）用 plot() 函数绘制新冠疫情累计治愈 / 死亡病例趋势图。

```
>plot(data[, 3], type="b", lty=1, lwd=2.5, pch=21, cex=1, col="tan2", axes=FALSE,main
  = "累计治愈/死亡病例趋势", xlab ="日期", ylab ="治愈/死亡病例数")
>axis(1, at=1:length(data[, 3]), labels= as.character(data[, 10]))
>axis(2, at=data[, 3])      #绘制y轴坐标
>lines(1:length(data[, 4]), data[, 4],  type="b", lty=1, lwd=2.5, pch=21, cex=1, col="turquoise3")
>legend("topleft",colnames(data[, 3:4]),  fill =  c("tan2","turquoise3"))
```

运行结果如图 5-24 所示。

（4）用 plot() 函数绘制新冠疫情累计治愈率 / 死亡率趋势图。

```
>plot(data[, 8], type="b", lty=1, lwd=2.5, pch=21, cex=1, col="tan2", axes=FALSE,main
  = "累计治愈率/死亡率趋势", xlab ="日期", ylab ="累计治愈率/死亡率", ylim =c(0, max(data[, 9]))
>axis(1, at=1:length(data[, 8]), labels= as.character(data[, 10]))
>axis(2, at=data[, 9])      #绘制y轴坐标
>lines(1:length(data[, 9]), data[, 9], type="b", lty=1, lwd=2.5, pch=21, cex=1, col="turquoise3")
>legend("top",colnames(data[, 8:9]), fill = c("tan2","turquoise3"))
```

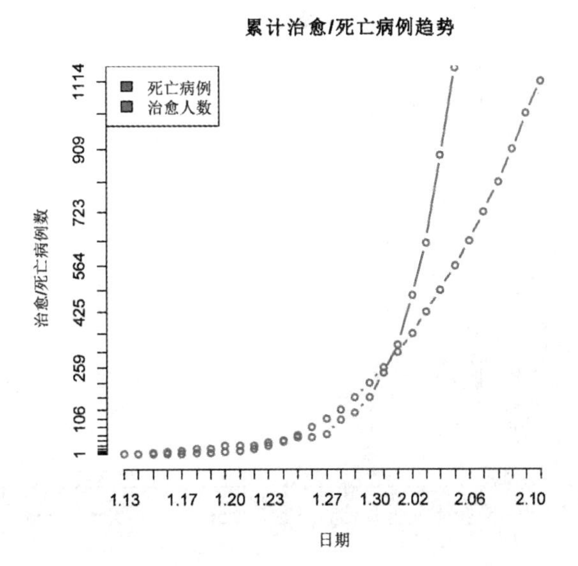

图 5-24　新冠疫情累计治愈 / 死亡病例趋势图

运行结果如图 5-25 所示。

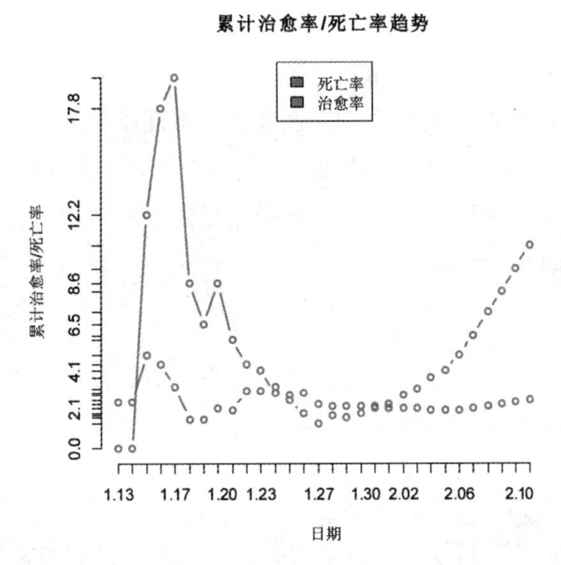

图 5-25　新冠疫情累计治愈率 / 死亡率趋势图

（5）读取 nCov2019day.csv 数据集，该数据集选取的是 2020-01-19 至 2020-02-10 共计 23 天每日新增的新冠疫情统计数据，用 plot() 函数绘制新冠疫情新增确诊 / 疑似病例趋势图。

```
>daydata<- read.csv("nCov2019day.csv",header=T,sep=",")
>plot(daydata[, 1], type="b", lty=1, lwd=2.5, pch=21, cex=1, col="tan2", axes=FALSE,main
  = "新增确诊/疑似病例趋势", xlab ="日期", ylab ="新增确诊/疑似病例数", ylim =c(0, max(daydata[, 2])))
>axis(1, at=1:length(daydata[, 1]), labels= as.character(daydata[, 9]))
>axis(2, at=daydata[, 2])     #绘制y轴坐标
>lines(1:length(daydata[, 2]), daydata[, 2],  type="b", lty=1, lwd=2.5, pch=21, cex=1, col="turquoise3")
>legend("topleft",colnames(data[, 1:2]), fill =  c("tan2","turquoise3"))
```

运行结果如图 5-26 所示。

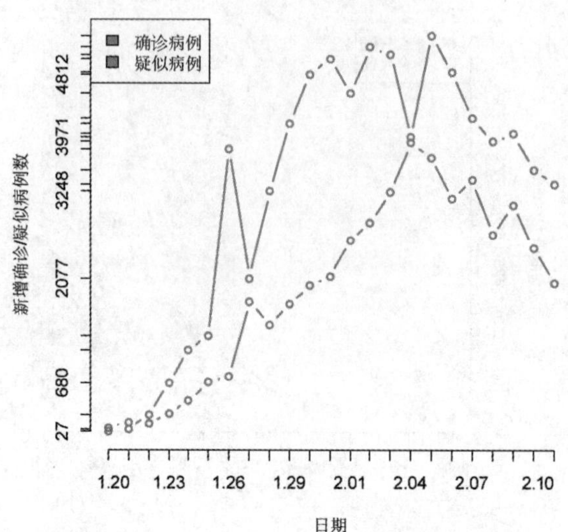

图 5-26 新冠疫情新增确诊 / 疑似病例趋势图

实训 2：绘制 mtcars 数据集相关图形

mtcars 数据集是 R 语言自带的数据集，来自 1974 年《美国汽车趋势》杂志统计的数据，统计了 32 个品牌汽车的油耗、气缸数量、发动机排量、总功率、后桥减速比、重量、跑完 1/4 英里时间、发动机配置（0= V 型、1= 直列式）、减速箱类型（0= 自动挡、1= 手动挡）、挡位数量和化油器数量共计 11 个方面的数据，请按以下要求进行绘图：

（1）读取 mtcars.csv 数据集，并将第一列数据设置为列名。

```
cars<- read.csv("mtcars.csv", header=T)
rownames(cars)<-cars[,1]
cars<-cars[,-1]
```

（2）将 mtcars 中的每加仑油行驶英里数作为要描述的对象来绘制点图，要求按照气缸数量进行分组并且用不同的颜色显示，将行名作为点图标签，字体大小是正常大小的 0.7 倍。

```
> x <- cars[order(cars$每加仑油行驶英里数),]    #按照油耗排序
> x$气缸数量 <-factor(x$气缸数量)          #将气缸数量变成因子数据结构类型
> x$color[x$气缸数量==4] <-"red"           #新建color变量，气缸数量不同颜色就不同
> x$color[x$气缸数量==6] <-"blue"
> x$color[x$气缸数量==8] <-"darkgreen"
> dotchart(x$每加仑油行驶英里数,            #数据对象
    labels = row.names(x),                 #标签
    cex = 0.7,                             #字体大小
    groups = x$气缸数量,                   #按照气缸数量分组
    gcolor = "black",                      #分组颜色
    color = x$color,                       #数据点颜色
    pch = 19,                              #点类型
    main = "各种汽车的油耗 \n 按气缸分组",        #图形的标题
    xlab = "每加仑油行驶英里数")                  #x轴标签
```

运行结果如图 5-27 所示。

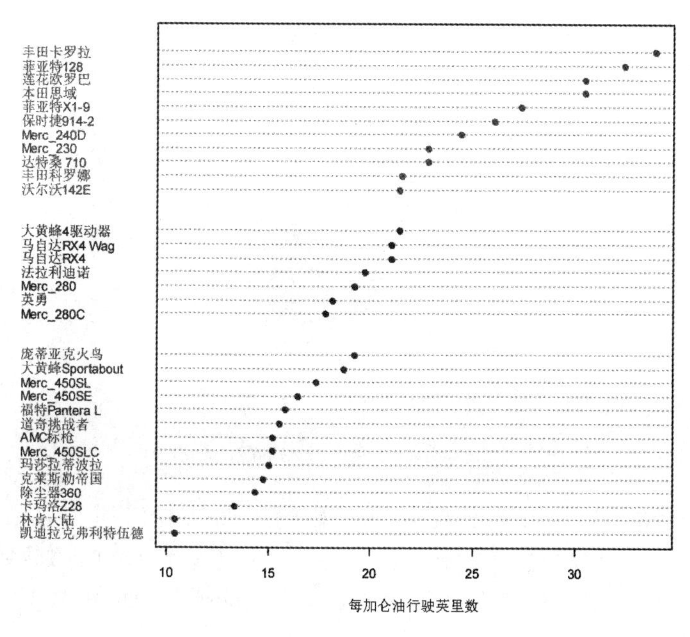

图 5-27 按气缸分组后各种汽车油耗的点图

（3）用 plot() 函数绘制散点图，用来描述汽车重量与每加仑油行驶英里数关系。

```
>plot(cars$重量,cars$每加仑油行驶英里数,main="汽车重量与每加仑油行驶英里数关系",
  xlab="重量",ylab="每加仑油行驶英里数", pch=18,col="blue")
>text(cars$重量,cars$每加仑油行驶英里数,row.names(cars),cex=0.7, pos=4,col="red")  #添加标签
```

运行结果如图 5-28 所示。

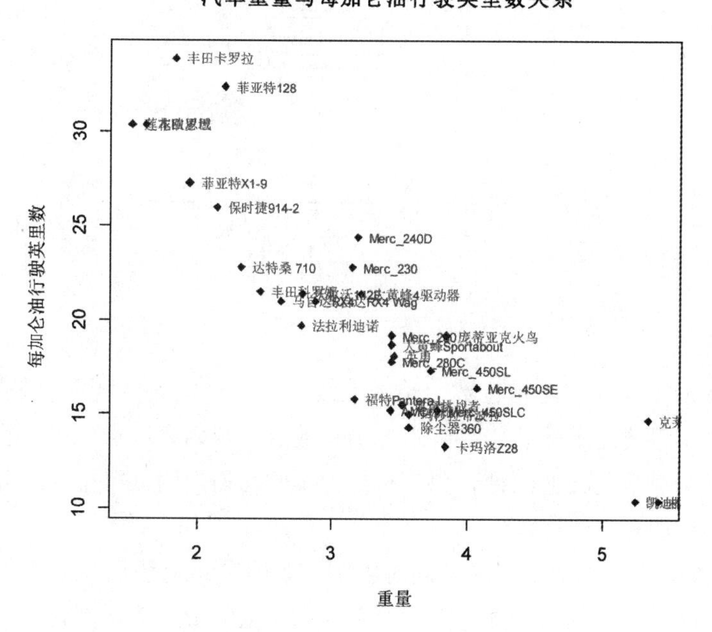

图 5-28 汽车重量与每加仑油行驶英里数关系的散点图

（4）用 boxplot() 函数绘制每加仑油行驶英里数的箱线图。

```
>boxplot(cars$每加仑油行驶英里数,main="箱线图",ylab ="每加仑油行驶英里数",col="orange")  #标准箱线图
```

运行结果如图 5-29 所示。

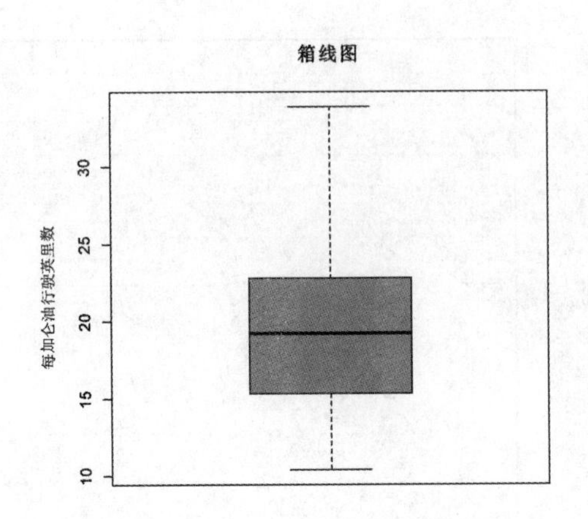

图 5-29 每加仑油行驶英里数的箱线图

（5）使用并列箱线图跨组比较 4、6、8 气缸的发动机对每英里耗油量的影响。

```
>boxplot(每加仑油行驶英里数~气缸数量, data=cars, main="气缸数量对于每英里耗油量的影响",
  ylab="每英里耗油量",xlab="气缸数量",col=c ("gold","yellow","orange"))
```

运行结果如图 5-30 所示。

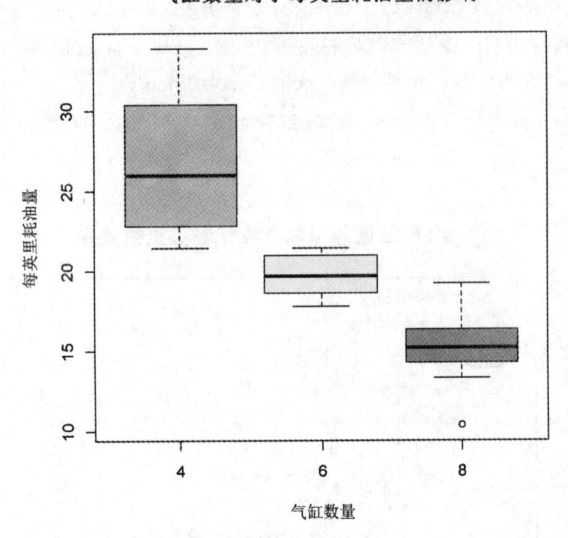

图 5-30 不同气缸数量对于每英里耗油量影响的箱线图

每个箱线图的中间横线是中位数，箱中上线是上四分位数点，下线是下四分位数点。虚线上线是上限，下线是下限。若上下限外仍有数点，则为离群点。可以看出，六缸的汽车每加仑油行驶英里数较其他两种车型分布更为集中均匀，四缸车型的车分布最广，而且正偏，八缸的箱线图有一个离群点。

（6）用 par() 函数在一个绘图区域同时绘制 4 幅图：绘制散点图描述重量对每加仑油行驶英里数的影响；绘制散点图描述重量对发动机排量的影响；绘制直方图描述各种汽车重量的分布情况；绘制箱线图描述各种汽车重量的数据分布情况。

```
>opar <- par(no.readonly=TRUE)
>par(mfrow=c(2,2), col=num2col(cars$重量))
>plot(cars$重量,cars$每加仑油行驶英里数, main="重量对每加仑油行驶英里数的影响")
```

```
>plot(cars$重量,cars$发动机排量, main="重量对发动机排量的影响")
>hist(cars$重量, main="重量的直方图")
>boxplot(cars$重量, main="重量的箱线图", ylab="重量")
>par(opar)
```

运行结果如图 5-31 所示。

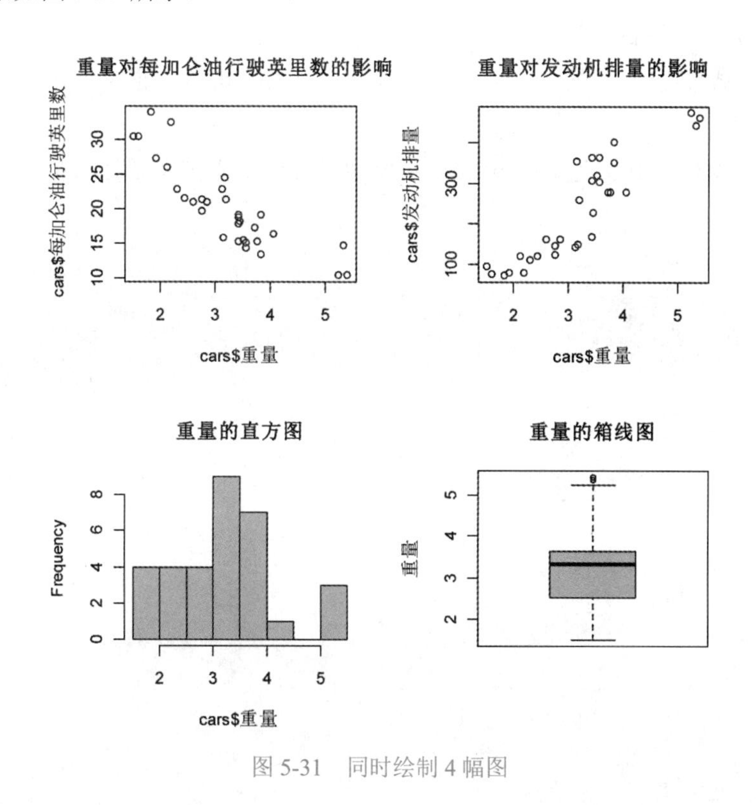

图 5-31　同时绘制 4 幅图

5.5　本章小结

本章介绍了 R 语言常见图形（散点图、曲线图、直方图、条形图、饼图、箱线图）及其修饰方法、布局和保存。首先对散点图的绘制进行介绍，主要涉及 plot() 函数及其相关参数；线可以看成是由若干点连接而成，函数 plot() 和 curve() 可以用于绘制曲线图，其他对图形进行修饰的函数都是在此基础上进行修改，在添加曲线时，根据线的种类可以选择 curve()、abline()、lines() 等函数，它们都可以使用参数 lty、lwd 和 col 对线进行修饰；然后对图形的颜色、标题、文本颜色、各种标注、图例、坐标轴进行了介绍；最后对图形的保存进行了简单介绍。

练习 5

1．构建一个向量，包含 1 和 10 之间的整数，并赋值给一个变量。

2．构建一个 5*3 的矩阵，并赋值给一个变量。

3．用 plot() 函数绘制正弦曲线，显示两个周期的曲线，设置线的线型、粗细和颜色。

4．用 curve() 函数在幂函数、指数函数、对数函数、三角函数、反三角函数的图形中选择两条绘制到一张图内，并设置线的线型、粗细和颜色。

5．随机生成100个点的坐标，绘制散点图，添加一条趋势线。再分别添加一条横线和一条竖线。横线位置在横坐标的均数，竖线位置在纵坐标的均数。

6．随机生成5个点，绘制散点图，设置不同的形状、大小和颜色，用文本在各点周围添加标注，并添加图例。

7．随机生成5个点的坐标，横坐标和纵坐标都为随机数，根据横坐标的大小顺序使用折线连接各点。

8．随机生成0和100之间的50个随机整数，并绘制直方图描述数据的分布情况。

第 6 章　ggplot2 绘图基础和 R 语言高级绘图

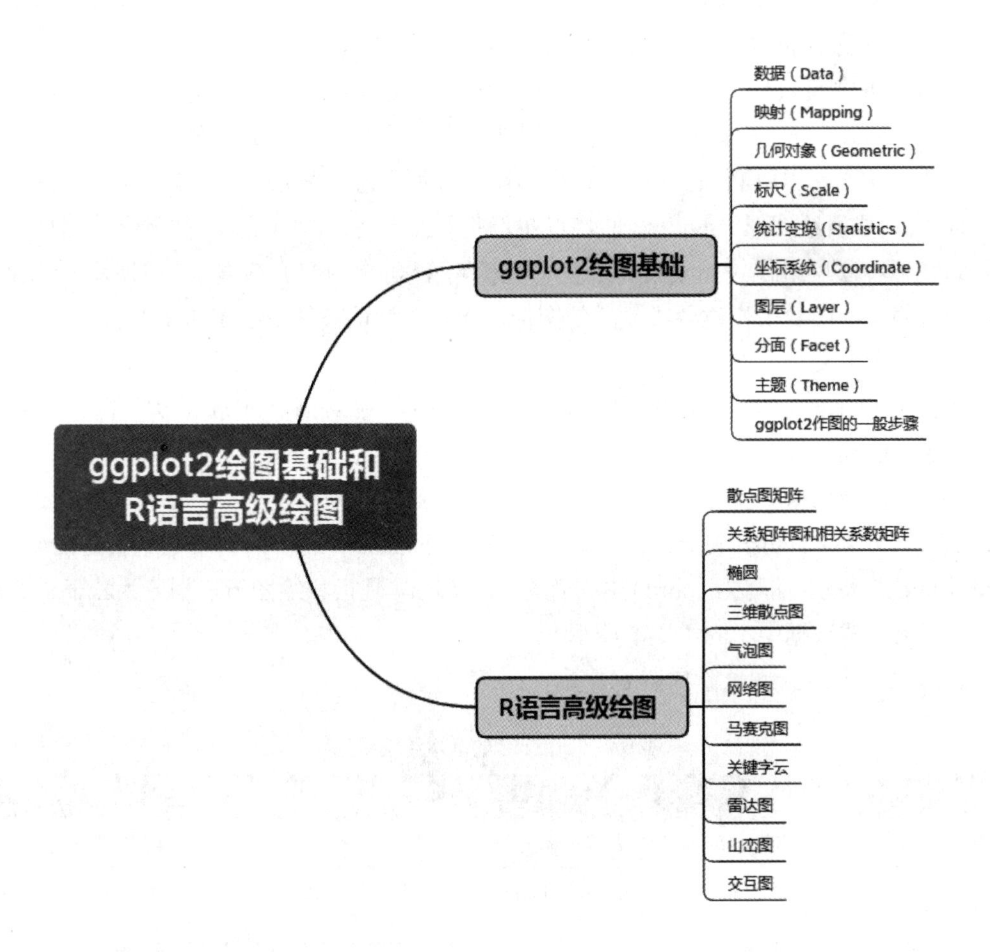

本章导读

ggplot2 是一个强大的、基于语法的、连贯一致的图形生成系统，由 Hadley Wickham 创建，允许用户创建新颖的数据可视化图形。本章主要介绍 ggplot2 绘图的基本思想和常见要素，以及 R 语言高级绘图的常用函数和数据包。

本章要点

- ggplot2 绘图的基本思想
- ggplot2 绘图的常见要素
- R 语言高级绘图的常用函数
- R 语言高级绘图的常用数据包

6.1 ggplot2 绘图基础

ggplot2 是由 RStudio 首席科学家 Hadley Wickham 创建的一个强大的可视化 R 包，它提供了一个全面的、基于语法的、连贯一致的图形生成系统，允许用户创建新颖的数据可视化图形，是目前非常优秀的绘图工具。Hadley Wickham 由于在统计计算、可视化、图形和数据分析方面颇具影响力的工作获得了 2019 年的 COPSS 奖。ggplot2 的绘图理念来源于 *Grammar of Graphics* 一书，它将绘图视为一种映射，也就是将图形元素抽象成可以自由组合的元素，类似 Photoshop 软件中的图层叠加思想，将指定的元素或映射关系逐层叠加，最终形成所绘图形。ggplot2 的特点在于并不去定义具体的图形（如直方图、散点图），而是定义各种底层组件（如线条、颜色、形状等），再自由组合成复杂的图形，这使得它能以非常简单的函数去构建各类复杂的图形，而且在默认条件下绘图质量非常高，能直接达到印刷出版的要求。

Hadley Wickham 将 ggplot2 绘图语法诠释如下：一张统计图形就是从数据（data）到几何对象（geometric object，缩写为 geom，包括点、线、条形等）的图形属性（aesthetic attribute，缩写为 aes，包括颜色、形状、大小等）的一个映射。此外，图形中还可能包含数据的统计变换（statistical transformation，缩写为 stats），最后绘制在某个特定的坐标系（coordinate system，缩写为 coord）中，而分面（facet，是指将绘图窗口划分为若干子窗口）则可以用来生成数据中不同子集的图形。

ggplot2 的基本绘图要素如表 6-1 所示。

表 6-1　ggplot2 的基本绘图要素

绘图要素	说明
数据（Data）和映射（Mapping）	将数据中的变量映射到图形属性，映射控制了二者之间的关系
标度（Scale）	标度负责控制映射后图形属性的显示方式，具体形式上看是图例和坐标刻度
几何对象（Geometric）	几何对象代表我们在图中实际看到的图形元素，如点、线、多边形等
统计变换（Statistics）	对原始数据进行某种计算，如对二维散点图加上一条回归线
坐标系统（Coordinate）	坐标系统控制坐标轴并影响所有图形元素，坐标轴可以进行变换以满足不同的需要
图层（Layer）	数据、映射、几何对象、统计变换等构成一个图层，图层可以允许用户一步步地构建图形，方便单独对图层进行修改
分面（Facet）	条件绘图，将数据按某种方式分组，然后分别绘图。分面就是控制分组绘图的方式和排列形式

6.1.1 数据（Data）

数据（Data）即用于绘制图形的数据，必须为数据框（data.frame）格式。需要特别注意的是，ggplot2 中的数据不支持向量和列表类型，只支持数据框格式。

本节以 ggplot2 中自带的 diamonds（钻石）数据集作为示例进行绘图，该数据集是一个关于 50000 多颗圆切钻石各个指标的数据集，变量说明如表 6-2 所示。

表 6-2　diamonds 数据集的各变量说明

变量名	说明
carat	钻石重量
cut	钻石切削水平
color	钻石颜色
clarity	钻石的透明度
depth	深度百分比
table	钻石正上顶点距离最宽顶点距离
price	钻石价格
x	钻石长度
y	钻石宽度
z	钻石高度

加载 diamonds 数据集，并从中随机选取 1000 条数据作为子集，代码如下：

```
> require(ggplot2)
> data(diamonds)
> set.seed(42)
> small <- diamonds[sample(nrow(diamonds), 1000), ]
> head(small)
#A tibble: 6 x 10
     carat cut        color clarity depth table price x     y     z
     <dbl> <ord>      <ord> <ord>   <dbl> <dbl> <int> <dbl> <dbl> <dbl>
1    0.39  Ideal      I     VVS2    60.8  56    849   4.74  4.76  2.89
2    1.12  Very Good  G     SI2     63.3  58    4478  6.7   6.63  4.22
3    0.51  Very Good  G     VVS2    62.9  57    1750  5.06  5.12  3.2
4    0.52  Very Good  D     VS1     62.5  57    1829  5.11  5.16  3.21
5    0.28  Very Good  E     VVS2    61.4  55    612   4.22  4.25  2.6
6    1.01  Fair       F     SI1     67.2  60    4276  6.06  6     4.05
```

6.1.2　映射（Mapping）

映射（Mapping）

每个几何对象都有自己的属性，这些属性的取值需要通过数据提供。数据与图形属性之间的映射关系称为映射，在 ggplot2 中用 aes() 函数来表示映射关系，ggplot2 中的映射是将数据框中的变量映射到图形属性。这里的图形属性是指图中点的位置、形状、大小、颜色等眼睛能看到的东西。比如数学中的函数 y= f(x) 就是 x 和 y 之间的一种映射关系，x 的值决定或者控制了 y 的值，在 ggplot2 的语法里，x 就是输入的数据变量，y 就是图形属性。aes() 函数的语法格式如下：

```
aes(x , y, color, size, shape, alpha,...)
```

x：x 轴方向的位置，为必填项。

y：y 轴方向的位置，为必填项。

color：点或者线等元素的颜色。

size：点或者线等元素的大小。

shape：点或者线等元素的形状。

alpha：点或者线等元素的透明度。

【例 6-1】使用 diamonds 数据集的子集，以克拉（carat）数为 x 轴变量，价格（price）为 y 轴变量进行映射。

```
> p <- ggplot(data = small, mapping = aes(x = carat, y = price))
```

这行代码是把数据映射到 x-y 坐标轴上，这里是告诉 ggplot2 哪些数据要映射成什么样的几何对象。

6.1.3 几何对象（Geometric）

几何对象代表在图中实际看到的图形元素，如点、线、多边形等。数据与映射部分介绍了 ggplot 函数执行各种属性映射，只需要添加不同的几何对象图层即可绘制出相应的图形，常见的有点、线、水平线、竖直线、条形图、箱线图、直方图等。常见的几何对象函数如表 6-3 所示。

表 6-3 常见的几何对象函数

函数名	说明
geom_abline()	线图，由斜率和截距指定
geom_area()	面积图（即连续的条形图）
geom_bar()	条形图
geom_bin2d()	二维封箱的热图
geom_blank()	空的几何对象，什么也不画
geom_boxplot()	箱线图
geom_contour()	等高线图
geom_crossbar()	crossbar 图（类似于箱线图，但没有触须和极值点）
geom_density()	密度图
geom_density2d()	二维密度图
geom_errorbar()	误差线（通常添加到其他图形上，如柱状图、点图、线图等）
geom_errorbarh()	水平误差线
geom_freqpoly()	频率多边形（类似于直方图）
geom_hex()	六边形图（通常用于六边形封箱）
geom_histogram()	直方图
geom_hline()	水平线
geom_jitter()	点（自动添加了扰动）
geom_line()	线
geom_linerange()	区间，用竖直线来表示
geom_path()	几何路径，由一组点按顺序连接
geom_point()	点
geom_pointrange()	一条垂直线，线的中间有一个点（与 Crossbar 图和箱线图相关，可以用来表示线的范围）
geom_polygon()	多边形
geom_quantile()	一组分位数线（来自分位数回归）
geom_rect()	二维的长方形

续表

函数名	说明
geom_ribbon()	彩虹图（在连续的 x 值上表示 y 的范围，例如 Tufte 著名的拿破仑远征图）
geom_rug()	触须
geom_segment()	线段
geom_smooth()	平滑的条件均值
geom_step()	阶梯图
geom_text()	文本
geom_tile()	瓦片（即一个个的小长方形或多边形）
geom_vline()	竖直线

几何对象函数的参数需要解决一个问题，即相同数据的几何对象位置相同，是放在一个位置相互覆盖还是用别的排列方式。这就使几何对象函数 geom() 中经常涉及图形元素的位置的调整，通过不同的参数调整可以使图片呈现不同的效果，主要的位置调整参数如表 6-4 所示。

表 6-4 geom() 函数中的位置调整参数

参数	说明
dodge	避免重叠，并排放置
fill	堆叠图形元素，并将高度标准化为 1
identity	不作任何调整
jitter	在 x 和 y 两个方向上给点添加随机扰动来防止对象之间的覆盖，避免重合
stack	将图形元素堆叠起来

【例 6-2】使用 diamonds 数据集的子集，在已有映射关系下绘制散点图。

```
> p + geom_point()
```

运行结果如图 6-1 所示。

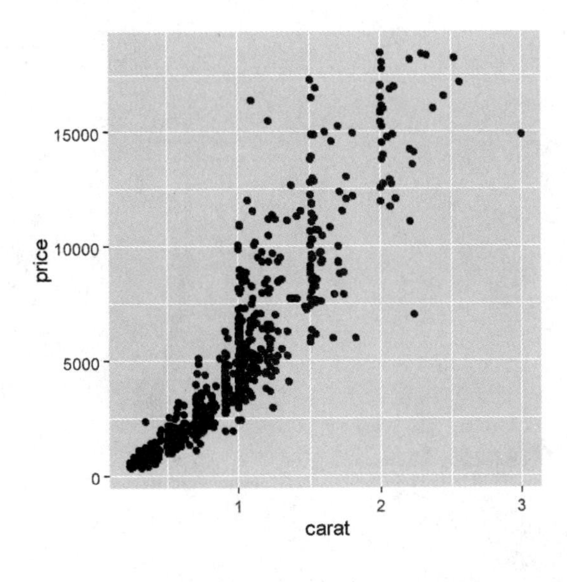

图 6-1 carat 为 x 轴，price 为 y 轴绘制的散点图

上述代码是在之前 x 轴到 y 轴映射的基础上，使用 geom_point() 函数绘制 x 与 y 之间的散点图，注意此处使用“+”符号表示在原有绘图基础上添加新的图层。

在上例中，各种属性映射由 ggplot 函数执行，只需要添加一个图层，使用 geom_point() 告诉 ggplot 是在之前映射的基础上绘制散点图，ggplot 便将所有的属性都映射到散点上。

ggplot2 提供了各种几何对象映射，不同的几何对象要求的属性会有些不同，这些属性也可以在几何对象映射时提供，比如上例绘制的图形也可以用以下语句来绘制：

```
> p <- ggplot(small)
> p+geom_point(aes(x=carat, y=price, shape=cut, colour=color))
```

运行结果如图 6-2 所示。

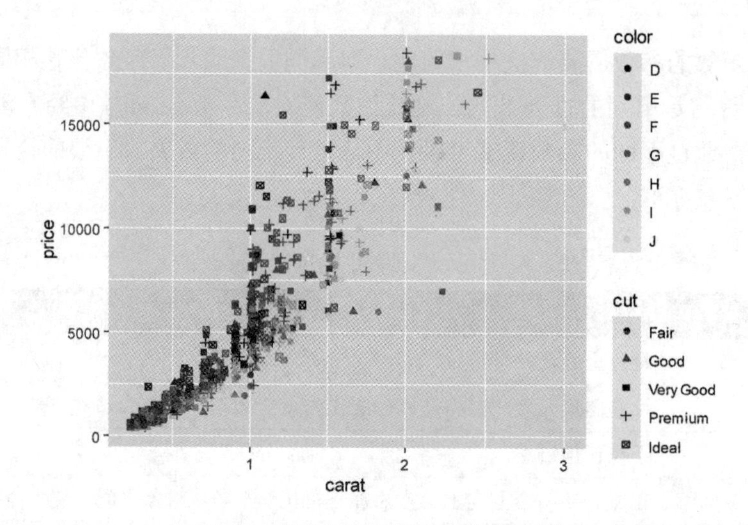

图 6-2　使用不同颜色绘制的散点图

直方图的绘制最简单，只需要提供一个 x 变量便能画出数据的分布，代码如下：

```
> ggplot(small) + geom_histogram(aes(x = price))
```

同样可以根据另外的变量给它填充颜色，比如按不同的切工：

```
> ggplot(small) + geom_histogram(aes(x = price, fill = cut))
```

运行结果如图 6-3 所示。

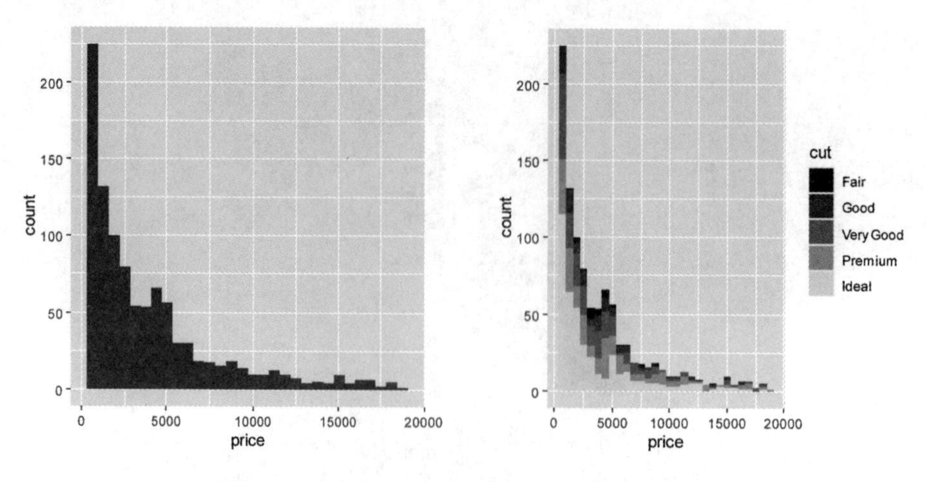

图 6-3　绘制 price 变量的直方图

6.1.4 标尺（Scale）

对图形属性进行映射之后，可以使用标尺来控制这些属性的显示方式，如坐标刻度、颜色属性等。ggplot2 中的 scale 系列函数有很多，命名和用法有一定规律，一般使用三个单词，通过“_”符号进行连接，如 scale_fill_gradient 和 scale_x_continuous。通常来说，第一个单词都是 scale，第二个单词是 color（线条颜色）、fill（填充色）、x（x 轴）、y（y 轴）、linetype（线型）、shape（形状）、大小（形状）、alpha（透明度）等可更改的参数，第三个单词是具体的类型，即对第二个单词的任何一个图形属性 ggplot2 都提供了以下 4 种标尺：

- scale_*_continuous()：将数据的连续取值映射为图形属性的取值。
- scale_*_discrete()：将数据的离散取值映射为图形属性的取值。
- scale_*_identity()：将数据的值作为图形属性的取值。
- scale_*_mannual()：将数据的离散取值作为手工指定的图形属性的取值。

R 语言中常用的标度函数如表 6-5 所示。

表 6-5 常用的标度函数

函数名	说明
scale_alpha()	alpha 通道值（灰度）
scale_brewer()	调色板，来自 colorbrewer.org 网站展示的颜色标度
scale_continuous()	连续标度
scale_data()	日期
scale_datetime()	日期和时间
scale_discrete()	离散值
scale_gradient()	两种颜色构建的渐变色
scale_gradient2()	3 种颜色构建的渐变色
scale_gradientn()	n 种颜色构建的渐变色
scale_grey()	灰度颜色
scale_hue()	均匀色调
scale_identity()	直接使用指定的取值，不进行标度转换
scale_linetype()	用线条模式来展示不同
scale_manual()	手动指定离散标度
scale_shape()	用不同的形状来展示不同的数值
scale_size()	用不同大小的对象来展示不同的数值

在对图形属性进行映射之后，使用标尺可以控制这些属性的显示方式，比如坐标刻度可以通过标尺进行对数变换，颜色属性也可以通过标尺进行改变。

【例 6-3】使用 diamonds 数据集的子集，在已绘制散点图的基础上自定义颜色为彩虹色。

```
> ggplot(small) + geom_point(aes(x = carat, y = price, shape = cut, colour = color))
  + scale_colour_manual(values = rainbow(7))
```

运行结果如图 6-4 所示。

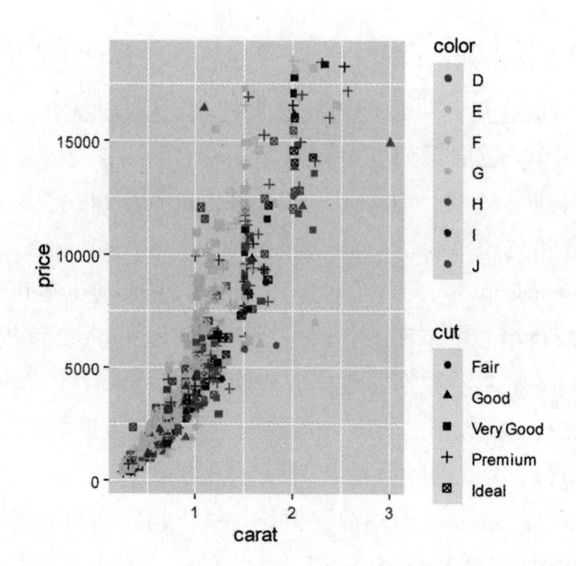

图 6-4　自定义散点图的颜色为彩虹色

6.1.5　统计变换（Statistics）

统计变换，简称 stat，通常是以某种方式对数据信息进行汇总。例如，平滑是经常用到的统计变换，它能在一些限制条件的约束下计算给定 x 值时 y 的平均值。为了阐明统计变换在图形中的意义，一个统计变换必须是一个位置尺度不变量，即 $f(x+a)=f(x)+a$ 且 $f(b\cdot x)=b\cdot f(x)$，这样才能保证当改变图形的标度时数据变换保持不变。几何对象与统计变换常常是一一对应的，即每个统计变换需要通过一个几何对象来展现，每个几何对象的展现依赖统计变换的结果。

表 6-6 所示为目前常用的统计变换函数。

表 6-6　常用的统计变换函数

函数名	说明
stat_abline()	添加线条，用斜率和截距表示
stat_bin()	分割数据，然后绘制直方图
stat_bin2d()	二维密度图，用矩阵表示
stat_binhex()	二维密度图，用六边形表示
stat_boxplot()	绘制带触须的箱线图
stat_contour()	绘制三维数据的等高线图
stat_density()	绘制密度图
stat_density2d()	绘制二维密度图
stat_function()	添加函数曲线
stat_hline()	添加水平线
stat_identity()	绘制原始数据，不进行统计变换
stat_qq()	绘制 Q-Q 图
stat_quantile()	连续的分位线
stat_smooth()	添加平滑曲线

续表

函数名	说明
stat_spoke()	绘制有方向的数据点（由 x 和 y 指定位置，angle 指定角度）
stat_sum()	绘制不重复的取值之和（通常用在三点图上）
stat_summary()	绘制汇总数据
stat_unique()	绘制不同的数值，去掉重复的数值
stat_vline()	绘制竖直线

stat_summary() 函数要求数据源的 y 能够被分组，每组不止一个元素，或增加一个分组映射，即 aes(x= , y = , group =)。

stat_smooth() 函数对原始数据进行某种统计变换计算，然后在图上表示出来，例如在散点图上添加一条回归线。

【例 6-4】在前面绘制的散点图基础上添加一条平滑曲线。

```
> ggplot(small, aes(x = carat, y = price)) + geom_point() + stat_smooth()
```

运行结果如图 6-5 所示。

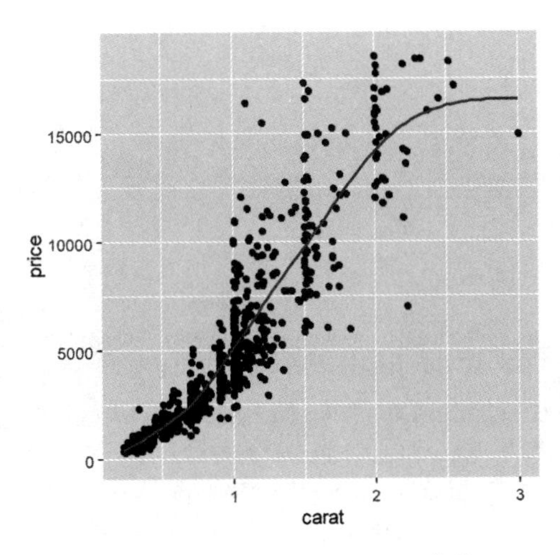

图 6-5　在散点图上添加平滑曲线

6.1.6　坐标系统（Coordinate）

坐标系统用来控制坐标轴，它可以进行变换，例如 xy 轴翻转、笛卡儿坐标和极坐标转换，以满足各种需求。表 6-7 所示为目前常用的坐标函数。

表 6-7　常用的坐标函数

函数名	说明
coord_cartesian()	笛卡儿坐标
coord_equal()	等尺度坐标（斜率为 1）
coord_flip()	翻转笛卡儿坐标
coord_map()	地图投影
coord_polar()	极坐标投影
coord_trans()	变换笛卡儿坐标

【例 6-5】使用 diamonds 数据集的子集绘制极坐标下的靶心图。

```
> ggplot(small) + geom_bar(aes(x = factor(1), fill = cut)) + coord_polar()
```

运行结果如图 6-6 所示。

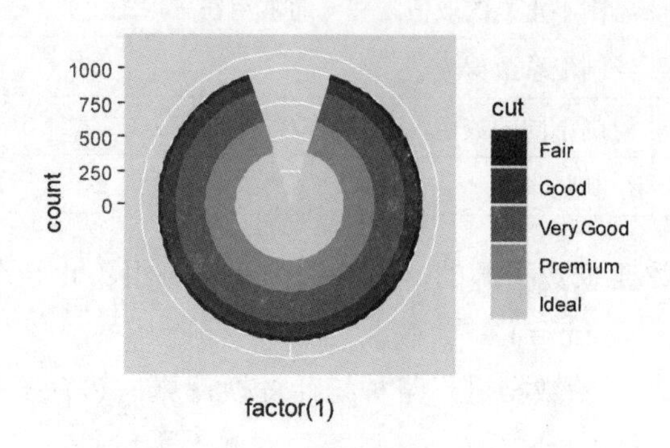

图 6-6　绘制极坐标下的靶心图

6.1.7　图层（Layer）

ggplot 的强大之处在于直接使用 + 号即可实现叠加图层，前面散点图添加拟合曲线即为图层叠加。ggplot2 的图层设置函数对映射的数据类型是有较严格要求的，比如 geom_point() 和 geom_line() 函数要求 x 映射的数据类型为数值向量，而 geom_bar() 函数要使用因子型数据。如果数据类型不符合映射要求则需要进行类型转换，在组合图形时还需要注意图层的先后顺序。

【例 6-6】为散点图添加拟合曲线（图层叠加）。

```
> ggplot(small, aes(x = carat, y = price)) + geom_point()+geom_smooth()
#添加默认曲线
#method 表示指定平滑曲线的统计函数，如lm为线性回归，glm为广义线性回归，loess为多项式
 回归，gam 为广义相加模型（mgcv 包），rlm 为稳健回归（MASS 包）
> ggplot(small, aes(x = carat, y = price)) + geom_point()+geom_smooth() +stat_smooth(method = lm,
 se = TRUE)  #在上一步的基础上添加使用线性模型拟合的曲线
```

运行结果如图 6-7 所示。

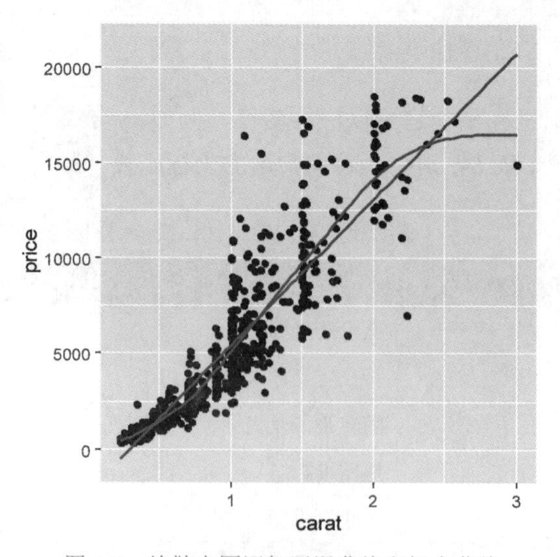

图 6-7　给散点图添加平滑曲线和拟合曲线

6.1.8 分面（Facet）

在 ggplot2 中分面设置也是经常用到的一项绘图内容，在数据对比以及分类显示上有着极为重要的作用，facet_wrap() 和 facet_grid() 是两个要经常用到的分面函数。facet_wrap() 函数是将分面放置在二维网格中，facet_grid() 函数是将一维的分面按二维排列。如果把一个因子用点表示，则可以达到 facet_wrap() 的效果，还可以用加号设置成两个以上变量。

【例 6-7】将散点图按不同的分面进行显示。

```
> ggplot(small, aes(x = carat, y = price)) + geom_point()+facet_wrap(~cut)
```

运行结果如图 6-8 所示。

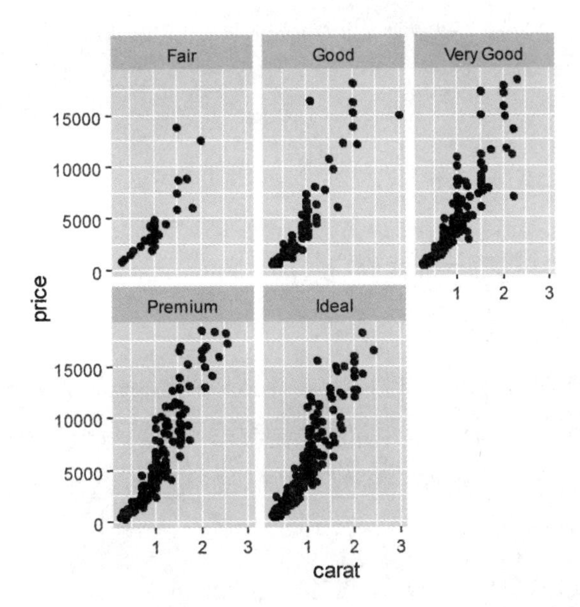

图 6-8 散点图按不同的分面进行显示

6.1.9 主题（Theme）

ggplot 绘制完图形之后，根据需求要对图形进行精细打磨，其中像 title、xlab、ylab 都是需要调整的，其他的细节也需要修改。ggplot 内置了一些主题，比如 theme_grey() 为默认主题，theme_bw() 为白色背景主题，theme_classic() 为经典主题。其中 theme(element_name = element_function()) 中的内置元素函数 element_function() 有以下 4 个基础类型：

- element_text()：设置文本，一般用于控制标签和标题的字体风格。
- element_line()：设置线条，一般用于控制线条和线段的颜色或类型。
- element_rect()：设置矩形区域，一般用于控制背景矩形的颜色或者边界的线条类型。
- element_blank()：设置空白，不分配相应的绘图空间，即删去这个地方的绘图元素。

【例 6-8】用 ggtitle()、xlab() 和 ylab() 来设置标题、x 轴、y 轴的名称，并将标题居中显示。

```
> ggplot(small, aes(x = carat, y = price)) + geom_point()+ggtitle("Price vs Carat") + xlab("Carat")
  + ylab("Price")+theme(plot.title = element_text(hjust = 0.5))
```

运行结果如图 6-9 所示。

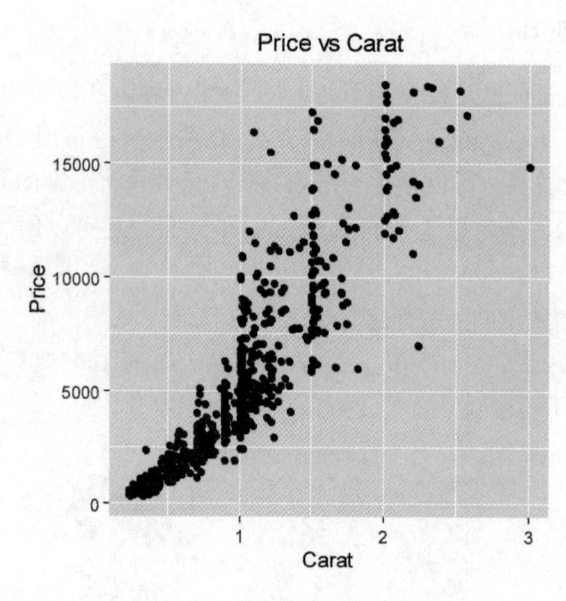

图 6-9　调整散点图中的标题

6.1.10　ggplot2 绘图的一般步骤

ggplot2 绘图的一般步骤如下：

（1）准备需要绘图的数据，要求为数据框格式，并用 ggplot2 生成一个空的绘图对象。

（2）将数据输入到 ggplot() 函数中，并指定参与绘图的每个变量分别映射到哪些图形特性，比如映射为 x 坐标、y 坐标、颜色、形状等。这些映射称为 aesthetic mappings 或 aesthetics。

（3）选择一个合适的图形类型，函数名以 geom_ 开头，如 geom_point() 表示散点图。图形类型简称 geom。将 ggplot() 部分与 geom_xxx() 部分用加号连接。至此已经可以绘图了，后面的步骤是进一步的细化设定。

（4）设定适当的坐标系统，如 coord_cartesian()、scale_x_log10() 等。

（5）设定标题和图例位置等，如 labs()。

6.2　R 语言高级绘图

6.2.1　散点图矩阵

散点图矩阵是将数据集中的每个数值变量两两绘制散点图，在 R 语言中通过 pairs() 函数实现。

示例代码如下：

```
> pairs(iris[1:4], main = "散点图矩阵")
```

运行结果如图 6-10 所示。

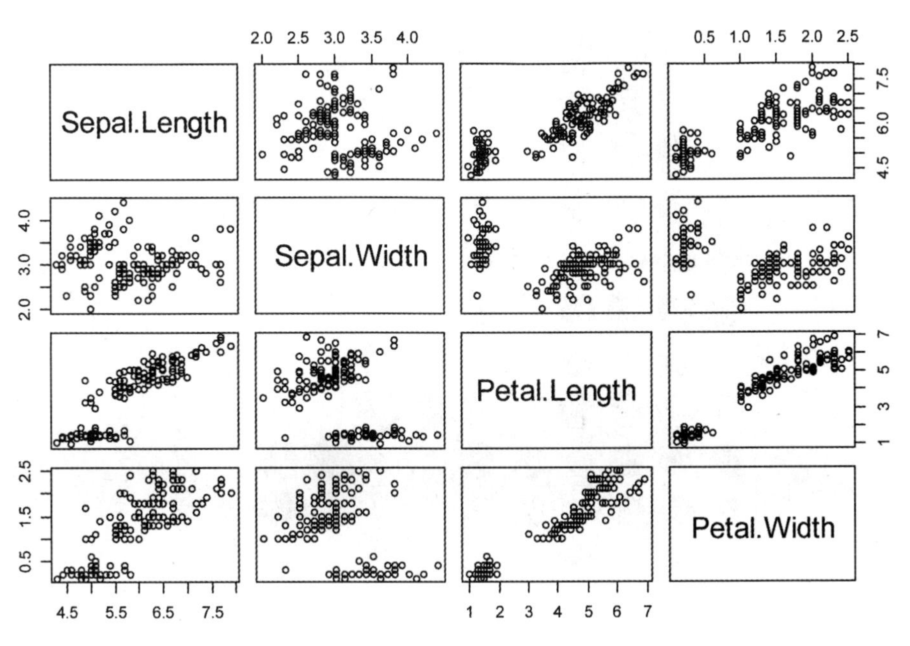

图 6-10　绘制散点图矩阵

6.2.2　关系矩阵图和相关系数矩阵

关系矩阵图
和相关系数矩阵

1. 关系矩阵图

虽然 cor() 函数可以方便快捷地计算出连续变量之间的相关系数，但当变量非常多时，返回的相关系数数值太多，容易眼花缭乱。这时可以使用 corrplot 包中的 corrplot() 函数进行相关系数的可视化，语法格式如下：

```
corrplot(corr, method = c("circle", "square", "ellipse", "number", "shade", "color", "pie"), type = c("full",
   "lower", "upper"), ...)
```

corr：需要可视化的相关系数矩阵。

method：指定可视化的方法，可以是圆形、方形、椭圆形、数值、阴影、颜色、饼图。

type：指定展示的方式，可以是完全的、下三角、上三角。

corrplot() 函数的使用示例代码如下：

```
> install.packages("corrplot")        #安装corrplot包
> library(corrplot)                   #载入corrplot包
> corrplot(cor(mtcars))               #cor()函数计算相关系数
```

运行结果如图 6-11 所示。

2. 相关系数矩阵

corrplot 包中的 ccorrplot.mixed() 函数用来绘制相关系数矩阵，示例代码如下：

```
> install.packages("corrplot")
> library(corrplot)
#绘制相关系数矩阵图
> corrplot.mixed(cor(mtcars), upper = "ellipse")        #cor()函数计算相关系数
```

运行结果如图 6-12 所示。

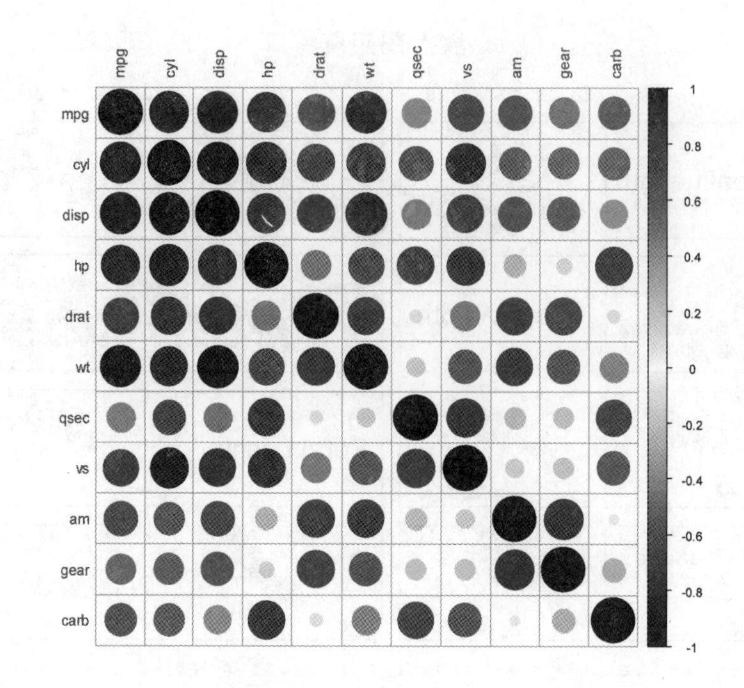

图 6-11 绘制关系矩阵图

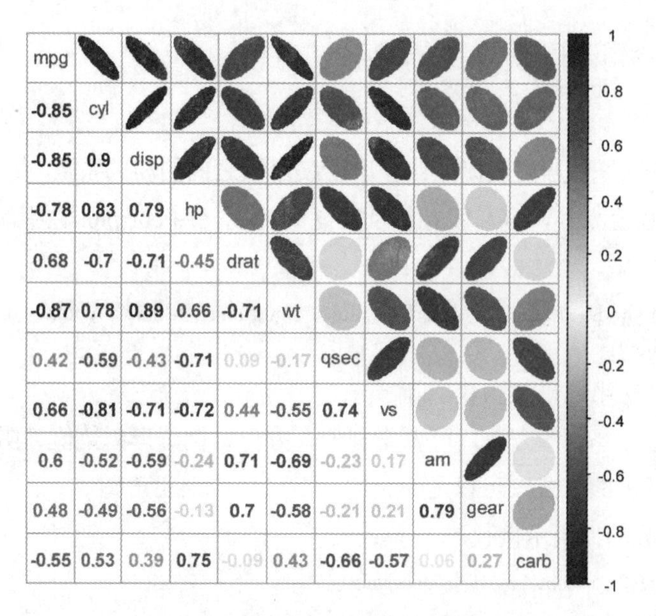

图 6-12 绘制相关系数矩阵图

6.2.3 椭圆

ellipse 包中的 plotcorr() 函数用来绘制椭圆和进行相关矩阵的可视化，示例代码如下：

```
> install.packages("ellipse")
> library(ellipse)
#绘制相关系数的椭圆图
> data(mtcars)
> plotcorr(cor(mtcars), col= 'red')
```

运行结果如图 6-13 所示。

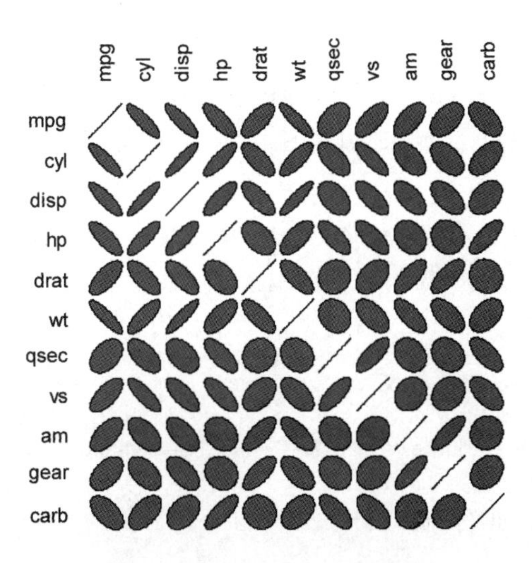

图 6-13 绘制相关系数的椭圆图

6.2.4 三维散点图

用 scatterplot3d() 函数可以绘制三维散点图，它提供了许多选项，包含设置图形符号、轴、颜色、线条、网格线、突出显示和角度等功能。

示例代码如下：

```
> install.packages("scatterplot3d")
> library(scatterplot3d)
> attach(mtcars)
> scatterplot3d(wt,disp,mpg,main="Basic 3D Scatter Plot")
>  s3d <- scatterplot3d(wt, disp, mpg,
        pch=16,
        #点的颜色将随着y坐标的不同而不同
        highlight.3d = TRUE,
        #添加连接点与水平面的垂直线
        type="h",
        main="Basic 3D Scatter Plot")
```

运行结果如图 6-14 所示。

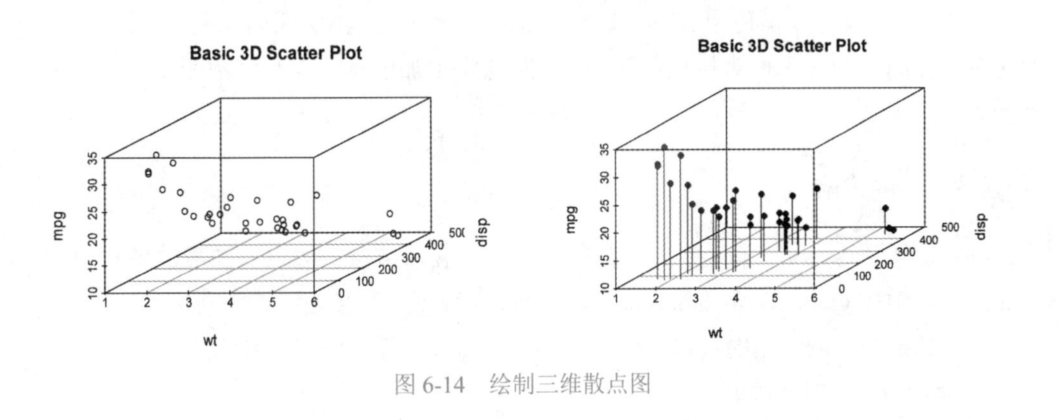

图 6-14 绘制三维散点图

6.2.5 气泡图

除了三维散点图可以对三个变量的关系进行可视化之外，气泡图也能实现，原理是：

先创建一个二维散点图，再用点的大小来代表第三个变量的值。

可以用 symbols() 函数来创建气泡图，该函数可以在指定的坐标上绘制圆圈图、方形图、星形图、温度计图和箱线图。以绘制圆圈图为例，代码如下：

```
symbols(x, y, circle=radius)
```

其中，x、y 和 radius 是需要设定的向量，分别表示 x 坐标、y 坐标和圆圈半径。

【例 6-9】使用 mtcars 数据集绘制气泡图，x 轴代表车重，y 轴代表每加仑油行驶英里数，气泡大小代表发动机排量。

```
> attach(mtcars)
> r<-sqrt(disp/pi)
> symbols(wt, mpg, circle = r, inches = 0.30, fg="white",bg="lightblue",
main="点大小与位移成比例的气泡图",
 ylab = "每加仑油行驶英里数",
 xlab = "车重")
> text(wt,mpg,rownames(mtcars),cex = 0.6)
```

运行结果如图 6-15 所示。

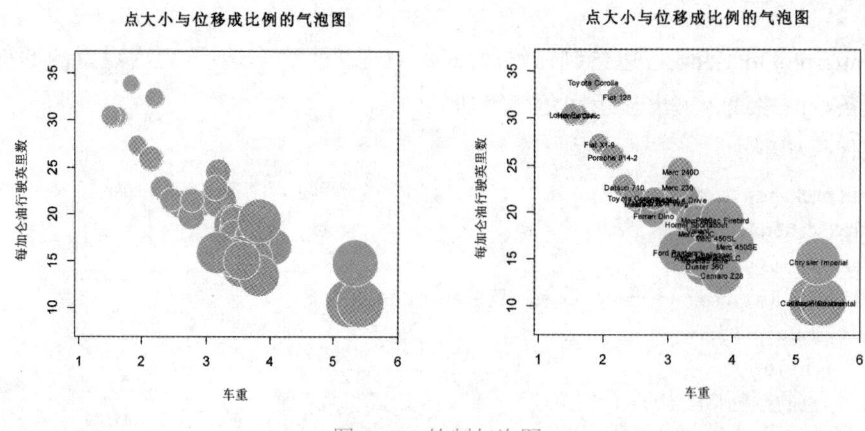

图 6-15　绘制气泡图

其中 inches 是比例因子，控制着圆圈大小（默认最大圆圈是 1 英寸）。text() 函数用来添加各个汽车的名称。从生成的图形中可以看到，随着每加仑油所行驶里程的增加，车重和发动机排量都逐渐减小。

一般来说，统计人员使用 R 语言时倾向于避免使用气泡图，原因和避免使用饼图一样：相比对长度的判断，人们对体积 / 面积的判断通常更加困难。但是气泡图在商业应用中非常受欢迎。

6.2.6　网络图

igraph 包中的 plot() 函数提供了大量参数用于展示节点、边以及图形的各种属性，利用 igragh 包中的 graph_from_adjacency_matrix() 函数可对邻接矩阵绘制网络图。

绘制邻接矩阵网络图的代码如下：

```
> install.packages("igraph")
> library(igraph)
#生成数据
> data=matrix(sample(0:1, 400, replace=TRUE, prob=c(0.8,0.2)), nrow=20)
> network=graph_from_adjacency_matrix(data , mode='undirected', diag=F )
```

```
#输出网络
> par(mfrow=c(2,2), mar=c(1,1,1,1))
> plot(network, layout=layout.sphere, main="sphere")
```

运行结果如图 6-16 所示。

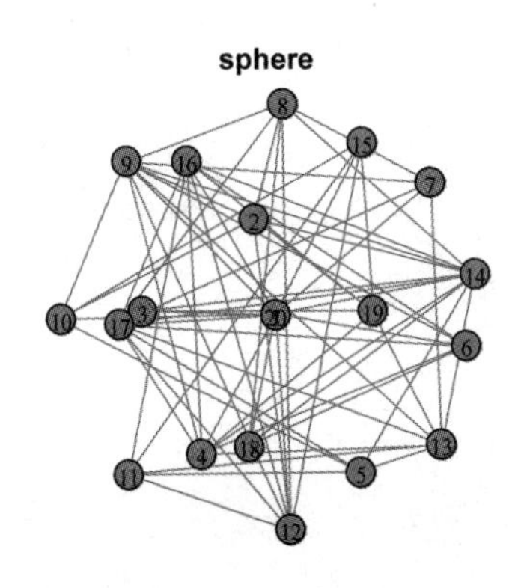

图 6-16　绘制网络图

6.2.7　马赛克图

若只观察单个类别型变量，可以使用柱状图或饼图；若存在两个类别型变量，可以使用三维柱状图；若有两个以上类别型变量，可以使用马赛克图。在马赛克图中，嵌套矩形面积正比于单元格频率，这个频率就是多维列联表中的频率。颜色或阴影可表示拟合模型的残差值。vcd 包中的 mosaic() 函数可以绘制马赛克图。

【例 6-10】使用 mtcars 数据集绘制马赛克图。

```
#第1步：了解列联表分析
> install.packages("vcd")
> library(vcd)
> head(mtcars, 2)
               mpg  cyl  disp  hp   drat  wt     qsec   vs  am  gear  carb
Mazda RX4      21   6    160   110  3.9   2.620  16.46  0   1   4     4
Mazda RX4 Wag  21   6    160   110  3.9   2.875  17.02  0   1   4     4

> df <- xtabs(~ cyl + gear + vs, data = mtcars)
 > df
, , vs = 0
  gear
cyl  3    4   5
  4  0    0   1
  6  0    2   1
  8  12   0   2
, , vs = 1
  gear
cyl  3    4   5
  4  1    8   1
  6  2    2   0
  8  0    0   0
#第2步：mosaic()函数绘制马赛克图
 > mosaic(df, main = "马赛克图")
```

运行结果如图 6-17 所示。

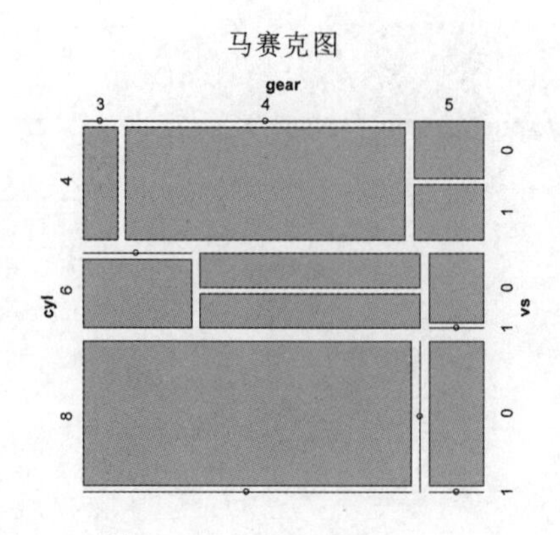

图 6-17　绘制马赛克图

6.2.8　关键字云

wordcloud2 包是基于 wordcloud2.js 封装的一个 R 包，是用 HTML5 技术 canvas 绘制的。相对于 R 曾经的 worldcoud 包，它在浏览器的可视化中具有动态和交互效果，并且支持任意形状的词云绘制，语法格式如下：

```
wordcloud2(data, size = 1, minSize = 0, gridSize =  0,
        fontFamily = NULL, fontWeight = 'normal',
        color = 'random-dark', backgroundColor = "white",
        minRotation = -pi/4, maxRotation = pi/4, rotateRation = 0.4,
        shape = 'circle', ellipticity = 0.65, widgetsize = NULL)
```

data：词云生成数据，包含具体词语和频率。

size：字体大小，默认为 1，一般该值越小生成的形状轮廓越明显。

fontFamily：字体，如微软雅黑。

fontWeight：字体粗细，包含 normal、bold 和 600。

color：字体颜色，可以选择 random-dark 和 random-light，也就是颜色色系。

backgroundColor：背景颜色，支持 R 语言中的常用颜色，如 gray 和 black，但是还支持不了更加具体的颜色选择，如 gray20。

minRontation、maxRontation：字体旋转角度范围的最小值和最大值，选定后字体会在该范围内随机旋转。

rotateRation：字体旋转比例，如设定为 1，则全部词语都会发生旋转。

shape：词云形状选择，默认为 circle（圆形），也可以选择 cardioid（苹果形或心形）、star（星形）、diamond（钻石）、triangle-forward（三角形）、triangle（三角形）、pentagon（五边形）。

minSize：最小字体大小，小于此范围的不显示。

gridSize：词之间的间隔。

下面给出 wordcloud2() 函数的示例。

（1）绘制星状图。

```
library(wordcloud2)
wordcloud2(demoFreq, size = 1,shape = 'star')      #demoFreq为自带数据集
```

运行结果如图 6-18 所示。

图 6-18　绘制星状的关键字云

（2）绘制中文词云。

```
> wordcloud2(demoFreqC, size = 2, fontFamily = "微软雅黑", color = "random-light")
```

运行结果如图 6-19 所示。

图 6-19　绘制中文的关键字云

6.2.9　雷达图

雷达图适用于多维数据（四维以上，且每个维度必须可以排序，如国籍就不可以排序），但也有一个局限，就是数据点最多 6 个，否则无法辨别，因此适用场合有限。面积越大的数据点，就表示越重要。需要注意的是，不熟悉雷达图，解读就会有困难，使用时应尽量加上说明。

雷达图的绘制是用 radarchart 包中的 chartJSRadar() 函数，代码如下：

```
> install.packages("radarchart")
> library("radarchart")
> labs <- c("通信工程师"," 数据分析师","码农","技术人员","建模师","视觉工程师")
> scores <- list( "Rich" = c(9, 7, 4, 5, 3, 7),"Andy" = c(7, 6, 6, 2, 6, 9),"Aimee" = c(6, 5, 8, 4, 7, 6))
```

```
#不带标签的数值表示
> chartJSRadar(scores = scores, labs = labs, maxScale = 10)
```

运行结果如图 6-20 所示。

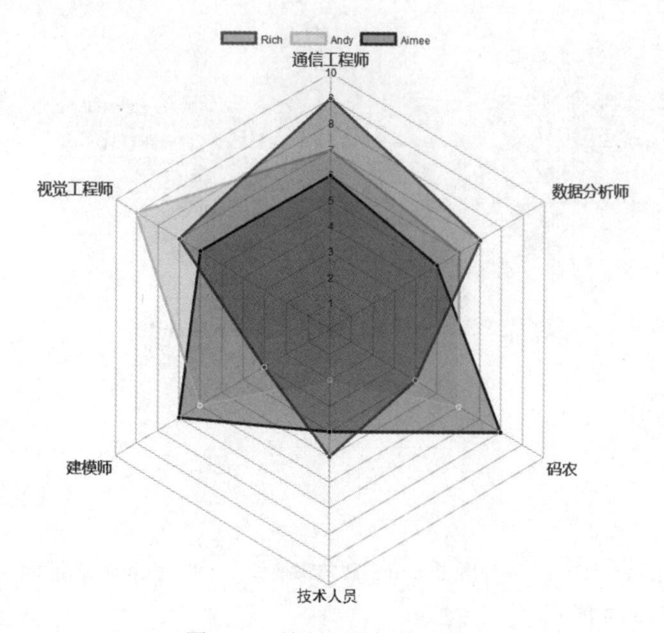

图 6-20 绘制不带标签的雷达图

```
#带标签的数值表示
> labs <- c("面向函数式", "面向对象", "面向过程", "脚本式")
> scores <- list( "Scala" = c(9, 7, 6, 5),"Java" = c(7, 7, 5, 2),"Python" = c(6, 6, 8, 6) )
> chartJSRadar(scores = scores, labs = labs, showRoolTipLabel=TRUE)
```

运行结果如图 6-21 所示。

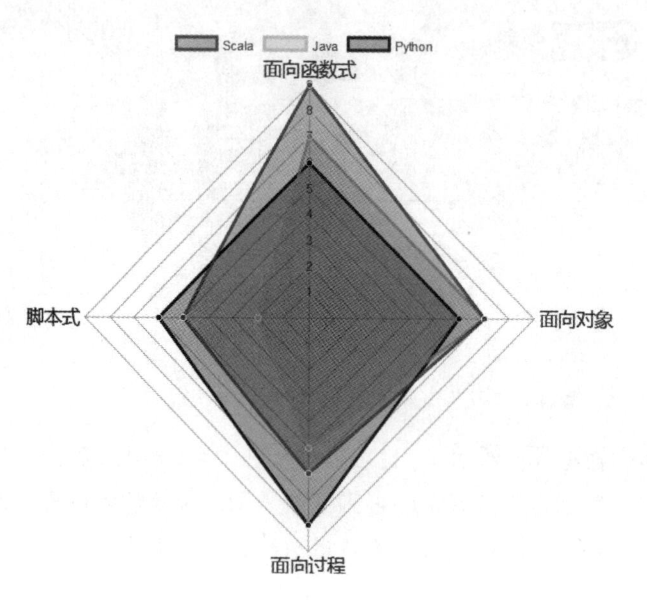

图 6-21 绘制带标签的雷达图

6.2.10 山峦图

ggridges 包用来绘制山峦图，尤其是对时间和空间分布可视化具有较好的效果。该包提供了两个几何图像函数：geom_ridgeline() 函数用来绘制山脊线图，geom_density_ridges() 函数用来绘制密度山脊线图。

【例 6-11】绘制 diamonds 数据集中 price 与 cut 之间的山峦图。

```
> install.packages("ggridges")
> install.packages("ggplot2")
> library(ggridges)
> library(ggplot2)
> str(diamonds)    #使用钻石数据集
tibble [53,940 x 10] (S3: tbl_df/tbl/data.frame)
 $ carat  : num [1:53940] 0.23 0.21 0.23 0.29 0.31 0.24 0.24 0.26 0.22 0.23 ...
 $ cut    : Ord.factor w/ 5 levels "Fair"<"Good"<..: 5 4 2 4 2 3 3 3 1 3 ...
 $ color  : Ord.factor w/ 7 levels "D"<"E"<"F"<"G"<..: 2 2 2 6 7 7 6 5 2 5 ...
 $ clarity: Ord.factor w/ 8 levels "I1"<"SI2"<"SI1"<..: 2 3 5 4 2 6 7 3 4 5 ...
 $ depth  : num [1:53940] 61.5 59.8 56.9 62.4 63.3 62.8 62.3 61.9 65.1 59.4 ...
 $ table  : num [1:53940] 55 61 65 58 58 57 57 55 61 61 ...
 $ price  : int [1:53940] 326 326 327 334 335 336 336 337 337 338 ...
 $ x      : num [1:53940] 3.95 3.89 4.05 4.2 4.34 3.94 3.95 4.07 3.87 4 ...
 $ y      : num [1:53940] 3.98 3.84 4.07 4.23 4.35 3.96 3.98 4.11 3.78 4.05 ...
 $ z      : num [1:53940] 2.43 2.31 2.31 2.63 2.75 2.48 2.47 2.53 2.49 2.39 ...
 #绘制山峦图
> ggplot(diamonds, aes(x = price, y = cut, fill = cut)) + geom_density_ridges()
```

运行结果如图 6-22 所示。

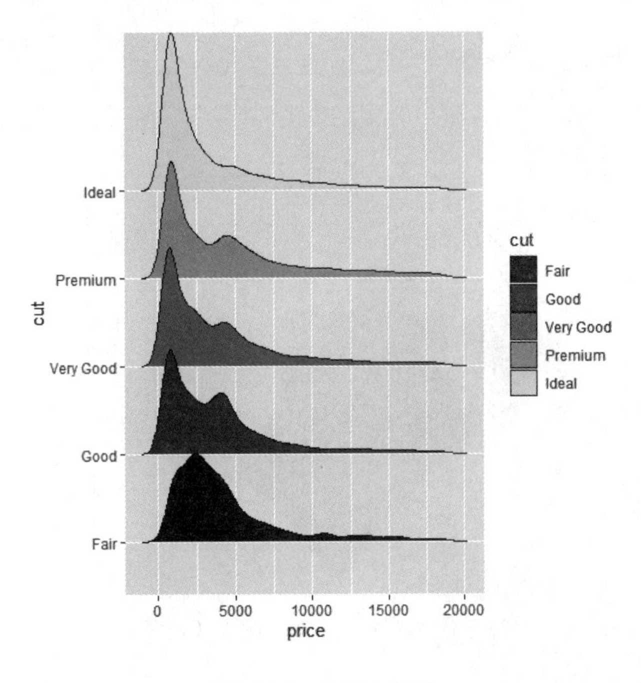

图 6-22 绘制山峦图

【例 6-12】绘制 R 自带 lincoln_weather 数据集中平均温度与月份之间的山峦图。

```
> ggplot(lincoln_weather, aes(x='Mean Temperature [F]', y='Month', fill=..x..))+
  geom_density_ridges_gradient()
```

运行结果如图 6-23 所示。

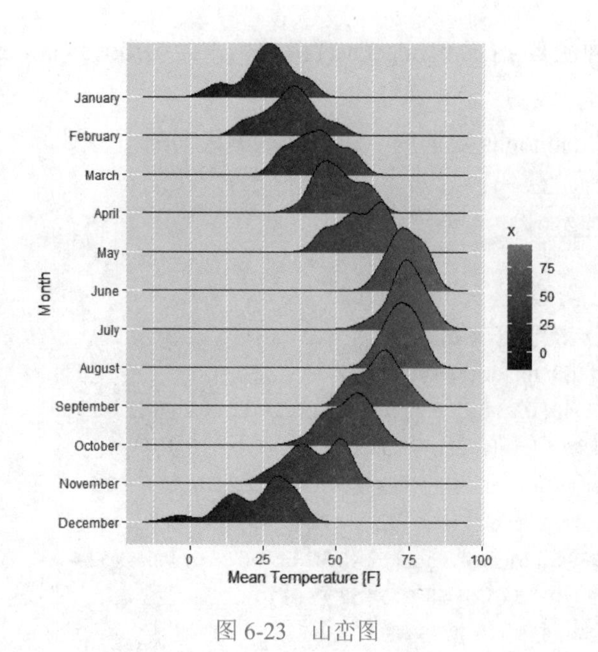

图 6-23 山峦图

6.2.11 交互图

plotly 包是 R 语言基于浏览器的交互式可视化第三方库，其中的 plot_ly() 函数可用来绘制基于浏览器交互的基础图形。例如绘制火山的三维交互图，代码如下：

```
> install.packages("plotly")
> library(plotly)
> plot_ly(z = volcano, type = "surface")
```

运行结果如图 6-24 所示。

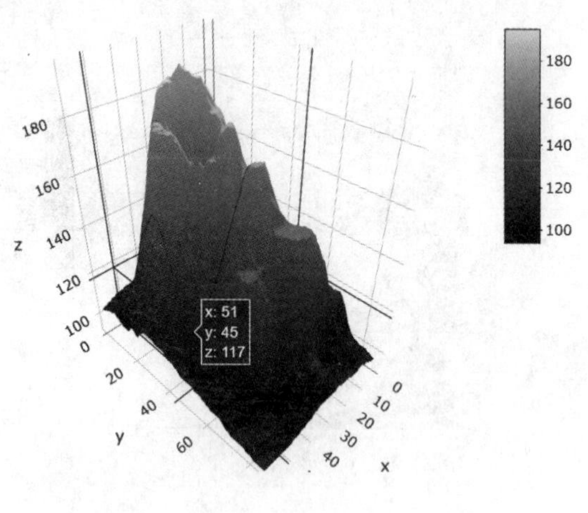

图 6-24 三维交互图

6.3 实训

实训 1：某社交软件的用户数据探索性数据分析

探索性数据分析是使用可视化和统计工具来理解数据的一种方法，是用数字和图形的方法对数据以及变量间的关系进行研究，通常是在正式的或严格的统计分析之前所做的分析。它通常可以让用户对数据产生初步的见解或认识，甚至为后续构建预测模型打下基础。下面对某社交软件的用户数据进行探索性数据分析。

某社交软件的用户信息数据集（appuserinfo.csv）包含有 1000 个用户的个人信息，共有 15 个变量，如年龄、姓名、生日、好友数量、点赞次数等，详细字段如表 6-8 所示，请按要求对该数据集进行探索性数据分析。

表 6-8　某社交软件用户信息详细字段

字段	说明	字段	说明	字段	说明
userid	用户的 ID	gender	性别	likes_received	收到其他用户点赞次数
age	年龄	tenure	使用某社交软件天数	mobile_likes	此用户用手机进行点赞次数
dob_day	出生日期	friend_count	好友数量	mobile_likes_received	收到其他用户手机点赞次数
dob_year	出生年份	friendships_initiated	好友请求数量	www_likes	此用户通过万维网进行点赞次数
dob_month	出生月份	likes	此用户的点赞次数	www_likes_received	收到其他用户通过万维网点赞次数

（1）加载数据集。

```
#读取此社交软件的用户信息数据
> userinfo <- read.csv('appuserinfo.csv', sep =',' )
#使用head()函数查看数据集的前6行数据
> head(userinfo)
   userid  age dob_day dob_year dob_month gender tenure friend_count friendships_initiated
1 2032903  26  14      1987     4         male   364    97           62
2 1801457  21  11      1992     9         male   57     1            1
3 2081029  66  29      1947     4         female 499    119          67
4 1310078  17  2       1996     2         male   280    40           33
5 1155677  60  27      1953     11        male   2125   15           5
6 1992431  24  17      1989     6         female 1486   1986         1245
   likes likes_received mobile_likes mobile_likes_received www_likes www_likes_received
1  14    1              0            0                     14        1
2  30    3              30           3                     0         0
3  1     4              0            0                     1         4
4  2     0              0            0                     2         0
5  2     1              0            0                     2         1
6  1464  1962           83           420                   1381      1542
```

（2）绘制用户生日直方图。

这里用 ggplot2 包来绘制直方图，代码如下：

```
#下载并安装ggplot2包
> install.packages('ggplot2')
#加载ggplot2
> library(ggplot2)
#使用ggplot绘制直方图
> ggplot(aes(x = dob_day), data = userinfo) +
  geom_histogram(binwidth = 1) +
  scale_x_continuous(breaks = 1:31)
```

运行结果如图 6-25 所示。

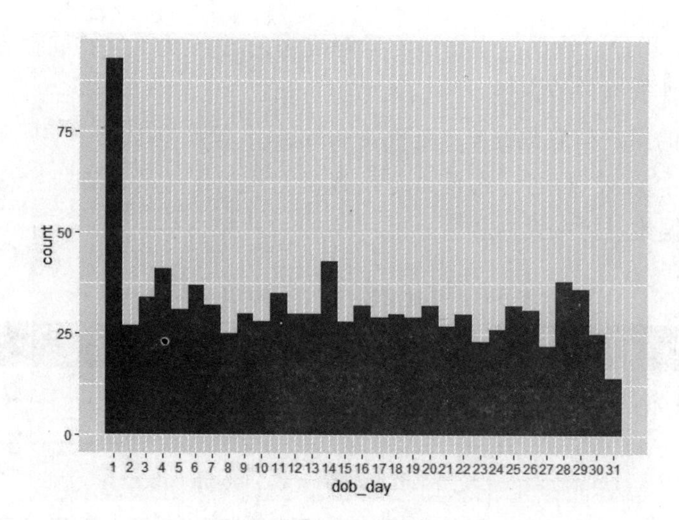

图 6-25 用户生日直方图

（3）进行分面。

将直方图分成 12 个分面，分别对应一年中的每个月，代码如下：

```
> ggplot(data = userinfo, aes(x = dob_day)) +
  geom_histogram(binwidth = 1) +
  scale_x_continuous(breaks = 1:31) +
  facet_wrap(~dob_month)
```

运行结果如图 6-26 所示。

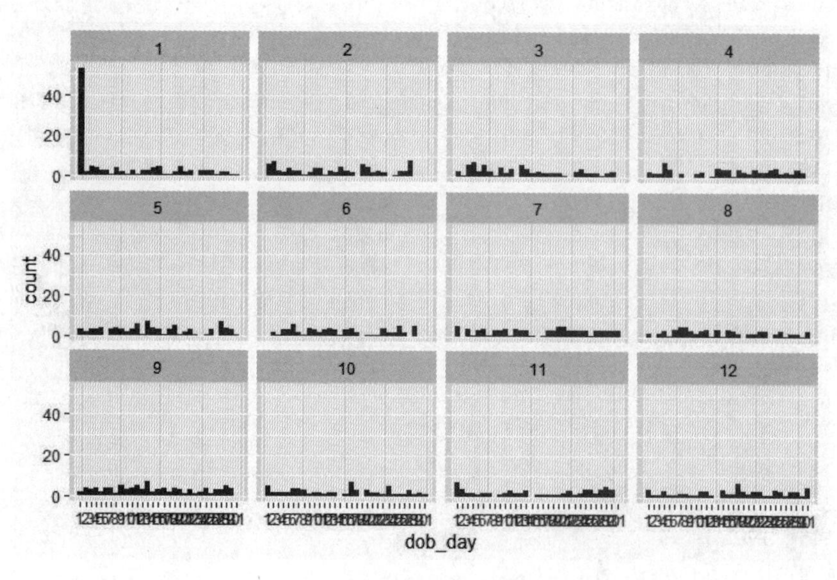

图 6-26 分面显示用户生日直方图

（4）绘制好友数量直方图。

用 ggplot2 绘制好友数量的直方图，代码如下：

```
ggplot(aes(x = friend_count), data = userinfo) + geom_histogram()
```

运行结果如图 6-27 所示。

这种数据属于长尾数据，从图中可以看出，大多数用户的好友数低于 500，直方图左侧的间距非常大，右侧有一些用户的好友数较多，更多的值接近于 5000，这表明用户可以拥有较大的好友数。

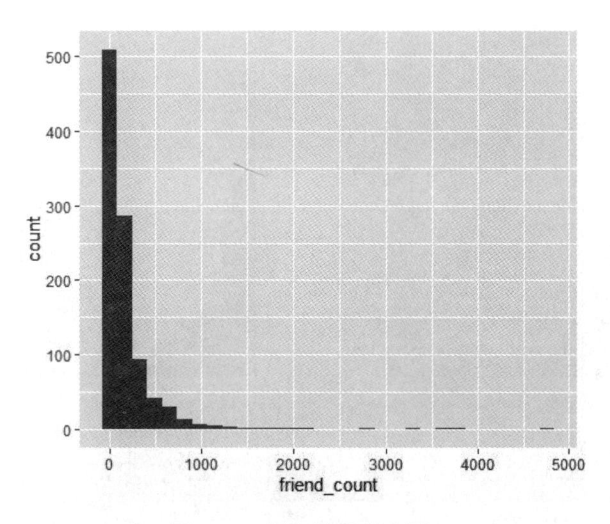

图 6-27 好友数量直方图

（5）绘制直方图，查看各性别的好友数量差异。

在上一步的基础上将直方图按性别划分，分别为男性和女性，代码如下：

```
> ggplot(aes(x = friend_count), data = userinfo) +
  geom_histogram() +
  scale_x_continuous(limits = c(0, 1000), breaks = seq(0, 1000, 50)) +
  facet_wrap(~gender)
```

运行结果如图 6-28 所示。

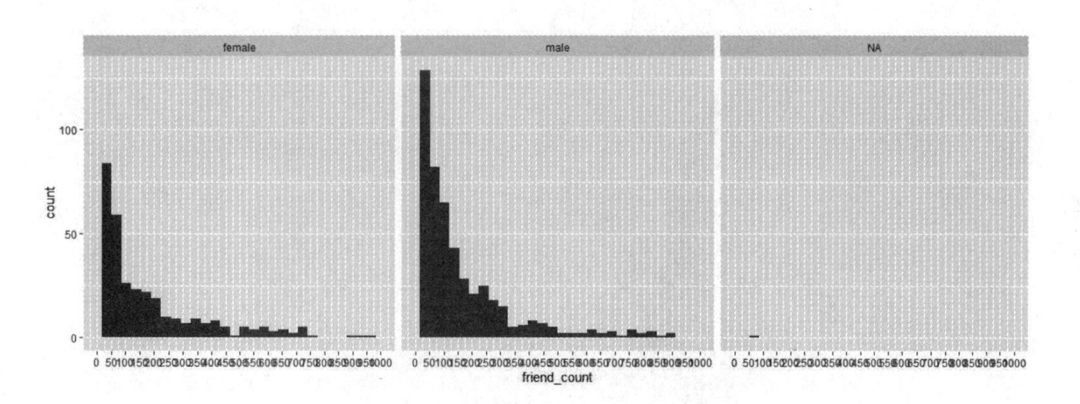

图 6-28 各性别好友数量直方图

可以看出出现了 3 个直方图，分别为女性、男性、NA，显然性别数据中含有缺失值，需要对缺失值进行处理。

（6）绘制直方图时忽略 NA 观测值。

按性别划分来绘制好友数量直方图，需要过滤含有缺失值的数据，可以用 subset() 函数过滤性别变量为 NA 的所有行。

```
> ggplot(aes(x = friend_count), data = subset(userinfo, !is.na(gender))) +
  geom_histogram() +
  scale_x_continuous(limits = c(0, 1000), breaks = seq(0, 1000, 50)) +
  facet_wrap(~gender)
```

运行结果如图 6-29 所示。这表明，过滤缺失值后，得到了只有男性和女性的两个直方图。

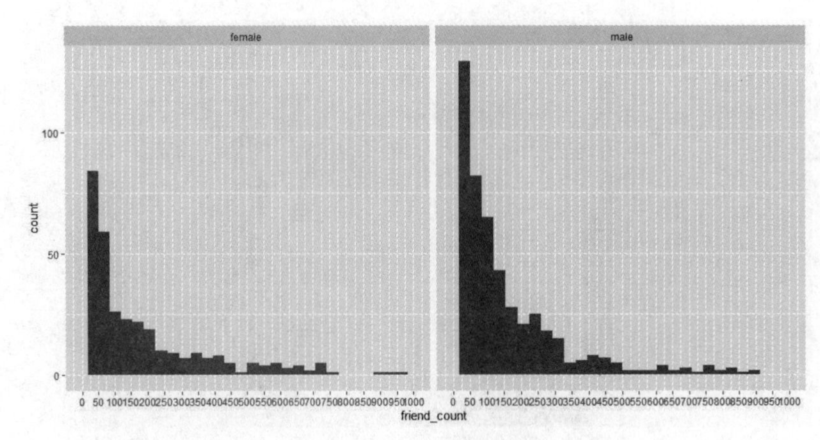

图 6-29 移除缺失值后的各性别好友数量直方图

（7）对用户年龄绘制直方图。

现在对社交软件用户的年龄创建直方图，绘制过程中需要调整组距、间断和标签。在这里，组距为 1 是最优的，因为按年份或年龄即可得到各个年份的用户直方图（更精细的数据视图），可以从图中更容易地发现数据中不常见的尖峰。

```
> ggplot(aes(x = age), data = userinfo) + geom_histogram(binwidth = 1, fill = '#5760AB')
```

运行结果如图 6-30 所示。

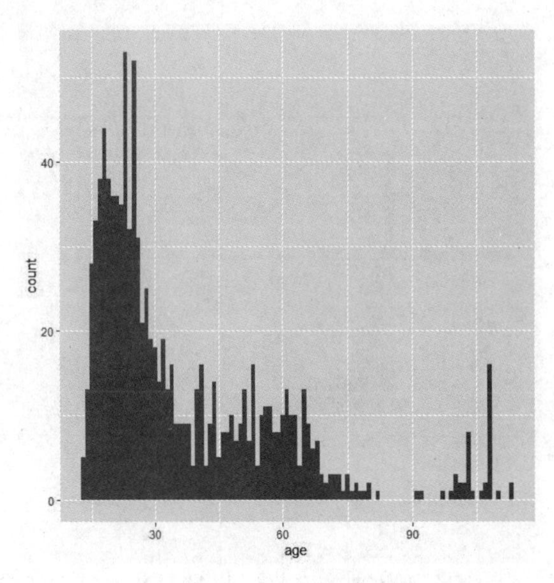

图 6-30 用户年龄直方图

这表明，直方图中最大的尖峰位于二十多岁，在直方图的左侧没有任何低于 13 岁的用户，因为用户至少要 13 岁才能开通此社交软件账户，还有一些不常见的尖峰高于 100 岁，可能是有些用户在故意夸大自己的年龄。

（8）频率多边形。

前面已经了解了如何使用直方图来研究变量分布，还有一种图形可用来比较分布，叫做频率多边形。频率多边形类似于直方图，但是画一条曲线来连接直方图中的个数，这样可以更详细地观察分布的形状和峰值。下面就来绘制男性和女性好友数量频率多边形，代码如下：

```
> ggplot(aes(x = friend_count, y = ..count../sum(..count..)), data = subset(userinfo, !is.na(gender))) +
```

```
geom_freqpoly(aes(color = gender), binwidth=10) +
scale_x_continuous(limits = c(0, 1000), breaks = seq(0, 1000, 50)) +
xlab('好友数量') + ylab('Percentage of users with that friend count')
```

运行结果如图 6-31 所示。

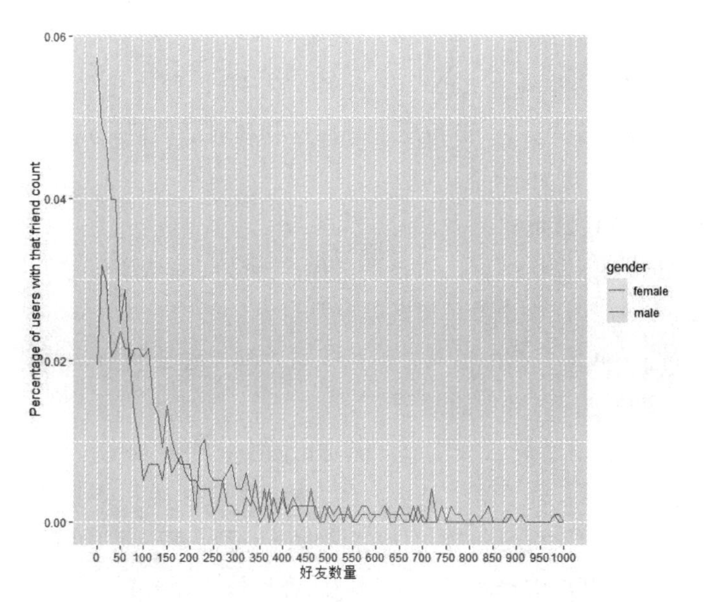

图 6-31　男性和女性好友数量频率多边形

（9）绘制男性和女性好友数量的箱线图。

按性别绘制好友数量的箱线图，从其中可以快速看出不同分布之间的差异，特别是比较两个组中位数之间的差异。此处使用 geom_boxplot() 函数，箱线图 y 轴为好友数，x 轴为类别变量男性、女性和性别，代码如下：

```
ggplot(aes(x = gender, y = friend_count), data = subset(userinfo, !is.na(gender))) +
 geom_boxplot(aes(color = gender)) +
 xlab('gender') + ylab('friend_count')
```

运行结果如图 6-32 所示。

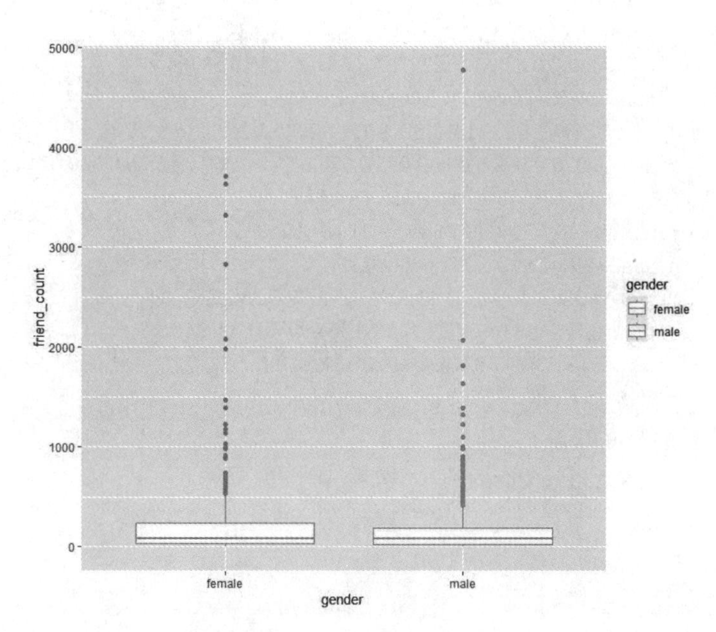

图 6-32　男性和女性好友数量箱线图

箱体涵盖了值的中间50%或者称为内四分位范围，这些箱体很难观察，因为这幅图中有很多异常值，图中的小点都是数据中的异常值，还可以看到y轴捕获了全部好友数，从0到5000，由此看出此图没有遗漏任何用户数据，加粗的两条水平线是两个箱线图的中位数，通常认为异常值是位于中位数IQR的1.5倍以外，该图表明此数据有较多的异常值。

实训2：红酒数据的可视化

红酒数据集（winequality-red.csv）共有1599条记录，12个变量，分别表示红酒的各个性质参数（如酸度、pH值等），请按要求分析这些参数是如何影响红酒的质量的。

数据集中各字段的说明如下：

- fixed acidity：固定酸度。
- volatile acidity：挥发性酸度，太高的酸度会导致红酒味道变差。
- citric acid：柠檬酸，少量的柠檬酸能增加红酒的鲜度。
- residual sugar：残糖，亦即酒精发酵后未被发酵而残余的糖分。
- chlorides：氯化物，红酒中的盐分。
- free sulfur dioxide：游离二氧化硫，能防止微生物和被氧化。
- total sulfur dioxide：总二氧化硫量，包含游离二氧化硫和结合二氧化硫，如果游离二氧化硫浓度超过50 ppm，则能从红酒中感受到二氧化硫的味道。
- density：水的密度，由水减去酒精和糖的容量后计算得到。
- pH：酸碱度，0（very acidic 酸）～ 14（very basic 碱），大部分集中在3 ～ 4的pH值。
- sulphates：硫酸盐，一种会产生二氧化硫的添加剂，有抗菌和抗氧化的作用。
- alcohol：酒精度。
- quality：从低到高，评分为0 ～ 10。

（1）读取红酒数据集并查看各变量情况。

```
#加载数据集
> wine <- read.csv("winequality-red.csv")
#通过str查看数据结构
> str(wine)
'data.frame':   1599 obs. of  12 variables:
 $ fixed.acidity       : num  7.4 7.8 7.8 11.2 7.4 7.4 7.9 7.3 7.8 7.5 ...
 $ volatile.acidity    : num  0.7 0.88 0.76 0.28 0.7 0.66 0.6 0.65 0.58 0.5 ...
 $ citric.acid         : num  0 0 0.04 0.56 0 0 0.06 0 0.02 0.36 ...
 $ residual.sugar      : num  1.9 2.6 2.3 1.9 1.9 1.8 1.6 1.2 2 6.1 ...
 $ chlorides           : num  0.076 0.098 0.092 0.075 0.076 0.075 0.069 0.065 0.073 0.071 ...
 $ free.sulfur.dioxide : num  11 25 15 17 11 13 15 15 9 17 ...
 $ total.sulfur.dioxide: num  34 67 54 60 34 40 59 21 18 102 ...
 $ density             : num  0.998 0.997 0.997 0.998 0.998 ...
 $ pH                  : num  3.51 3.2 3.26 3.16 3.51 3.51 3.3 3.39 3.36 3.35 ...
 $ sulphates           : num  0.56 0.68 0.65 0.58 0.56 0.56 0.46 0.47 0.57 0.8 ...
 $ alcohol             : num  9.4 9.8 9.8 9.8 9.4 9.4 9.4 10 9.5 10.5 ...
 $ quality             : int  5 5 5 6 5 5 5 7 7 5 ...
```

（2）红酒质量的分布状况。

用table()函数查看quality列数据的分布情况。

```
> table (wine$quality)
  3   4   5   6   7   8
 10  53 681 638 199  18
```

上述结果表明，大部分红酒质量分布集中在5和6之间，即中等及中等偏上，品质很好和品质很差的红酒都很少，红酒品质呈正态分布。

（3）绘制酒精含量分布的直方图。

用 ggplot2 包中的 geom_histogram () 函数绘制酒精含量分布的直方图。

```
> ggplot(data=wine, aes_string(x = "alcohol"))
+ geom_histogram(binwidth =0.1)
+ scale_x_continuous(breaks = seq(8,15,1))
```

运行结果如图 6-33 所示。

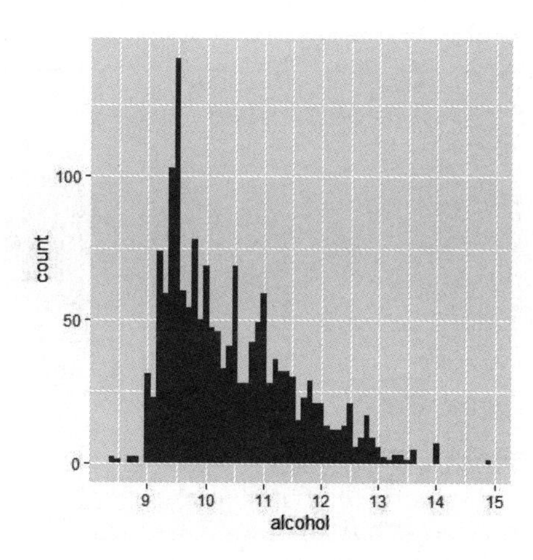

图 6-33 酒精含量分布的直方图

该图表明：红酒酒精含量普遍不高，属于低度酒，基本上在 9% 和 12% 之间。

（4）可视化相关系数矩阵。

先计算所有变量之间的相关系数，再绘制相关系数矩阵。

```
> library(corrplot)
> co=cor(wine)
> corrplot(co, type="upper", order="hclust", tl.col="black", tl.srt=45)
```

运行结果如图 6-34 所示。

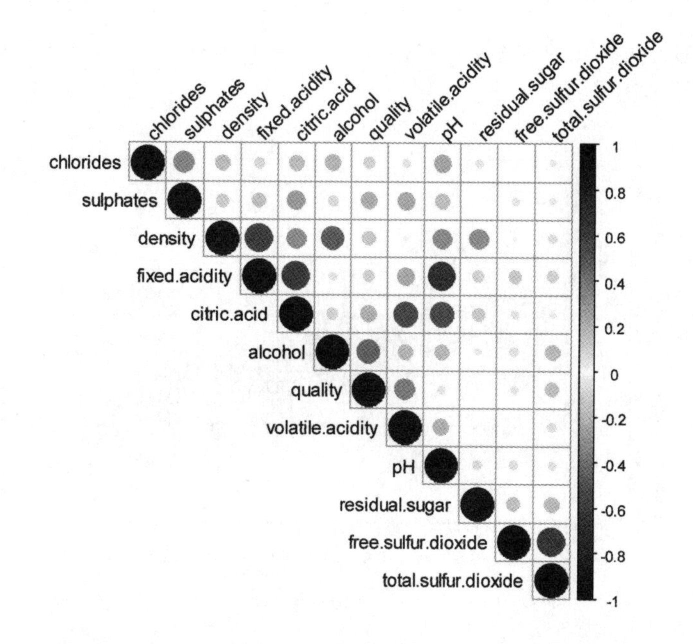

图 6-34 相关系数矩阵

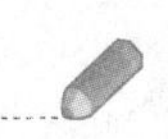

从上面的相关系数矩阵可以看出，相比其他变量，酒精度和红酒的质量有最强的正相关性，密度和红酒的酒精度有最强的负相关性。

（5）绘制酒精度和质量之间的箱线图。

绘制酒精度和质量之间的箱线图，目的在于探索红酒的质量与酒精度之间的关系，代码如下：

```
> boxplot(alcohol~quality,data=wine,xlab='quality',ylab='alcohol')
```

运行结果如图 6-35 所示。

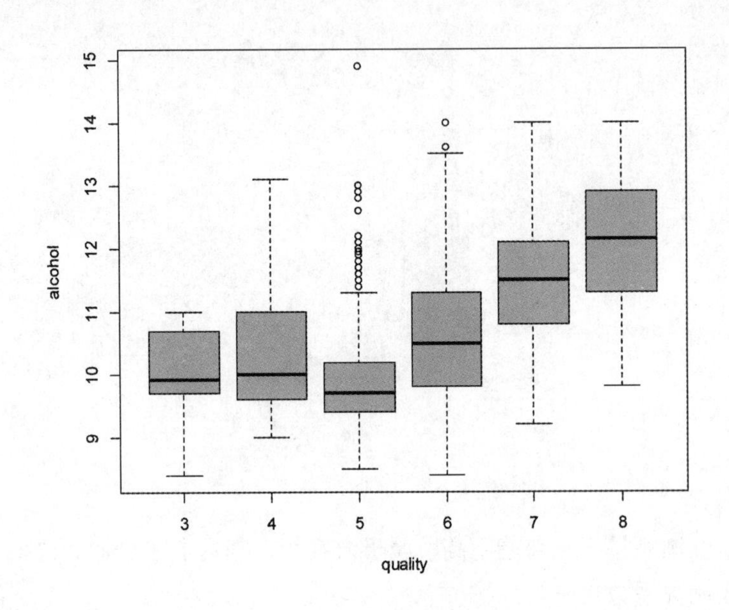

图 6-35　酒精度和质量之间的箱线图

上述箱线图的趋势表明：并不是红酒的质量越高酒精度就越高，但可以看到高质量的红酒，其酒精度相对来说会高一些。

（6）绘制密度和酒精度之间的箱线图。

绘制密度和酒精度之间的箱线图，探索红酒的密度和酒精度之间的关系，代码如下：

```
> boxplot(density~ alcohol，data=wine, xlab='quality', ylab='density')
```

运行结果如图 6-36 所示。

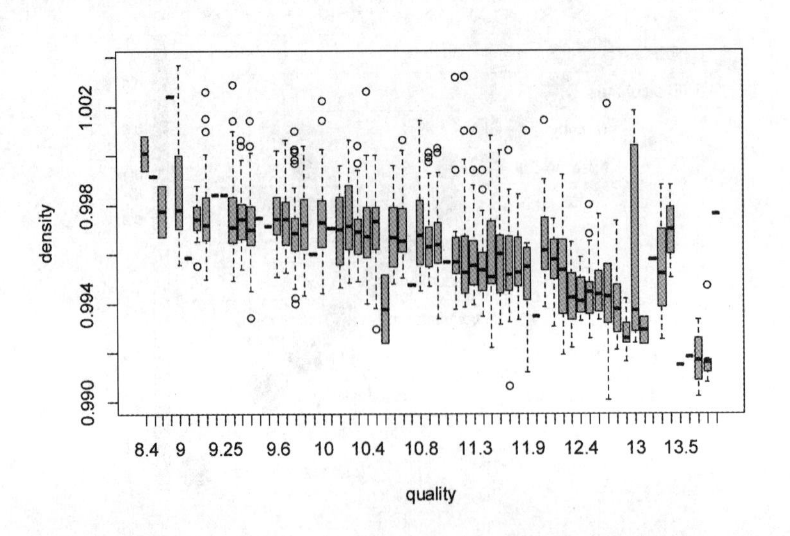

图 6-36　密度和酒精度之间的箱线图

上述箱线图的趋势表明：红酒的质量越低，水的密度就越高，但可以看到高质量的红酒，其水的密度相对来说也会高一些，但不会很高。

6.4　本章小结

本章先介绍了 ggplot2 绘图的基本原理、基本思想和基本要素，包括数据（Data）、映射标度（Scale）、几何对象（Geometric）、统计变换（Statistics）、坐标系统（Coordinate）、图层（Layer）、分面（Facet）等，然后介绍了 R 语言的高级绘图函数，包括散点图矩阵、关系矩阵图、椭圆、三维散点图、气泡图、网络图、马赛克图、关键字云、雷达图、山峦图和交互图等，这些绘图函数基本能满足数据分析过程的需要。

ggplot2 绘图认为一张图形就是从数据到几何对象的图形属性的一个映射，图形中还可能包含数据的统计变换，最后在某个特定的坐标系中进行绘制。分面可以用来生成数据中不同子集的图形。

练习 6

1．简述 ggplot2 绘图的基本思想。
2．ggplot2 绘图的基本要素有哪些？
3．尝试绘制三维散点图、关键字云和山峦图。

第7章　R语言数据分析基础

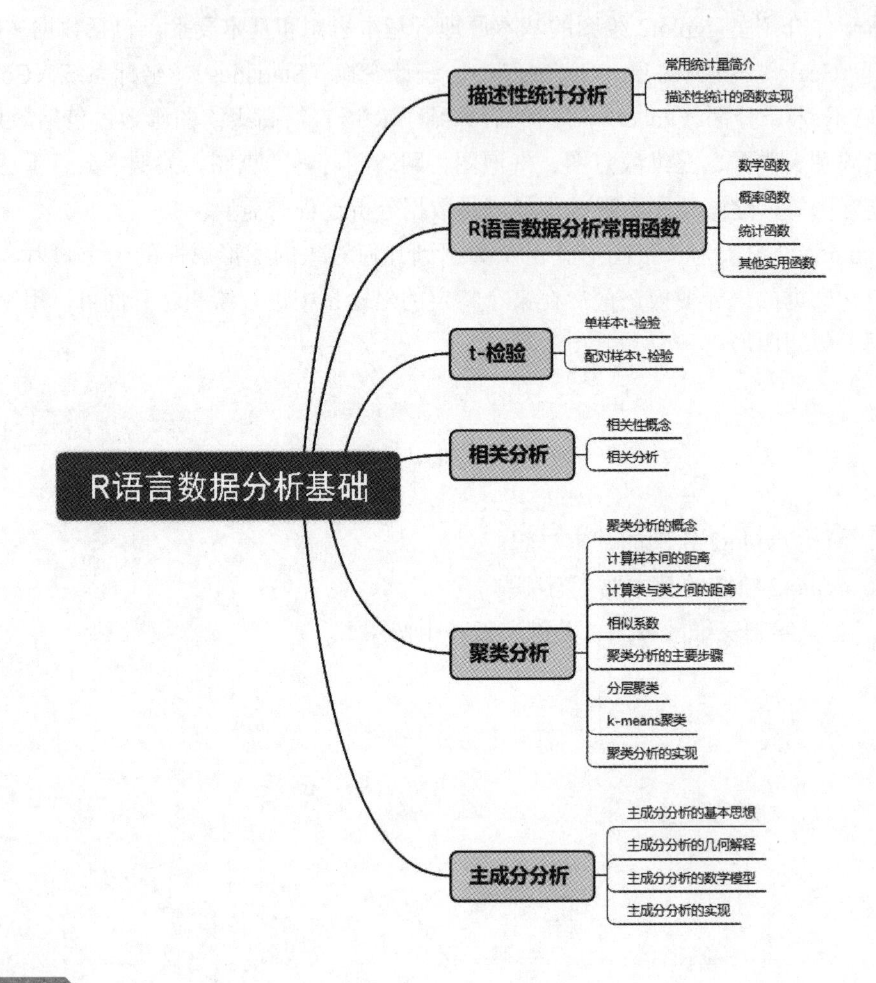

本章导读

经过数据的预处理和可视化之后，最终目标是进行数据分析。数据分析是对数据进行信息的集中整合、运算提取、展示等操作后找出研究对象的内在运动、变化、发展的规律。本章介绍数据的描述性统计、数据分析的常用函数、相关分析、聚类分析和主成分分析。

本章要点

- 数据分析常用统计量
- 数据分析常用函数
- 相关系数的计算方法
- 聚类分析和主成分分析的基本思想
- 聚类分析和主成分分析的实现方法

7.1 描述性统计分析

描述性统计分析是对一组数据的各种特征进行分析，以便于描述测量样本的各种特征及其所代表的总体特征。描述性统计分析常用的有平均数、标准差、中位数、频数分布、正态或偏态程度等，这些分析是复杂统计分析的基础。

7.1.1 常用统计量简介

在做数据分析时，一般先会对数据进行描述性统计分析，以便于描述该数据的各种特征及其所代表的总体特征。描述性统计分析包括对数据的集中趋势、离散程度和分布进行分析。

1. 集中趋势统计量

（1）平均数。平均数也称均值，是通过取所有数值的总和并除以数据序列中数值的数量来计算得到的。它是最常用到的指标，统计分析中的t-检验、方差计算等都是对总体均值的某个假设的检验。虽然样本中的每个个体都存在着个体差异，但是它们拥有相同的平均数，这个平均数可以代表整个群体。但是平均数会受到极端值的影响，个别极大值或极小值将拉大或减小平均值。在R语言中用mean()函数来计算均值。

（2）中位数。数据系列中的中间值被称为中位数。中位数的计算是先将数据按升序排列，对于奇数个观测值，中位数就是取中间的数值；对于偶数个观测值，中位数是中间两个数的平均值。

当数据集中含有极端值时，使用中位数作为中心位置的度量比平均数更合适。在R语言中用median()函数来计算中位数。

（3）众数。众数是指给定的一组数据集合中出现次数最多的值。不同于平均值和中位数，众数可以同时具有数字和字符数据。这里需要注意的是，当数据量很大而且数值不会多次重复出现时众数并不能带来太多信息。

R语言没有自带的函数用来求众数，众数的实现代码如下：

```
> mode <- function(v) {
  as.numeric(names(table(v)))[table(v) == max(table(v))]
 }
> v <- c(2, 1, 2, 3, 1, 2, 3, 4, 1, 5, 5, 3, 2, 3)
> mode(v)
[1] 2 3
```

（4）百分位数。百分位数也是一种对位置的度量指标，它表示数据分布在由数据集中的最小值和最大值构成的区间上。比如第20百分位数表示大约有20%的数比这个数小，大约有80%的数比这个数大。在R语言中用quantile(x, probs, type = 7)函数来计算百分位数，该函数实现了9种计算百分位数的方法，这些方法都将样本百分位数定义为连续顺序变量的加权平均值，每种方法所取得的参数不同，函数默认type = 7，输出结果就是百分位数。

2. 离散趋势统计量

（1）标准差。统计学中常用方差的算术平方根来表示标准差，用S表示。方差和标准

差都适用于对称分布的变量，特别对服从正态分布或近似正态分布的变量，常把均数和标准差结合起来描述变量的分布特征。

示例代码如下：

```
> v <- c(2, 1, 2, 3, 1, 2, 3, 4, 1, 5, 5, 3, 2, 3)
> sd(v)
[1] 1.336306
```

（2）方差。方差的意义是总体内所有观察值与总体均数差值的平方之和。同类数据比较时，方差越大意味着数据间的离散程度越大，或者说变量的变异度越大。总体方差用σ2表示，但在实际应用中总体均数和总体中个体的数目常常是未知的，因此在抽样研究中常用样本方差估计总体方差。样本方差用S2表示。R语言中可以用var()函数来计算方差。

示例代码如下：

```
> v <- c(2, 1, 2, 3, 1, 2, 3, 4, 1, 5, 5, 3, 2, 3)
> var(v)
[1] 1.785714
```

（3）极差（range）。极差是指一个样本中最大值和最小值之间的差值，在统计学中也称为全距，它能够指出数据的“宽度”（范围）。但是它和均值一样易受极端值的影响，而且受样本量的影响明显。

示例代码如下：

```
> v <- c(2, 1, 2, 3, 1, 2, 3, 4, 1, 5, 5, 3, 2, 3)
> range(v)  返回最小值与最大值
[1] 1 5
```

（4）变异系数。变异系数（简称CV）主要用于不同变量间变异程度的比较，尤其是量纲不同变量间的比较。它是刻划数据相对分散性的一种度量，是一个无量纲的量，用百分数表示，计算方法为样本标准差除以均值再乘以100%。

示例代码如下：

```
> v <- c(2, 1, 2, 3, 1, 2, 3, 4, 1, 5, 5, 3, 2, 3)
>sd(v)/mean(v)  #计算变异系数
[1] 0.5056294
```

（5）分位数。针对极差的缺点，统计学又引入了分位数的概念，通俗地讲是把数据的“宽度”细分后再去进行比较，从而更好地描述数据的分布形态。分位数用三个点将从小到大排列好的数据分为四个相等的部分，而这三个点也就是常说的四分位数，分别叫做下四分位数、中位数和上四分位数。

示例代码如下：

```
> v <- c(2, 1, 2, 3, 1, 2, 3, 4, 1, 5, 5, 3, 2, 3)
>  quantile(v,0.5)
50%
2.5
> quantile(v,c(0.25,0.75))
25% 75%
  2   3
```

（6）标准误。均值标准误差简称标准误，它是样本均值的标准差，是描述样本均值和总体均值平均偏差程度的统计量。

```
> v <- c(2, 1, 2, 3, 1, 2, 3, 4, 1, 5, 5, 3, 2, 3)
>sd(v)/sqrt(length(v))
```

```
[1] 0.3571429
```

（7）样本校正平方和。样本校正平方和表示样本与均值差的平方求和。

```
> v <- c(2, 1, 2, 3, 1, 2, 3, 4, 1, 5, 5, 3, 2, 3)
> sum((v-mean(v))^2)
[1] 23.21429
```

（8）样本未校正平方和。样本未校正平方和表示对样本值平方求和。

```
> v <- c(2, 1, 2, 3, 1, 2, 3, 4, 1, 5, 5, 3, 2, 3)
> sum((v ^2))
[1] 121
```

3. 分布情况统计量

数据的分布形态各不相同，可能偏离于原有的假设分布，比如数据分布可能会出现不对称的情况，或者数据分布得较为“陡峭”。为了研究这些特征以及与正态分布的偏离程度，就需要有指标来判定这些情况。对于单峰分布的变量，常见的可以用偏度和峰度来描述分布的形态。

（1）偏度。偏度是描述某变量取值分布对称性的统计量。如果数据服从正态分布，那么偏度就是三阶中心距，值为0。取正值时，分布为正偏或右偏，长尾巴拖在右边；取负值时，为负偏或左偏，长尾巴拖在左边。

（2）峰度。峰度是描述某变量所有取值分布形态陡缓程度的统计量。它是和正态分布相比较的。当值为 0 时，与正态分布的陡缓程度相同；当值为负值时，其分布较正态分布的峰平阔；当值为正值时，其分布较正态分布的峰尖峭。

偏度和峰度的计算要使用 PerformanceAnalytics 包，代码如下：

```
> install.packages('PerformanceAnalytics')
> library(PerformanceAnalytics)
> v <- c(2, 1, 2, 3, 1, 2, 3, 4, 1, 5, 5, 3, 2, 3)
> kurtosis(v)    #峰度系数
[1] -0.7207574
> skewness(v)    #偏峰分布
[1] 0.4854053
```

7.1.2 描述性统计的函数实现

描述性统计是对一组数据做基本的数据统计。描述性统计包含这组数据的平均值、值域、方差、标准差、四分位数等指标，完成这些指标就达到了目的。

1. 利用自带函数实现

【例 7-1】利用 apply() 函数对 airquality 数据集进行描述性统计。

```
#按airquality数据集的列求均值
> apply(airquality, 2, mean, na.rm=T)
 Ozone      Solar.R      Wind       Temp       Month      Day
 42.129310  185.931507  9.957516   77.882353   6.993464  15.803922
#需要注意的是，apply()函数需要设置参数na.rm，否则统计出的结果不会忽略掉NA值
> apply(airquality,2,mean)
  Ozone     Solar.R      Wind       Temp       Month      Day
  NA        NA          9.957516   77.882353  6.993464   15.803922
#求airquality数据集的最小值
> apply(airquality, 2, min, na.rm=T)
```

```
 Ozone      Solar.R    Wind     Temp     Month    Day
  1.0       7.0        1.7      56.0     5.0      1.0
#求airquality数据集的最大值
> apply(airquality, 2, max, na.rm=T)
 Ozone      Solar.R    Wind     Temp     Month    Day
 168.0      334.0      20.7     97.0     9.0      31.0
#求airquality数据集的方差
> apply(airquality, 2, var, na.rm=T)
 Ozone        Solar.R       Wind        Temp        Month      Day
 1088.200525  8110.519414   12.411539   89.591331   2.006536   78.579721
#求airquality数据集的标准差
>apply(airquality, 2, sd, na.rm=T)
 Ozone        Solar.R       Wind        Temp        Month      Day
 32.987885    90.058422     3.523001    9.465270    1.416522   8.864520
#求airquality数据集的四分位数
>apply(airquality, 2, quantile, na.rm=T)
        Ozone    Solar.R   Wind   Temp   Month   Day
 0%     1.00     7.00      1.7    56     5       1
 25%    18.00    115.75    7.4    72     6       8
 50%    31.50    205.00    9.7    79     7       16
 75%    63.25    258.75    11.5   85     8       23
 100%   168.00   334.00    20.7   97     9       31
```

2. 利用软件包实现

（1）summary() 函数。R 语言自带的 summary() 函数可以获取描述性统计量，它能提供最小值、最大值、四分位数和数值型变量的均值，以及因子向量和逻辑型向量的频数统计。

```
> summary(airquality)
Ozone            Solar.R         Wind             Temp            Month            Day
Min. :  1.00     Min. :  7.0     Min. : 1.700     Min. :56.00     Min. :5.000      Min. :  1.0
 1st Qu. : 18.00 1st Qu.:115.8   1st Qu.: 7.400   1st Qu.:72.00   1st Qu.:6.000    1st Qu.: 8.0
 Median : 31.50  Median :205.0   Median : 9.700   Median :79.00   Median :7.000    Median :16.0
 Mean : 42.13    Mean :185.9     Mean : 9.958     Mean :77.88     Mean :6.993      Mean :15.8
 3rd Qu. : 63.25 3rd Qu.:258.8   3rd Qu.:11.500   3rd Qu.:85.00   3rd Qu.:8.000    3rd Qu. :23.0
 Max. :168.00    Max. :334.0     Max. :20.700     Max. :97.00     Max. :9.000      Max. :31.0
 NA's :37        NA's :7
```

（2）psych 包中的 describe() 函数。psych 包中有一个名为 describe() 的函数，它可以计算非缺失值的数量、平均数、标准差、中位数、截尾均值、绝对中位差、最小值、最大值、值域、偏度、峰度和平均值的标准误。

```
>library(psych)
> describe(airquality)
vars     n   mean    sd      median  trimmed  mad     min    max   range  skew   kurtosis  se
Ozone    1   116     42.13   32.99   31.5     37.80   25.95  1.0   168.0  167    1.21      1.11   3.06
Solar.R  2   146     185.93  90.06   205.0    190.34  98.59  7.0   334.0  327    -0.42     -1.00  7.45
Wind     3   153     9.96    3.52    9.7      9.87    3.41   1.7   20.7   19     0.34      0.03   0.28
Temp     4   153     77.88   9.47    79.0     78.28   8.90   56.0  97.0   41     -0.37     -0.46  0.77
Month    5   153     6.99    1.42    7.0      6.99    1.48   5.0   9.0    4      0.00      -1.32  0.11
Day      6   153     15.80   8.86    16.0     15.80   11.86  1.0   31.0   30     0.00      -1.22  0.72
```

7.2 R语言数据分析常用函数

R语言数据分析常用函数包括一般数学函数、统计函数、概率函数、字符处理函数及其他实用函数。

常用数学函数如表7-1所示。

表7-1 常用数学函数

函数名	说明
abs()	取绝对值
sqrt()	取平方根
ceiling(x)	求不小于x的最小整数
floor(x)	求不大于x的最大整数
round(x, digits=n)	将x舍入为指定位的小数
signif(x, digits=n)	将x舍入为指定的有效数字位数

常用概率函数如表7-2所示。

表7-2 常用概率函数

函数名	说明	函数名	说明
beta()	beta分布	logis()	logistics分布
binom()	二项分布	multinom()	多项分布
cauchy()	柯西分布	nbinom()	负二项分布
chisp()	卡方分布	norm()	正态分布
exp()	指数分布	pois()	泊松分布
f()	f分布	signrank()	wilcoxon分布
gamma()	gamma分布	t()	t分布
geom()	几何分布	unif()	均匀分布
hyper()	超几何分布	weibull()	weibull分布
lnorm()	对数正态分布	wilcox()	Wilcoxon秩和分布

常用统计函数如表7-3所示。

表7-3 常用统计函数

函数名	说明
quantile(x, probs)	求分位数，x为待求分位数的数值型向量，probs是一个由[0,1]的概率值组成的数值型向量
range()	求值域
sum()	求和
min()	求最小值
max()	求最大值

续表

函数名	说明
scale(x, center=TRUE,scale=TRUE)	以数据对象 x 按列进行中心化或标准化，center=TRUE 表示数据中心化，scale=TRUE 表示数据标准化
diff(x, lag=n)	滞后差分，lag 用于指定滞后几项，默认为 1
difftime(time1,time2,units=c("auto", "secs", "mins", "hours", "days", "weeks"))	计算时间间隔，并以星期,天,时,分,秒来表示
cor()	计算样本数据间的相关系数矩阵
cov()	计算样本数据间的协方差矩阵
moment(x, order)	计算样本数据间的指定（order）阶中心矩

注意：默认情况下，函数 scale() 对矩阵或数据框的指定列进行均值为 0、标准差为 1 的标准化: newdata <- scale(mydata)。对每一列进行任意均值和标准差的标准化的代码如下: newdata <- scale(mydata)*SD + M，其中 M 是想要的均值，SD 为想要的标准差。

【例 7-2】分别对向量求均值、中位数、标准差、方差、最大值、最小值、标准化和中心化。

```
> a <- c(1, 2, 5, 6)
> mean(a)
[1] 3.5
> median(a)
[1] 3.5
> sd(a)
[1] 2.380476
> var(a)
[1] 5.666667
> mad(a)
[1] 2.9652
> quantile(a)
  0%    25%    50%    75%   100%
 1.00   1.75   3.50   5.25   6.00
> quantile(a,c(0.1,0.2,0.3,0.4,0.5))
 10%  20%   30%   40%   50%
 1.3   1.6   1.9   2.6   3.5
> range(a)
[1] 1 6
> sum(a)
[1] 14
> max(a)
[1] 6
> min(a)
[1] 1
> diff(a, 1)
[1] 1 3 1
> scale(a, center =T)
          [,1]
[1,] -1.050210
[2,] -0.630126
[3,] 0.630126
[4,] 1.050210
attr(,"scaled:center")
[1] 3.5
```

```
attr(,"scaled:scale")
[1] 2.380476
> scale(a, center = T, scale = T)
       [,1]
[1,] -1.050210
[2,] -0.630126
[3,] 0.630126
[4,] 1.050210
attr(, "scaled:center")
[1] 3.5
attr(, "scaled:scale")
[1] 2.380476
```

其他实用函数如表 7-4 所示。

其他实用函数

表 7-4 其他实用函数

函数名	说明
length(x)	获取对象 x 的长度
seq(fom, to, by)	生成一个从 from 到 to 间隔为 by 的序列
rep(x, n)	将 x 重复 n 遍
cut(x, n)	将 x 分割为有着 n 个水平的因子
pretty(x, n)	创建分割点，将 x 分割成 n 个区间
cat(x, file, append)	连接 x 对象，并将其输出到屏幕或文件中
rownames()	获取或设置数据框的行名，与 row.names() 函数相同
colnames()	获取或设置数据框的列名，与 col.names() 函数相同
row.names()	表示指定行名
col.names()	表示指定列名
cbind	根据列进行合并，前提是所有数据行数相等
rbind	根据行进行合并，要求所有数据列数是相同的才能用 rbind
set.seed()	设定生成随机数的种子，种子相同是为了让结果具有重复性。如果不设定种子，则生成的随机数无法重现
runif(n, min, max)	生成 n 个大于 min 小于 max 在 0 和 1 之间均匀分布的随机数
rnorm(n, mean, sd)	生成 n 个平均数为 mean，标准差为 sd 的正态分布随机数

值得注意的是 set.seed() 函数，这时由于 runif() 函数默认每次生成的随机数是不一样的，即使每次生成随机数设置的参数完全相同，得到的随机数也是不同的，其他随机函数也类似。这是因为每次生成随机数的随机种子是不同的。有时在做模拟时，为了比较不同的方法，就要求生成的随机数都是一样的，即重复生成同样的随机数，这时就可以指定同一个随机种子来完成操作，即使用 set.seed() 函数就可以确定随机数种子，其参数为整数。其他函数类似，同样使用 set.seed() 函数确定。

比如随机生成 0 到 1 区间上服从均匀分布的随机数，代码如下：

```
#函数runif()用来生成[0,1]区间上服从均匀分布的伪随机数
> runif(5)
[1] 0.3149163 0.3046795 0.3963027 0.2836241 0.3213806

#同样函数和参数生成的随机数却不同
```

```
> runif(5)
[1] 0.80932829 0.07300096 0.80845889 0.50527054 0.19329861

#设定随机种子生成相同的随机数
> set.seed(1)  #每次只要种子数目相同，就会生成相同的随机数
> runif(5)
[1]0.2655087 0.3721239 0.5728534 0.9082078 0.2016819
```

需要注意的是，每次生成随机数时都需要重新设定随机种子，这样才能生成相同的随机数。也就是说设定的随机种子是一次性的，只对最近的随机数使用，之后还需要重新设定相同的随机种子。

比如重复生成10个服从正态分布的随机数，代码如下：

```
> set.seed(1)
> rnorm(10)
 [1] -0.6264538  0.1836433 -0.8356286  1.5952808  0.3295078 -0.8204684
 [7]  0.4874291  0.7383247  0.5757814  -0.3053884

> set.seed(1)
> rnorm(10)
 [1] -0.6264538  0.1836433 -0.8356286  1.5952808  0.3295078 -0.8204684
 [7]  0.4874291  0.7383247  0.5757814  -0.3053884
```

7.3 t- 检验

t- 检验，也称 student t- 检验（Student's t test），主要用于样本含量较小（如样本量小于 30），总体标准差未知的正态分布。t- 检验是用 t 分布理论来推论差异发生的概率，从而比较两个平均数的差异是否显著。

t- 检验可分为单样本检验、双样本检验和配对样本检验，下面介绍单样本检验和配对样本检验。

7.3.1 单样本 t- 检验

单样本t- 检验的目的是比较样本均数所代表的未知总体均值和已知总体均值u的检验。它适用的条件为：①已知一个总体均值；②可以得到一个样本的均值及该样本的标准差；③样本来自正态分布或近似正态分布的总体。

【例 7-3】有原始数据的 t- 检验：已知某水样中含碳酸钙的真值为 20.7mg/L，现用某法重复测定该水样 12 次，碳酸钙的含量分别为 20.99、20.41、20.10、20.00、20.91、22.60、20.99、20.42、20.90、22.99、23.12、20.89，问该法测定碳酸钙含量所得的均值与真值有无显著差异？

```
> x <- c(20.99,20.41,20.10,20.00,20.91,22.60,20.99,20.42,20.90,22.99,23.12,20.89)
> t.test(x, alternative = "greater", mu = 20.7 )

        One Sample t-test

data:  x
t = 1.5665, df = 11, p-value = 0.07276
alternative hypothesis: true mean is greater than 20.7
```

```
95 percent confidence interval:
 20.62778    Inf
sample estimates:
mean of x
 21.19333
```

检验结果为 t=1.5665，显著性 p 值 =0.07276>0.05，接受原假设，说明该法测定的碳酸钙含量与总体无显著差异。

【例 7-4】无原始数据的 t- 检验：健康成年男子脉搏均数为 72 次 / 分。某医生在某山区随机抽查健康成年男子 25 人，其脉搏均数为 74.2 次 / 分，标准差为 6.5 次 / 分。根据这个资料能否认为某山区健康成年男子脉搏数与一般健康成年男子的不同？

```
#根据公式算出t值
> x <- 74.2
> mu <- 72
> thita <- 6.5
> n <- 25
> t <- (x-mu) / (thita/sqrt(n))  #或者用n-1代替n
> t
[1] 1.692308
 #用pt()函数，输入t值和自由度df（n-1），得到p值
> p <- pt(t,df=24)
> p
[1] 0.9482341
```

检验结果为 t=1.692308，显著性 p 值 =0.9482341>0.05，接受原假设，说明该法测定的成年男子脉搏数与总体无显著差异，认为某山区健康成年男子脉搏数与一般健康成年男子的相同。

7.3.2 配对样本 t- 检验

配对样本 t- 检验可看成是单样本 t- 检验的扩展，是将检验的对象由一群来自常态分配的独立样本更改为二群配对样本的观测值之差。

若一批某病病人治疗前有某项测定记录，治疗后再次测定以观察疗效，这样观察 n 例就有 n 对数据，这就是成对资料。如果有两种处理要比较，将每一份标本分成两份各接受一种处理，这样观察到的一批数据也是成对资料。有时无法对同一批对象进行前后或对应观察，而只得将病人配成对子，尽量使同对中的两者在性别、年龄或其他可能会影响处理效果的各种条件方面相似，然后进行处理，再观察反应，这样获得的许多对不可拆散的数据同样是成对资料。由于成对资料可控制个体差异使之较小，故检验效率是较高的。

在实验设计中常用配对设计。配对设计主要有 4 种情况：同一受试对象处理前后的数据、同一受试对象两个部位的数据、同一样本用两种方法检验的结果、配对的两个受试对象分别接受两种处理后的数据。

【例 7-5】有原始数据的配对样本 t- 检验：判断简便法和常规法测定尿铅含量的差别有无统计意义，对 12 份人尿同时用两种方法进行测定，请分析两种测定方法的测量结果是否不同。

```
#输入两组值
> x <- c(2.41,2.90,2.75,2.23,3.67,4.49,5.16,5.45,2.06,1.64,1.06,0.77)
> y <- c(2.80,3.04,1.88,3.43,3.81,4.00,4.44,5.41,1.24,1.83,1.45,0.92)
```

```
#配对样本t-检验
> t.test(x,y,paired=T)

Paired t-test

data:  x and y
t = 0.16232, df = 11, p-value = 0.874
alternative hypothesis: true difference in means is not equal to 0
95 percent confidence interval:
 -0.3558501  0.4125167
sample estimates:
mean of the differences
        0.02833333
```

配对样本 t- 检验的结果为 t=0.16232，显著性 p 值 =0.874>0.05，不能拒绝原假设 H0，说明两种测定方法的测量结果没有显著差异。

7.4 相关分析

7.4.1 相关性概念

变量之间的相互关系大致可分为两种类型，即函数关系和相关关系。函数关系是指变量之间存在的相互依存关系，它们之间的关系可以用某一方程（函数）$y = f(x)$ 表达出来；相关关系是指两个变量的数值变化存在不完全确定的依存关系，它们之间的数值不能用方程表示出来，但可用某种相关性度量来刻划。相关关系是相关分析的研究对象，而函数关系是回归分析的研究对象。

相关的种类繁多，按照不同的标准可有不同的划分。按照相关程度的不同，可分为完全相关、不完全相关、不相关；按照相关方向的不同，可分为正相关和负相关；按照相关形式的不同，可分为线性相关和非线性相关；按涉及变量的多少可分为一元相关和多元相关；按影响因素的不同，可分为单相关和复相关。

在进行相关分析和回归分析之前，可先通过不同变量之间的散点图来直观地了解它们之间的关系和相关程度。常见的是一些连续变量间的散点图，若图中数据点分布在一条直线（曲线）附近，则表明可用直线（曲线）近似地描述变量间的关系。若有多个变量，常制作多幅两两变量间的散点图来考察变量间的关系。

R 语言中使用 plot() 函数可以方便地画出两个样本的散点图，从而直观地了解对应随机变量之间的相关关系和相关程度。

【例 7-6】某医生为了探讨缺碘地区母婴 TSH 水平的关系，应用免疫放射分析测定了 160 名孕妇（15 ~ 17 周）及分娩时脐带血 TSH 水平（mU/L），现随机抽取 10 对数据，试对母血 TSH 水平与新生儿脐带血 TSH 水平绘制散点图。

对数据进行相关分析之前，可以先对其绘制散点图，以考察两变量的真实变化关系，应用前面介绍过的 plot() 函数来执行绘制散点图的操作。

母血 TSH(X)：1.21，3.90，1.30，4.50，1.39，4.20，1.42，4.83，1.47，4.16

脐带血 TSH：1.56，4.93，1.68，4.32，1.72，4.99，1.98，4.70，2.10，5.20

```
> x<-c(1.21, 1.30, 1.39, 1.42, 1.47, 1.56, 1.68, 1.72, 1.98, 2.10)
> y<-c(3.90, 4.50, 4.20, 4.83, 4.16, 4.93, 4.32, 4.99, 4.70, 5.20)
> level <- data.frame(x,y)
> plot(level)
```

运行结果如图 7-1 所示。

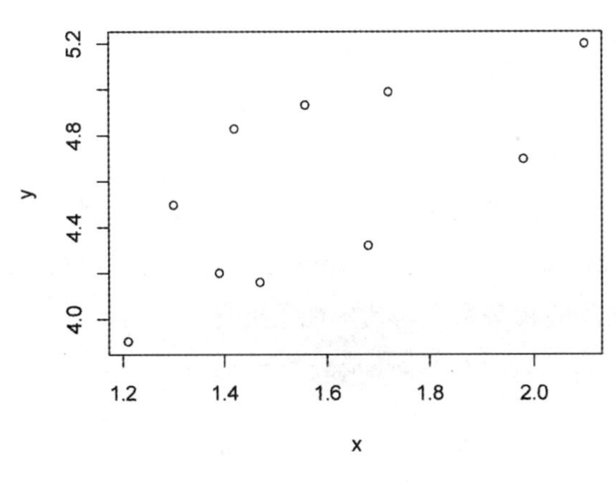

图 7-1　散点图

从图中可以直观看出，数据点分布相对较为分散，但观察所有点的分布趋势，又可能存在某种递增的趋向，所以可以推测 x 和 y 之间有某种正相关关系。

7.4.2　相关分析

散点图是一种最有效最简单的相关性分析工具。若通过散点图可以基本明确它们之间存在直线关系，则可通过线性回归进一步确定它们之间的函数关系，它们之间的相关程度可以用 Pearson 相关系数来刻划，因此 Pearson 相关系数实际上反映了变量间的线性相关程度的大小。除此之外，还有 Spearman 秩相关系数和 Kendall 秩相关系数。

Spearman 秩相关系数，通常也叫斯皮尔曼秩相关系数，“秩”可以理解成是一种顺序或者排序，那么它就是根据原始数据的排序位置来计算相关性。

Kendall 秩相关系数，又称肯德尔秩相关系数，它所计算的对象是分类变量。分类变量可以理解成有类别的变量，可以分为以下两种：

- 无序的：如性别（男、女）、血型（A、B、O、AB）。
- 有序的：如肥胖等级（重度肥胖、中度肥胖、轻度肥胖、不肥胖）。

通常需要求相关性系数的都是有序分类变量。

设两个随机变量 X 与 Y 的观测值为 $(x_1,y_1),(x_2,y_2),...,(x_n,y_n)$，服从正态分布，则它们之间的 Pearson 相关系数为：

$$\gamma(X,Y)=\frac{\sum_{i=1}^{n}(x_i-\overline{x})(y_i-\overline{y})}{\sqrt{\sum_{i=1}^{n}(x_i-\overline{x})^2\sum_{k=1}^{n}(y_i-\overline{y})^2}}$$

可以证明，当样本个数 n 充分大时，样本相关系数可以作为总体 X 和 Y 的相关系数的估计，因此 $|\gamma|\leqslant 1$。当 $|\gamma|\to 1$ 时，表明两变量的数据有较强的线性关系；当 $|\gamma|\to 0$ 时，表明两变量的数据间几乎无线性关系，$|\gamma|\geqslant 0$（$\leqslant 0$）表示正（负）相关，表示随 x 的递增（减），y 的值大体上会递增（减）。

在 R 语言中，常常使用自带的 cor() 函数来计算相关系数，语法结构如下：

```
cor(x, y = NULL, use = "everything", method = c("pearson", "kendall", "spearman"))
```

x：矩阵或数据框。

y：默认情况下，y=NULL 表示 y=x，也就是说，所有变量之间两两计算相关，也可以指定其他的矩阵或数据框，使得 x 和 y 变量之间两两计算相关。

use：指定缺失数据的处理方式，可选的方式有 all.obs（遇到缺失数据时报错）、everything（遇到缺失数据时把相关系数的计算结果设置为 missing）、complete.obs（行删除）和 pairwise.complete.obs（成对删除）。

method：指定相关系数的类型，可选类型有 pearson、kendall、spearman。

【例 7-7】求 airquality 数据集中温度 Temp 与月份之间的相互关系。

计算温度与月份之间的相关系数，代码如下：

```
> cor(airquality$Temp, airquality$Month, method = "pearson")
[1] 0.4209473
> cor(airquality$Temp, airquality$Month, method = "spearman")
[1] 0.3720751
> cor(airquality$Temp, airquality$Month, method = "kendall")
[1] 0.2794565
```

相关性的强弱需要通过相关系数的绝对值来判断，绝对值为 0 ～ 0.09 为不相关，为 0.1 ～ 0.3 为弱相关，为 0.3 ～ 0.5 为中等相关，为 0.5 ～ 1.0 为强相关。如果相关系数是正值，则呈正相关性；如果相关系数是负值，则呈负相关性。从 Pearson 相关系数来看，温度和月份之间存在中等相关的正相关性。

进一步，若 (X,Y) 服从二元正态分布，则：

$$T = \frac{\gamma(X,Y)\sqrt{n-2}}{\sqrt{1-\gamma(X,Y)^2}} \sim t(n-2)$$

由此可以对 X 和 Y 进行 Pearson 相关性检验：若 $T>t_{1-\alpha}(n-2)$，则认为 X 和 Y 的观测值之间存在显著的（线性）相关性。此外，还可根据 Spearman 秩相关系数和 Kendall 秩相关系数进行相应的 Spearman 秩检验和 Kendall 秩检验。

这里只介绍 R 语言中的函数，cor.test() 函数提供了上述 3 种检验方法，调用格式如下：

```
cor.test(x, y, alternative = c("two.sided", "less", "greater"),
        method = c("pearson", "kendall", "spearman"),
        exact = NULL, conf.level = 0.95, ...)
```

x、y：长度相同的向量。

alternative：备择假设，默认值为 two.side。

method：检验方法，默认值为 Pearson 检验。

coef.level：置信水平，默认值为 0.95。

cor.test() 函数的另一种调用格式：

```
cor.test(formula, data, subset, na.action, ...)
```

formula：公式，形如 u+v、u、v，它们必须是具有相同长度的数值向量。

data：数据框。

subset：可选择向量，表示观察值的子集。

【例 7-8】对例 7-7 中的两组数据进行相关性检验。

```
> x<-c(1.21, 1.30, 1.39, 1.42, 1.47, 1.56, 1.68, 1.72, 1.98, 2.10)
> y<-c(3.90, 4.50, 4.20, 4.83, 4.16, 4.93, 4.32, 4.99, 4.70, 5.20)
> cor.test(x, y)
        Pearson's product-moment correlation
data:  x and y
t = 2.6284, df = 8, p-value = 0.03025
alternative hypothesis: true correlation is not equal to 0
95 percent confidence interval:
 0.08943359 0.91722701
sample estimates:
      cor
0.6807283
```

结论：因为 p 值 =0.03025 ≤ 0.05，故拒绝原假设，从而认为变量 x 与 y 相关。

该例中，散点图完成后再计算变量之间的相关系数，对相关系数进行假设检验，以量化形式表示变量间的相关关系。计算 x 和 y 之间的相关系数，cor(x,y) 运行结果为 0.6807283，表示 x 和 y 之间是正相关的。

7.5 聚类分析

现实世界中，许多领域的同类数据有时呈现一定的相似性，把这些具有相似性的数据汇集到一起进行分析，就会得到很多共性的特征，聚类分析的思想即来源于此。

7.5.1 聚类分析的概念

聚类分析是指对一批没有标出类别的样本（可以看作数据框中的一行数据），按照样本之间的相似程度进行分类，将相似的归为一类，不相似的归为另一类的过程。这里的相似程度是指样本特征之间的相似程度。把整个样本集的特征向量看成分布在特征空间中的点，点与点之间的距离即可作为相似性的测量依据，也就是将特征空间中距离较近的观察样本归为一类。两个样本的距离越近，相似度就越高。通俗地讲，聚类分析的最终目标就是实现“物以类聚，人以群分”。将样本的群体按照相似性和相异性进行不同群组的划分。经过划分后，每个群组内部各个对象间的相似度会很高，而在不同群组之间样本彼此间将具有较高的相异度。

聚类分析适用于很多不同类型的数据集合和研究领域，例如数学、计算机科学、统计学、生物学和经济学等都对聚类技术的发展和应用产生了推动作用。

聚类分析实现的一般步骤为根据已知数据（一批观察个体的许多观测指标），按照一定的数学公式计算各观察个体或变量（指标）之间亲疏关系的统计量（距离或相关系数等）。根据某种准则（最短距离法、最长距离法、中间距离法、重心法等），使同一类内的差别较小，而类与类之间的差别较大，最终将观察个体或变量分为若干类。

7.5.2 计算样本间的距离

假设每个样本（看作数据框的行属性）有 p 个变量（看作数据框不同的列属性），则每个样本都可以看成 p 维空间中的一个点，n 个样本就是 p 维空间中的 n 个点，则第 i 个

样本与第 j 个样本之间的距离记为 d_{ij}。设 $x_i=(x_{i1},x_{i2},\cdots,x_{ip})'$ 和 $x_j=(x_{j1},x_{j2},\cdots,x_{jp})'$ 是第 i 个样本和第 j 个样本的观测值，则二者之间的距离常用的有以下几种：

（1）欧氏距离（Euclidean），计算公式为：

$$d_{ij}=\sqrt{\sum_{k=1}^{p}(x_{ik}-x_{jk})^2}$$

（2）绝对值距离（R 语言中用 Manhattan 表示），计算公式为：

$$d_{ij}=\sum_{k=1}^{p}|x_{ik}-x_{jk}|$$

（3）切贝雪夫距离（Chebychev，R 语言中用 maximum 表示），计算公式为：

$$d_{ij}=\max_{k=1}^{p}|x_{ik}-x_{jk}|$$

（4）明氏距离（Minkowski），计算公式为：

$$d_{ij}=\left(\sum_{k=1}^{p}|x_{ik}-x_{jk}|^q\right)^{\frac{1}{q}} \qquad (p>0)$$

明氏距离有以下两个缺点：

- 明氏距离的值与各指标的量纲有关，而各指标计量单位的选择有一定的人为性和随意性，各变量计量单位的不同不仅使此距离的实际意义难以说清，而且任何一个变量计量单位的改变都会使此距离的数值改变从而使该距离的数值依赖于各变量计量单位的选择。
- 明氏距离的定义没有考虑各个变量之间的相关性和重要性。实际上，明氏距离是把各个变量都同等看待，将两个样本在各个变量上的离差简单地进行了综合。

（5）兰氏距离（Lance & Williams）。兰氏距离是兰思和维廉姆斯给定的一种距离，计算公式为：

$$d_{ij}(L)=\frac{1}{p}\sum_{k=1}^{p}\frac{|x_{ik}-x_{jk}|}{x_{ik}+x_{jk}} \qquad (x_{ij}=0)$$

这是一个自身标准化的量，由于它对大的奇异值不敏感，因此它特别适合于高度偏倚的数据。虽然这个距离有助于克服明氏距离的第一个缺点，但是它也没有考虑指标之间的相关性。

（6）马氏距离（Mahalanobis）。这是印度著名统计学家马哈拉诺比斯定义的一种距离，计算公式为：

$$d_{ij}^2=(x_i-x_j)'\Sigma^{-1}(x_i-x_j)$$

其中∑表示观测变量之间的协方差矩阵。

在实际应用中，若总体协方差矩阵∑未知，则可用样本协方差矩阵作为估计代替计算。马氏距离又称为广义欧氏距离，显然马氏距离与上述各种距离的主要不同就是马氏距离考虑了观测变量之间的相关性。如果假定各变量之间相互独立，即观测变量的协方差矩阵是对角矩阵，则马氏距离就退化为用各个观测指标的标准差的倒数作为权数进行加权的欧氏距离。因此，马氏距离不仅考虑了观测变量之间的相关性，而且考虑了各个观测指标取值的差异程度。

在R语言中，dist()函数给出了各种距离的计算结果，语法格式如下：

```
dist(x, method = "euclidean", diag = FALSE, upper = FALSE, p = 2)
```

method：计算距离的方法，默认值为欧氏距离（Euclidean）。

diag：逻辑变量，当diag=TRUE时，输出距离矩阵对角线上的距离。

upper：逻辑变量，当upper=TRUE时，输出距离矩阵的上三角部分（默认仅输出下三角部分）。

p：明氏距离的幂。

7.5.3 计算类与类之间的距离

类与类之间的距离有许多定义方法，主要的是以下7种：

- 类平均法（average Linkage）。
- 重心法（centroid method）。
- 中间距离法（median method）。
- 最长距离法（complete method）。
- 最短距离法（single method）。
- 离差平方和法（ward method）。
- Mcquitty相似法（Mcquitty method）。

各类方法计算方式不同，一般情况下推荐采用离差平方和法和最短距离法。

7.5.4 相似系数

研究样本间的关系常用距离，研究指标间的关系常用相似系数。常用的相似系数有夹角余弦和相关系数。

（1）夹角余弦（Cosine）。夹角余弦是从向量集合的角度定义的一种测度变量之间亲疏程度的相似系数。设在n维空间的向量。

$$x_i = (x_{1i}, x_{2i}, \cdots, x_{ni})' \qquad x_j = (x_{1j}, x_{2j}, \cdots, x_{nj})'$$

$$c_{ij} = \cos\alpha_{ij} = \frac{\sum_{k=1}^{n} x_{ki} x_{kj}}{\sqrt{\sum_{k=1}^{n} x_{ki}^2 \sum_{k=1}^{n} x_{kj}^2}} \qquad (d_{ij}^2 = 1 - c_{ij}^2)$$

（2）相关系数。相关系数是将数据标准化后的夹角余弦。

$$x_i = (x_{1i}, x_{2i}, \cdots, x_{ni})' \qquad x_j = (x_{1j}, x_{2j}, \cdots, x_{nj})'$$

$$c_{ij} = \frac{\sum_{k=1}^{n} (x_{ki} - \bar{x}_i)(x_{kj} - \bar{x}_j)}{\sqrt{\sum_{k=1}^{n} (x_{ki} - \bar{x}_i)^2 \sum_{k=1}^{n} (x_{kj} - \bar{x}_j)^2}}$$

（3）距离和相似系数的选择原则。

一般来说，同一批数据采用不同的亲疏测度指标会得到不同的分类结果。产生不同结果的原因主要是由于不同的亲疏测度指标所衡量的亲疏程度的实际意义不同，也就是说不同的亲疏测度指标代表了不同意义上的亲疏程度。因此，在进行聚类分析时应注意亲疏测度指标的选择。通常选择亲疏测度指标时应遵循的基本原则有以下两个：

- 所选择的亲疏测度指标在实际应用中应有明确的意义。例如在经济变量分析中，常用相关系数表示经济变量之间的亲疏程度。
- 适当地考虑计算工作量的大小。如对大样本的聚类问题，不适宜选择斜交空间距离，因为采用该距离处理时计算工作量非常大。

亲疏测度指标的选择要综合考虑已对样本观测数据实施了的变换方法和将要采用的聚类分析方法。如在标准化变换之下，夹角余弦实际上就是相关系数；又如若在进行聚类分析之前已经对变量的相关性作了处理，则通常可采用欧氏距离，而不必选用斜交空间距离。此外，所选择的亲疏测度指标还必须和所选用的聚类分析方法一致。如聚类方法若选用离差平方和法，则距离只能选用欧氏距离。

样本间或变量间亲疏测度指标的选择是一个比较复杂且带主观性的问题，应根据研究对象的特点进行具体分析，以选择出合适的亲疏测度指标。实践中，在开始进行聚类分析时，不妨试探性地多选择几个亲疏测度指标分别进行聚类，然后对聚类分析的结果进行对比分析，以确定出合适的亲疏测度指标。

7.5.5 聚类分析的主要步骤

（1）选择变量。和聚类分析的目的密切相关，在不同研究对象上的值有明显的差异，变量之间不能高度相关。

（2）计算相似性。相似性是聚类分析中的基本概念，它反映了研究对象之间的亲疏程度，聚类分析就是根据对象之间的相似性来分类。

（3）聚类。选定聚类的变量，计算出样本或指标之间的相似程度，构成一个相似程度的矩阵。这时主要涉及两个问题：选择聚类的方法和确定形成的类数。

（4）聚类结果的解释和证实。对聚类结果进行解释是希望对各个类的特征进行准确的描述，给每类起一个合适的名称。这一步可以借助各种描述性统计量进行分析，通常的做法是计算各类在各聚类变量上的均值，对均值进行比较，还可以解释各类差别的原因。

7.5.6 分层聚类

分层聚类（hierarchical clustering method）又称层次聚类法、系统聚类法，是聚类算法的一种，通过计算不同类别数据点间的相似度来创建一棵有层次的嵌套聚类树。在聚类树中，不同类别的原始数据点是树的最底层，树的顶层是一个聚类的根节点。创建聚类树有自下而上合并和自上而下分裂两种方法。层次聚类法对给定的数据集进行层次的分解，直到某种条件被满足为止。

1. 分层聚类的一般步骤

（1）开始将 n 个样本各作为一类。

（2）根据样本的特征选择合适的距离公式，计算 n 个样本两两之间的距离，构成距离矩阵。

（3）选择距离矩阵中最小的非对角线元素 d_{pq}，将相应的两类 G_p 和 G_q 合并为一个新类 G_p,G_q。

（4）利用递推公式计算新类与当前各类的距离。分别删除原矩阵的第 p、q 行和第 p、q 列，并新增一行和一列的结果，产生新的距离矩阵。

（5）合并、计算，直至只有一类为止。

（6）绘制聚类图，对聚类结果进行必要的解释。

2. 确定类的个数

从系统聚类的计算结果可以得到任何可能数量的类，但是聚类的目的是要使各类之间的距离尽可能的远，而类中点的距离尽可能的近，并且分类结果还要有令人信服的解释。往往做系统聚类的时候，大部分情况下都是依靠人的主观来判断确定最后分类的个数。

3. 给定阈值

通过观测聚类图给出一个合适的阈值T，要求类与类之间的距离要超过T值。例如给定T=0.35，当聚类时类间的距离已经超过了0.35，则聚类结束。

7.5.7 k-means聚类

分层聚类的缺陷在于当样本点数量十分庞大时，它是一件非常繁重的工作，聚类的计算速度也比较慢。比如在市场抽样调查中，有数万人购物时对衣服的偏好作了选择，希望能快速将他们分为几类。这时使用分层聚类计算的工作量非常大，输出的树状图十分复杂，不便于分析。这时就引入了k-means聚类。

1. k-means聚类简介

k-means聚类，又称为动态聚类、逐步聚类、迭代聚类、k-均值聚类、快速聚类，适用于大型数据。k-means聚类中的k代表类簇的个数，means代表类簇内数据对象之间的均值（这个均值是一种对类簇中心的描述）。k-means聚类是一种基于划分的聚类算法，以距离作为数据对象间相似性度量的标准，即数据对象间的距离越小，它们的相似性就越高，它们越有可能在同一个类簇。数据对象间距离的计算方法有很多种，k-means算法通常采用欧氏距离来计算。

2. k-means聚类的思想

k-means聚类的思想可以描述如下：

（1）导入一组具有n个对象的数据集，给出聚类个数K。

（2）初始化K个类簇中心。

（3）根据欧氏距离计算各个数据对象到聚类中心的距离，把数据对象划分至距离其最近的聚类中心所在的类簇中。

（4）根据所得类簇更新类簇中心。

（5）继续计算各个数据对象到聚类中心的距离，把数据对象划分至距离其最近的聚类中心所在的类簇中。

（6）根据所得类簇继续更新类簇中心，一直迭代循环步骤（3）至步骤（5），直到达到最大迭代次数或者两次迭代的差值小于某一阈值，迭代终止，得到最终聚类结果。

3. k-means聚类的特点

k-means聚类的特点如下：

- 算法原理简单，收敛速度快，计算复杂度低，这也是业界使用它最多的重要原因。
- 对低维数据集的聚类效果较好。对于同样的数据量，维度越高，数据矩阵越稀疏。当数据维度比较高时，数据矩阵是一个稀疏矩阵，k-means聚类对稀疏矩阵数据的聚类效果不佳。
- 分类结果依赖于分类中心的初始化，初始聚类中心的确定十分重要，因为不同的聚类中心会使算法沿着不同的路径搜索最优聚类结果，不过对于陷入局部最优这个问题，可以从对初始聚类中心的选择来进行改进，比如可以通过进行多次 k-means 聚类取最优来解决。

- k-means 聚类对离群值和噪音点比较敏感。例如在距离中心很远的地方手动加一个噪音点，那么中心的位置就会被拉偏很远。k 值的选择很难确定。如果两个类别距离比较近，k-means 的效果也不会太好。

7.5.8 聚类分析的实现

聚类分析的实现

R 语言自带的聚类分析有 hclust() 和 kmeans() 两个函数，分别实现分层聚类和 k-means 聚类，下面就来介绍它们的使用。

1. 分层聚类的实现

hclust() 函数是基于距离进行分层聚类分析，在做分层聚类时先要计算距离，语法结构如下：

```
hc<-hclust(d, method = "complete", members = NULL)
```

d：距离矩阵。

method：类的合并方法，常见的有 single（最短距离法）、complete（最长距离法）、median（中间距离法）、mcquitty（相似法）、average（类平均法）、centroid（重心法）、ward（离差平方和法）。

接着用 rect.hclust() 函数来确定类的个数，语法结构如下：

```
rect.hclust(hc, k = NULL, which = NULL, x = NULL, h = NULL, border = 2, cluster = NULL)
```

hc：上一步函数求出来的对象。

k：分类的个数。

h：类间距离的阈值。

border：画出来的颜色，是用来分类的。

2. k-means 聚类的实现

R 语言中，kmeans () 函数实现 k-means 聚类分析的语法结构如下：

```
kmeans(x, centers, iter.max=10, nstart=1, algorithm = c("Hartigan-Wong", "Lloyd", "Forgy", "MacQueen"))
```

x：要进行聚类分析的数据集。

centers：要聚类的类别数（k 值）。

iter.max：最大迭代次数，默认值为 10。

nstart：选择随机起始中心点的次数，默认值为 1。

algorithm：选择具体算法，默认为 Hartigan-Wong 算法。

【例 7-9】设有 5 个产品，每个产品测得一项质量指标 x，其值如下：1，2，4.5，6，8，试用最短距离法、最长距离法、中间距离法、离差平方和法分别对 5 个产品按质量指标进行分层聚类。

```
> x<-c(1, 2, 4.5, 6, 8)
> dim(x)<-c(5, 1)
> d<-dist(x)
> hc1<-hclust(d, "single")
> hc2<-hclust(d, "complete")
> hc3<-hclust(d, "median")
> hc4<-hclust(d, "ward")
```

```
The "ward" method has been renamed to "ward.D"; note new "ward.D2"
> opar<-par(mfrow=c(2, 2))
> plot(hc1, hang=-1)
> plot(hc2, hang=-1)
> plot(hc3, hang=-1)
> plot(hc4, hang=-1)
> par(opar)
```

运行结果如图 7-2 所示。

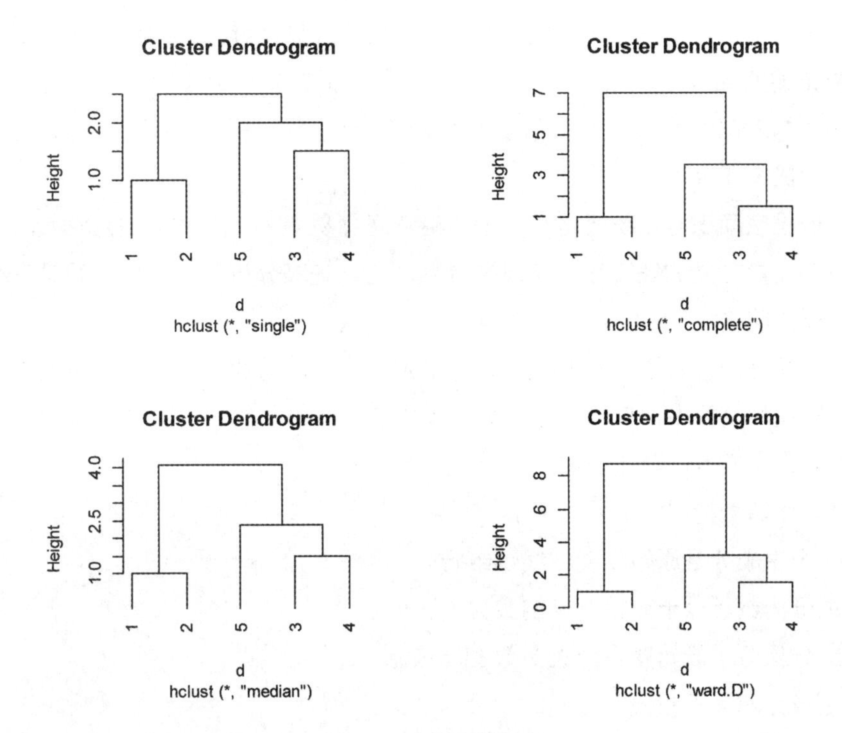

图 7-2　分层聚类结果

从图中可以看到 4 种分类方法结果一致，都是将第 1、2 个分在一类，其余在第二类。

7.6　主成分分析

在多个领域的研究中，为了全面系统地分析和研究问题，必须考虑许多指标，这些指标能从不同的侧面反映研究对象的特征，但在某种程度上存在信息的重叠，具有一定的相关性。这种信息的重叠有时甚至会抹杀事物的真正特征和内在规律。

7.6.1　主成分分析的基本思想

主成分分析是利用降维的思想，在保持数据信息丢失最少的原则下，对高维的变量空间进行降维，利用正交变换把一系列可能线性相关的变量转换为一组线性不相关的新变量，即在众多变量中找出少数几个综合指标（原始变量的线性组合），这几个综合指标将尽可能多地保留原来指标的信息，且这些综合指标互不相关。这些综合指标就称为主成分。主成分的数目少于原始变量的数目，从而利用新变量在更小的维度下展示数据的特征。组合之后新变量数据的含义不同于原有数据，但包含了原有数据的大部分特征，并且具有较低的维度，便于后续进一步的分析。

在空间上，主成分分析可以理解为把原始数据投射到一个新的坐标系统，第一主成分为第一坐标轴，它的含义代表了原始数据中多个变量经过某种变换得到的新变量的变化区间；第二主成分为第二坐标轴，代表了原始数据中多个变量经过某种变换得到的第二个新变量的变化区间。这样把利用原始数据解释样本之间的差异转变为利用新变量解释样本之间的差异。

这种投射方式会有很多，为了最大限度地保留对原始数据的解释，一般会用最大方差理论或最小损失理论，使得第一主成分有着最大的方差或变异数（也就是说其能尽量多地解释原始数据的差异），随后的每一个主成分都与前面的主成分正交，且有着仅次于前一主成分的最大方差（正交简单地理解就是两个主成分空间夹角为 90°，两者之间无线性关联，从而完成去冗余操作。

在一个低维空间识辨系统要比在一个高维空间容易得多。因此，更容易抓住主要矛盾，揭示事物内部变量之间的规律性，使问题得到简化，提高分析效率。样本间具有相关性是做主成分分析的前提。

主成分分析是一种数学变换方法，它把给定的一组变量通过线性变换转换为一组不相关的变量。在这种变换中，保持变量的总方差不变，同时使第一主成分具有最大方差，第二主成分具有次大方差，以此类推。

主成分与原始变量间的关系如下：

- 每一个主成分是原始变量的线性组合。
- 主成分的数目少于原始变量的数目。
- 主成分保留了原始变量的大多数变异信息。
- 各主成分间互不相关。

7.6.2 主成分分析的几何解释

假定只有二维，即只有两个变量，由横坐标和纵坐标所代表，每个观测值都有相应于这两个坐标轴的坐标值。这些数据形成一个椭圆形状的点阵（这在二维正态的假定下是可能的），该椭圆有一个长轴和一个短轴，在短轴方向上数据变化较少。在极端的情况下，短轴如退化成一点，长轴的方向可以完全解释这些点的变化，由二维到一维的降维就自然完成了。

主成分分析如图 7-3 所示。

由图可以看出这些样本点无论是沿着 x_1 轴方向还是沿着 x_2 轴方向都具有较大的离散性，其离散的程度可以分别用观测变量 x_1 的方差和变量 x_2 的方差来定量地表示。显然，如果只考虑 x_1 和 x_2 中的任何一个，那么包含在原始数据中的信息将会有较大的损失。若坐标轴和椭圆的长短轴平行，那么代表长轴的变量就描述了数据的主要变化，而代表短轴的变量就描述了数据的次要变化。但是，坐标轴通常并不和椭圆的长短轴平行。因此，需要寻找椭圆的长短轴并进行变换，使得新变量和椭圆的长短轴平行。如果长轴变量代表了数据包含的大部分信息，就用该变量代替原先的两个变量（舍去次要的一维），降维就完成了。椭圆的长短轴相差得越大，降维就越有道理。

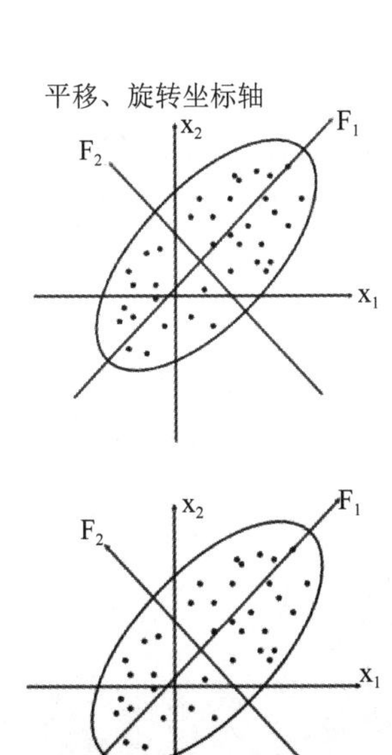

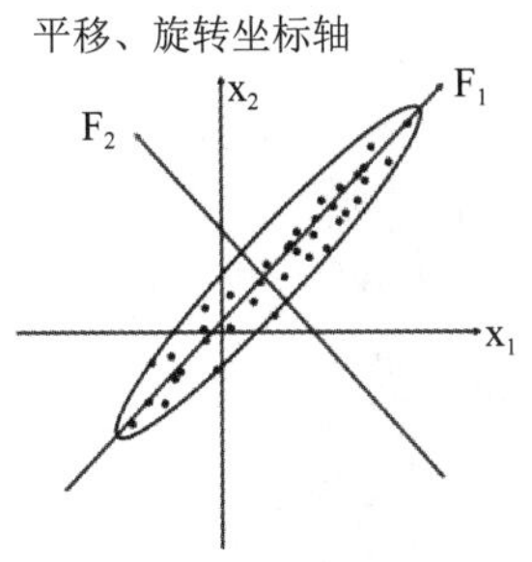

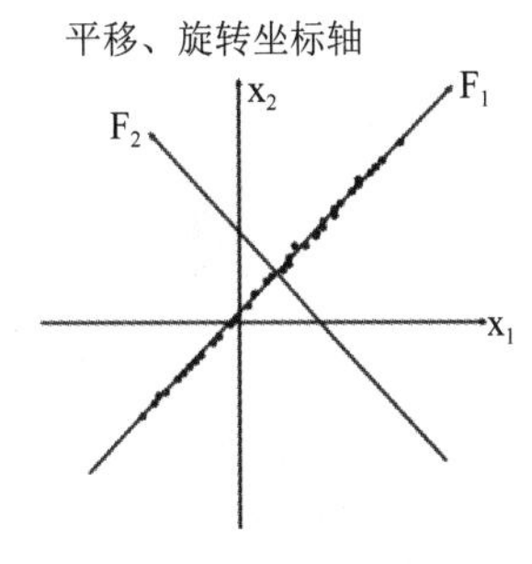

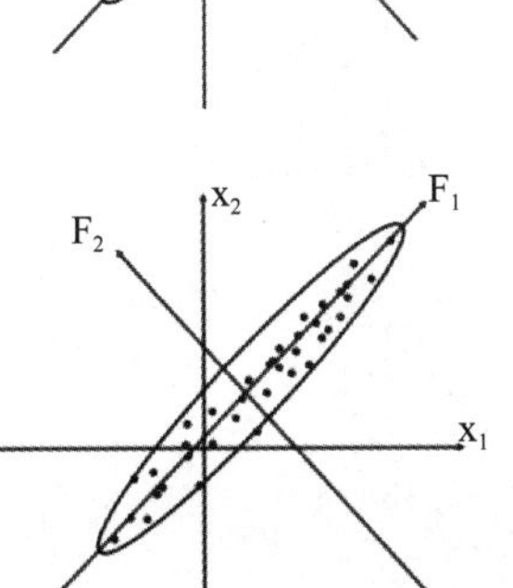

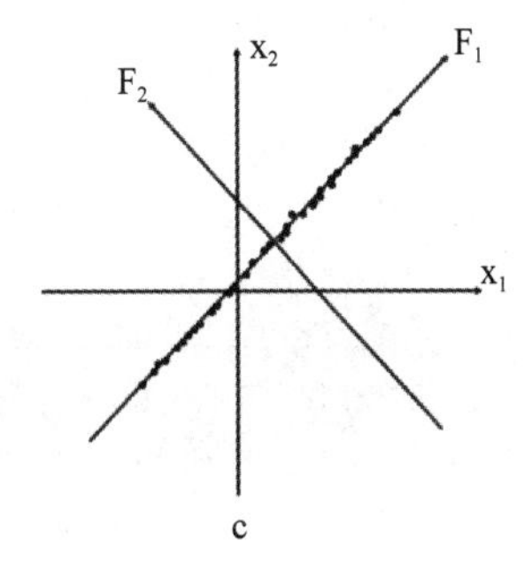

图 7-3 主成分分析的几何解释

7.6.3 主成分分析的数学模型

先将 x_1 轴和 x_2 轴平移，再同时按逆时针方向旋转 θ 角度，得到新坐标轴 F_1 和 F_2。F_1 和 F_2 是两个新变量。有旋转变换公式：

$$\begin{cases} y_1 = x_1\cos\theta + x_2\sin\theta \\ y_2 = -x_1\sin\theta + x_2\cos\theta \end{cases}$$

$$\begin{pmatrix} y_1 \\ y_2 \end{pmatrix} = \begin{pmatrix} \cos\theta & \sin\theta \\ -\sin\theta & \cos\theta \end{pmatrix}\begin{pmatrix} x_1 \\ x_2 \end{pmatrix} = U'x$$

U' 为旋转变换矩阵，它是正交矩阵，即有 $U' = U^{-1}\quad U'U^{-1} = I$。

旋转变换的目的是使 n 个样本点在 F_1 轴方向上的离散程度最大，即 F_1 的方差最大。变量 F_1 代表了原始数据的绝大部分信息，在研究某经济问题时，即使不考虑变量 F_2 也无损大局。经过上述旋转变换原始数据的大部分信息都集中到 F_1 轴上，对数据中包含的信息起到了浓缩作用。

F_1 和 F_2 除了可以对包含在 x_1 和 x_2 中的信息起到浓缩作用外，还具有不相关的性质，这就使得在研究复杂的问题时避免了信息重叠所带来的虚假性。二维平面上各点的方差大部分归结在 F_1 轴上，而 F_2 轴上的方差很少。F_1 和 F_2 称为原始变量，是 x_1 和 x_2 的综合变量。简化了系统结构，抓住了主要矛盾。

7.6.4 主成分分析的实现

利用 R 语言的 princomp() 函数即可完成主成分分析，该函数有以下两种调用格式：

```
princomp(formula, data = NULL, subset, na.action, ...)
princomp(x, cor = FALSE, scores = TRUE, covmat = NULL,subset = rep_len(TRUE, nrow(as.matrix(x))),
fix_sign = TRUE, ...)
```

formula：响应变量的公式。

x：用于主成分分析的数据。

cor：逻辑变量，当cor=TRUE时，表示用样本的相关系数矩阵进行主成分分析；当cor=FALSE（默认选项）时，表示使用样本的协方差矩阵进行主成分分析。

【例7-10】随机抽取某年级30名学生，测量其身高（X1）、体重（X2）、胸围（X3）和坐高（X4）四项指标，对这些指标数据进行主成分分析。

```
#使用数据框形式输入数据
> student<-data.frame(
   X1=c(148, 139, 160, 149, 159, 142, 153, 150, 151, 139,
         140, 161, 158, 140, 137, 152, 149, 145, 160, 156,
         151, 147, 157, 147, 157, 151, 144, 141, 139, 148),
   X2=c(41, 34, 49, 36, 45, 31, 43, 43, 42, 31,
         29, 47, 49, 33, 31, 35, 47, 35, 47, 44,
         42, 38, 39, 30, 48, 36, 36, 30, 32, 38),
   X3=c(72, 71, 77, 67, 80, 66, 76, 77, 77, 68,
         64, 78, 78, 67, 66, 73, 82, 70, 74, 78,
         73, 73, 68, 65, 80, 74, 68, 67, 68, 70),
   X4=c(78, 76, 86, 79, 86, 76, 83, 79, 80, 74,
         74, 84, 83, 77, 73, 79, 79, 77, 87, 85,
         82, 78, 80, 75, 88, 80, 76, 76, 73, 78)
)

#用样本间的相关系数矩阵作主成分进行主成分分析
> student.pr <- princomp(student,cor=T)
> summary(student.pr, loadings=TRUE)
Importance of components:
                        Comp.1      Comp.2       Comp.3       Comp.4
Standard deviation      1.8817805   0.55980636   0.28179594   0.25711844
Proportion of Variance  0.8852745   0.07834579   0.01985224   0.01652747
Cumulative Proportion   0.8852745   0.96362029   0.98347253   1.00000000

Loadings:
     Comp.1  Comp.2  Comp.3  Comp.4
X1   -0.497  0.543   -0.450  0.506
X2   -0.515  -0.210  -0.462  -0.691
X3   -0.481  -0.725  0.175   0.461
X4   -0.507  0.368   0.744   -0.232
```

对上述结果作以下说明：

- standard deviation：主成分的标准差，即主成分的方差平方根，也就是相应特征值的开方。
- proportion of variance：方差的贡献率。
- comulative proportion：方差的累计贡献率。
- 用summary()函数中的loadings=TRUE选项列出了主成分对应原始变量的系数，因此得到前两个主成分：由于前两个主成分的累计贡献率已经达到96.36%，其他两个主成分可以舍去，所以取前两个主成分来降维。
- 对于主成分的解释：第一主成分的系数都接近于0.5，它反映学生身材的魁梧程度，即身材高大的学生，他的四个部分（身高、体重、胸围和坐高）尺寸都比较大，所以第一主成分的值就比较小（因为系数均为负数）；身材矮小的学生，他的四个部分（身高、体重、胸围和坐高）尺寸都比较小，所以第一主成分的值就比较大。综上所述，称第一主成分为大小因子（魁梧因子）；第二主成分是高度和围度的差，第二主成分值大表明该学生“细高”，第二主成分值小表明该学生“矮胖”，因此第二主成分为体型因子（或胖瘦因子）。

7.7 实训

实训 1：鸢尾花数据初步分析

iris 数据集又称鸢尾花数据集，整个数据集共有 150 条数据，每条数据都有 5 个属性：花萼长度、花萼宽度、花瓣长度、花瓣宽度、物种（Species）。

（1）用 R 自带的 iris 数据集进行操作，并返回每一列的最小值、最大值、中位数、四分位数、均值等统计量。

```
> summary(iris)
Sepal.Length    Sepal.Width     Petal.Length    Petal.Width     Species
Min.  :4.300    Min.  :2.000    Min.  :1.000    Min.  :0.100    setosa    :50
1st Qu.:5.100   1st Qu.:2.800   1st Qu.:1.600   1st Qu.:0.300   versicolor:50
Median :5.800   Median :3.000   Median :4.350   Median :1.300   virginica :50
Mean   :5.843   Mean   :3.057   Mean   :3.758   Mean   :1.199
3rd Qu.:6.400   3rd Qu.:3.300   3rd Qu.:5.100   3rd Qu.:1.800
Max.  :7.900    Max.  :4.400    Max.  :6.900    Max.  :2.500
```

（2）用 cor() 函数计算两向量的回归系数，用 cov() 函数计算两向量之间的协方差，用 IQR() 函数计算四分位距，用 mean() 函数计算均值，用 median() 函数计算中位数，用 range() 函数计算最小值和最大值，用 sd() 函数计算标准差，用 var() 函数计算方差。

```
> x <- iris$Sepal.Length
> y <- iris$Sepal.Width
> cor(x,y)
[1] -0.1175698
> cov(x,y)
[1] -0.042434
> IQR(x)
[1] 1.3
> mean(x)
[1] 5.843333
> median(x)
[1] 5.8
> range(x)
[1] 4.3 7.9
> sd(x)
[1] 0.8280661
> var(x)
[1] 0.6856935
```

（3）使用 apply() 函数对 iris 数据集的前 3 个变量进行标准差计算。

```
> apply(iris[,c(1:3)], MARGIN=2, FUN=sd)
Sepal.Length  Sepal.Width  Petal.Length
0.8280661     0.4358663    1.7652982
```

（4）自定义一个函数 new_range()，用来计算由 range() 函数返回的最大值与最小值之差。

```
> new_range <- function(v) {range(v)[2] - range(v)[1]}
> new_range(iris$Petal.Length)
[1] 5.9
```

（5）对 iris 数据集中的前四列进行数据归一化。

```
> y<-scale(iris[,1:4])
> head(y)
     Sepal.Length  Sepal.Width  Petal.Length  Petal.Width
[1,] -0.8976739    1.01560199   -1.335752     -1.311052
[2,] -1.1392005    -0.13153881  -1.335752     -1.311052
[3,] -1.3807271    0.32731751   -1.392399     -1.311052
[4,] -1.5014904    0.09788935   -1.279104     -1.311052
[5,] -1.0184372    1.24503015   -1.335752     -1.311052
[6,] -0.5353840    1.93331463   -1.165809     -1.048667
```

实训 2：鸢尾花数据聚类分析

iris 数据集又称鸢尾花数据集，整个数据集共有 150 条数据，每条数据都有 5 个属性：花萼长度、花萼宽度、花瓣长度、花瓣宽度、分类（Species）。现在假设只知道 iris 数据集内有 3 个品种的鸢尾花而不知道每朵花的真正分类，只用数据集的前 4 列数据，即凭借花萼及花瓣的长度和宽度分别使用层次聚类和 k-means 聚类进行聚类分析。

（1）对鸢尾花数据集（iris）进行层次聚类分析。

下面的程序是调用 R 内置的 hclust() 函数对 iris 数据集进行分层聚类分析，输出结果保存在 iris.hc 中，用 rect.hclust() 函数按给定类的个数（或阈值）进行聚类，并用 plot() 函数绘制聚类的谱系图，各类用边框界定，选项 labels=FALSE 只是为了省去数据的标签。cuttree() 函数将 iris.hc 输出编制成若干组。

```
> data(iris)
> head(iris)
  Sepal.Length  Sepal.Width  Petal.Length  Petal.Width  Species
1 5.1           3.5          1.4           0.2          setosa
2 4.9           3.0          1.4           0.2          setosa
3 4.7           3.2          1.3           0.2          setosa
4 4.6           3.1          1.5           0.2          setosa
5 5.0           3.6          1.4           0.2          setosa
6 5.4           3.9          1.7           0.4          setosa
> summary(iris)
Sepal.Length     Sepal.Width      Petal.Length     Petal.Width      Species
Min.   :4.300    Min.   :2.000    Min.   :1.000    Min.   :0.100    setosa    :50
1st Qu. :5.100   1st Qu. :2.800   1st Qu. :1.600   1st Qu. :0.300   versicolor :50
Median :5.800    Median :3.000    Median :4.350    Median :1.300    virginica :50
Mean   :5.843    Mean   :3.057    Mean   :3.758    Mean   :1.199
3rd Qu. :6.400   3rd Qu. :3.300   3rd Qu. :5.100   3rd Qu. :1.800
Max.   :7.900    Max.   :4.400    Max.   :6.900    Max.   :2.500
> attach(iris)
The following objects are masked from iris (pos = 3):
```

```
  Petal.Length, Petal.Width, Sepal.Length, Sepal.Width, Species

The following objects are masked from iris (pos = 4):

  Petal.Length, Petal.Width, Sepal.Length, Sepal.Width, Species

> hc<-hclust(dist(iris[,1:4]))
> plot(hc, hang = -1,labels=FALSE)
> re<-rect.hclust(hc, k=3)
```

运行结果如图 7-4 所示。

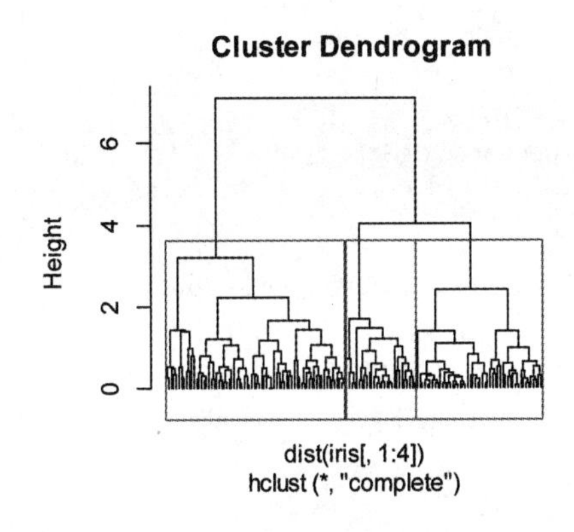

图 7-4　分层聚类分析结果

```
#输出层次聚类结果
> iris.id <- cutree(hc, 3)
> table(iris.id, Species)
      Species
iris.id  setosa  versicolor  virginica
1        50      0           0
2        0       23          49
3        0       27          1
```

上述结果输出的图形为典型的聚类树状图，它是将两相近（距离最短）的数据向量连接在一起，然后进一步组合，直至所有数据都连接在一起；cuttree() 函数将数据 iris 分类结果 hc 编为三组，分别以 1、2、3 表示，保存在 iris.id 中。将 iris.id 与 iris 中的 Species 进行比较发现，1 应该是 setosa 类，2 应该是 virginica 类（因为 virginica 的个数明显多于 versicolor），3 是 versicolor 类。从聚类的结果来看，明显与原始数据有着较大的差异。

（2）对鸢尾花数据集（iris）进行 k-means 聚类分析。

```
> data(iris)
> #选择第1列到第4列的数据进行聚类，这是因为第5列是该数据集的类标签
> km <- kmeans(iris[,1:4], 3)
> #对结果的可视化
> plot(iris[c("Sepal.Length", "Sepal.Width")], col = km$cluster, pch = as.integer(iris$Species))
> points(km$centers[,c("Sepal.Length", "Sepal.Width")], col = 1:3, pch = 8, cex=2)
```

运行结果如图 7-5 所示。

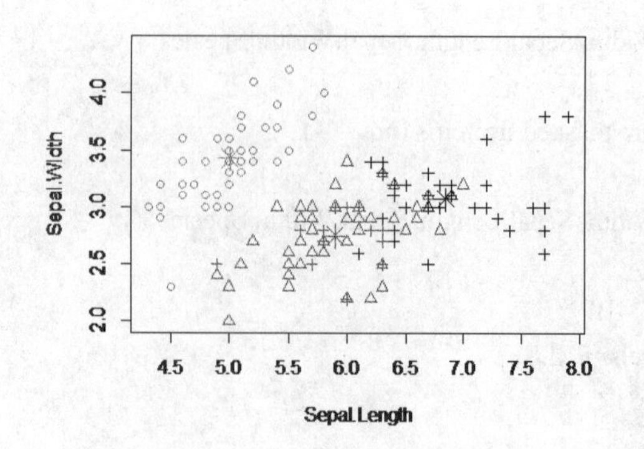

图 7-5　k-means 聚类分析结果

```
#输出kmeans聚类结果
> km
k-means clustering with 3 clusters of sizes 38, 62, 50

Cluster means:
  Sepal.Length Sepal.Width Petal.Length Petal.Width
1 6.850000     3.073684    5.742105     2.071053
2 5.901613     2.748387    4.393548     1.433871
3 5.006000     3.428000    1.462000     0.246000

Clustering vector:
  [1] 3 3 3 3 3 3 3 3 3 3 3 3 3 3 3 3 3 3 3 3 3 3 3 3 3 3 3 3 3 3 3 3 3 3 3 3
 [37] 3 3 3 3 3 3 3 3 3 3 3 3 3 3 2 2 1 2 2 2 2 2 2 2 2 2 2 2 2 2 2 2 2 2 2 2
 [73] 2 2 2 2 2 1 2 2 2 2 2 2 2 2 2 2 2 2 2 2 2 2 2 2 2 2 2 2 2 1 2 1 1 1 1 2 1
[109] 1 1 1 1 1 2 2 1 1 1 1 2 1 2 1 2 1 1 2 2 1 1 1 1 1 2 1 1 1 1 2 1 1 1 2 1
[145] 1 1 2 1 1 2

Within cluster sum of squares by cluster:
[1] 23.87947 39.82097 15.15100
 (between_SS / total_SS =  88.4 %)

Available components:

[1] "cluster"      "centers"      "totss"        "withinss"
[5] "tot.withinss" "betweenss"    "size"         "iter"
[9] "ifault"
```

k-means 聚类结果分析：第一行表示各个类别下数据点的数量分别是 38、62 和 50；接着是聚类的均值，即聚类的中心点；然后是聚类向量，表明每个数据点所属的类别；Within cluster sum of squares by cluster 表示每个簇内部的距离平方和，表示该簇的紧密程度；between_SS / total_SS 项表示组间距离的平方和占整体距离平方和的百分比，一般地，要求组内距离尽可能小，组间距离尽可能大，因此这个值越接近 1 越好；Available components 表示运行结果返回的对象包含的组成部分。另外，可以使用 km$cluster 形式打印出查看结果。

7.8　本章小结

本章首先介绍了数据的描述性统计，并用实例计算了数据的平均值、值域、方差、标准差、四分位数等指标，然后介绍了数据分析常用的数学函数，最后介绍了相关系数、相关分析、聚类分析和主成分分析等常用分析方法。

聚类分析主要采用距离作为相似性的度量指标，利用两个对象的距离越近其相似度就越大的特点将两个对象聚为一类，从而对不同类别的数据进行划分，以达到将相似数据聚成一类的目标，进而挖掘数据的共性特征和价值。

主成分分析是把给定的一组变量通过线性变换转换为一组不相关的变量。在这种变换中，保持变量的总方差不变，同时使第一主成分具有最大方差，第二主成分具有次大方差，以此类推，最终达到降低数据维数的目的，便于后续进一步分析。

练习 7

1．随机生成 3 个 4 和 5 之间的小数。

2．生成 10 个服从标准正态分布的随机数并记为向量 x，生成 10 个均值为 5，方差为 4 的随机数并记为向量 y，计算 x 与 y 的协方差和相关系数。

3．简述主成分分析的主要原理。

4．对 iris 数据集的前 4 列进行主成分分析。

第 8 章　R 语言机器学习基础

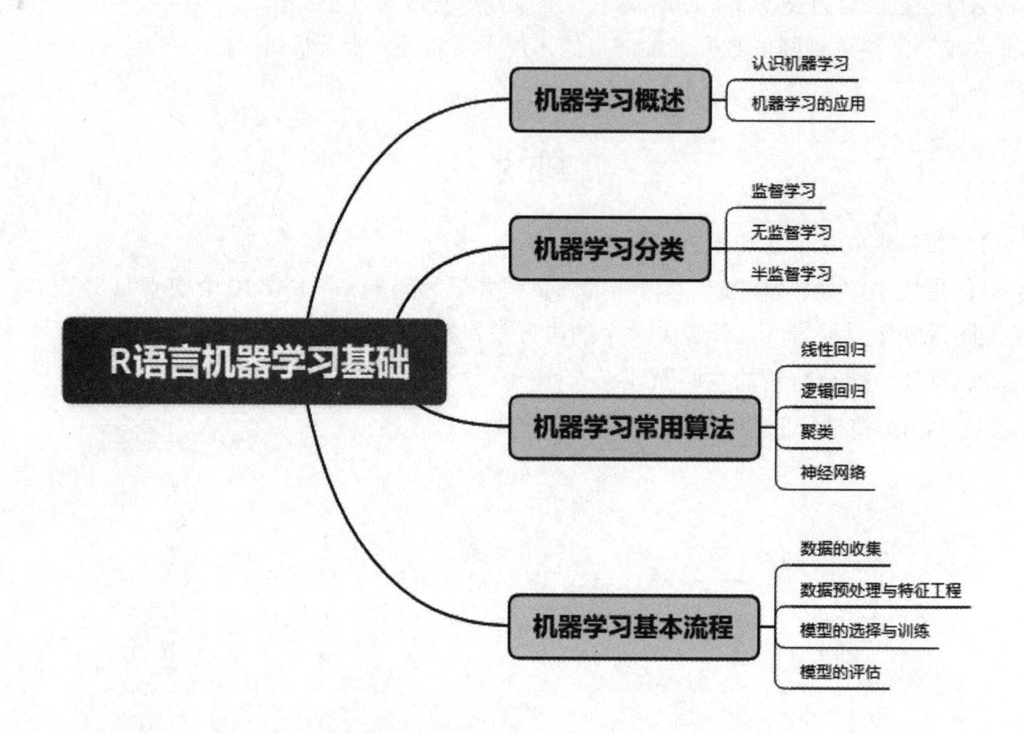

本章导读

R 语言在机器学习中应用广泛，本章讲述机器学习的基础知识以及如何使用 R 语言来实现简单的机器学习。

本章要点

- 机器学习的基本概念
- 机器学习分类
- 机器学习常用算法

8.1 机器学习概述

机器学习作为一门多领域交叉学科，主要研究对象是人工智能，专门研究计算机怎样模拟或实现人类的学习行为以获取新的知识或技能，并重新组织已有的知识结构来不断提高自身的性能。

8.1.1 认识机器学习

机器学习是人工智能研究领域重要的分支，是一门涉及多领域的交叉学科，涉及高等数学、统计学、概率论、凸分析和逼近论等。机器学习的研究方法通常是根据生理学、认知科学等对人类学习机理的了解建立人类学习过程的计算模型或认识模型，发展各种学习理论和学习方法，研究通用的学习算法并进行理论上的分析，建立面向任务的具有特定应用的学习系统。

机器学习，通俗地讲就是让机器来实现学习的过程，让机器拥有学习的能力，从而改善系统自身的性能。而让机器具备人工智能的前提是我们要用一定量的数据集对机器进行“训练”。对于机器而言，这里的“学习”指的是从数据中学习，从数据中产生“模型”的算法，即“学习算法”。有了学习算法，只要把经验数据提供给它，它就能基于这些数据产生模型，在面对新的情况时，模型能够提供相应的判断，进行预测。因此，机器学习是基于数据集的，通过对数据集的研究找出其中数据之间的联系和数据的真实含义。

在机器学习中，先要输入大量数据，并根据需要来训练模型，再对训练后的模型进行应用，以判断算法的准确性，如图 8-1 所示。

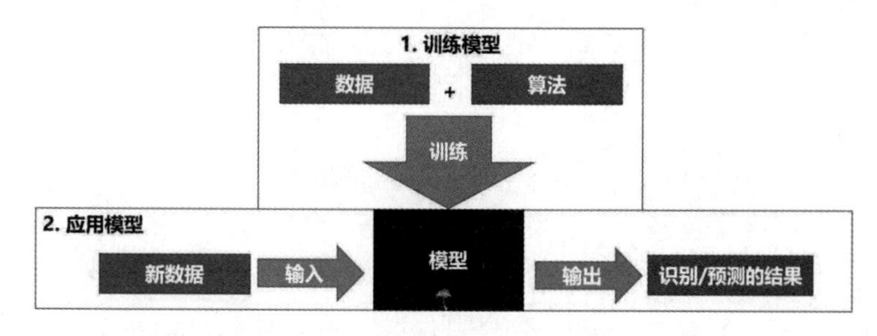

图 8-1 机器学习的模型

8.1.2 机器学习的应用

机器学习应用广泛，无论是在工业领域还是在商用领域（如语音识别、图像识别、数据挖掘等）都有机器学习算法施展的机会，机器学习的研究与应用在国内越来越受重视。

大数据智能化时代使机器学习有了新的应用领域，从设备维护、借贷申请、金融交易、搜索引擎、疾病分析、垃圾邮件检测、语音和手写识别、自动驾驶、医疗记录、广告点击、用户消费等的数据中发现有价值的信息已经成为其研究与应用的热点。

（1）图像识别和分类。能够准确地识别出一张图片中的物品，并且正确率达到90%以上。比如把宠物猫的照片（图8-2所示）输入到一个普通的CNN（卷积神经网络）里，并由机器来判断它是猫还是狗。

图8-2 图像识别

（2）目标检测。目标检测是指从大图中框出目标物体并识别，它能够检测一张图片中有哪些对象，并且给出具体的坐标和置信度。例如识别植物是否有病虫害。

（3）天气预测。根据过去的卫星云图预测未来几小时的天气变化。

（4）情感分析。自动分析用户对产品的评论是正面的还是负面的。

（5）邮件分类。将邮件自动分类为正常邮件或垃圾邮件，并自动屏蔽垃圾邮件。

（6）疾病诊断。通过对患者病变处的图像进行识别来准确地诊断疾病。

（7）广告推荐。通过分析记录来为浏览者进行精准的广告推荐。

（8）手写识别。对手写字体进行识别，通常用于将扫描件格式化成结构化数据。

8.2 机器学习分类

机器学习可分为监督学习、无监督学习和半监督学习。

8.2.1 监督学习

监督学习是指利用一组已知类别的样本调整分类器的参数，使其达到所要求性能的过程，也称为监督训练或有教师学习。

1. 监督学习概述

监督学习是机器学习的一种方法，可以由训练数据中学到或建立一个学习模型，并依此模型推测新的实例。训练数据由输入物件（通常是向量）和预期输出组成。函数的输出可以是一个连续的值（被称为回归分析）或是预测一个分类标签（被称为分类）。

在监督学习中，数据集常被分成训练集（train set）、验证集（validation set）和测试集（test set）。其中，训练集用于估计模型，通过匹配一些参数来建立一个分类器；验证集用来确定网络结构或者控制模型复杂程度的参数；测试集检验最终选择最优的模型的性能如何。值得注意的是，验证集和训练集应该是不交叠的。这样选择模型的时候才可以避免被数据交叠的因素干扰。

例如现在有一堆动物的照片。在监督学习中，人们需要提前对每张照片代表的动物进行标记，这一张是狗，那一张是猫，然后再进行训练，最后模型对于新输入的照片能够较为准确地预测动物的类别。图 8-3 所示为监督学习过程。

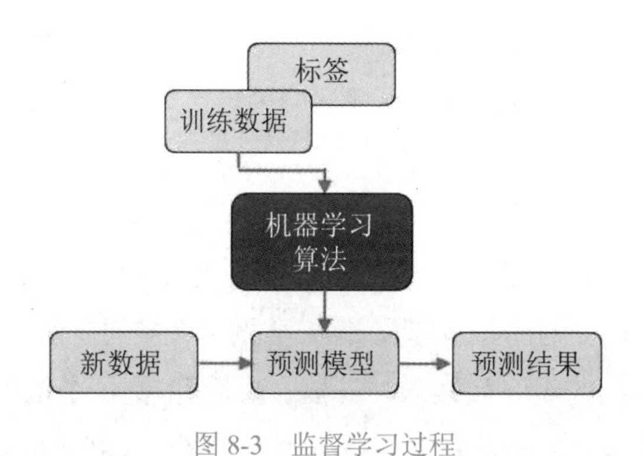

图 8-3 监督学习过程

2. 监督学习分类

常见的监督学习有分类和回归。分类是将一些实例数据分到合适的类别中，其预测结果是离散的。回归是将数据归到一条“线”上，即为离散数据生成拟合曲线，其预测结果是连续的。

3. 监督学习的应用

监督学习的应用非常广泛。例如将邮件进行是否垃圾邮件的分类。一开始先将一些邮件及其标签（垃圾邮件或非垃圾邮件）一起进行训练，学习模型不断捕捉这些邮件与标签间的联系进行自我调整和完善，然后给一些不带标签的新邮件，让该模型对新邮件进行是否是垃圾邮件的分类。

也可以使用监督学习对人类常见的乳腺瘤进行判断，区分该肿瘤是良性的还是恶性的。向模型输入人的各种数据的训练样本（这里是肿瘤的尺寸，当然现实生活中会用更多的数据，如年龄、性别等），产生“输入一个人的数据，判断是否患有癌症”的结果，结果必定是离散的，只有“良性”或“恶性”。

8.2.2 无监督学习

无监督学习和监督学习是一个相对的概念。在监督学习的过程中，人们需要对训练数据打上标签，这是必不可少的一步。而无监督学习中，就不再需要提前对数据进行人工标记。所以，无监督学习常被用来进行数据挖掘，用于在大量无标签数据中发现些什么。

1. 无监督学习概述

无监督学习的训练样本的标记信息是未知的，目标是通过对无标记训练样本的学习来揭示数据的内在性质及规律。无监督学习表示机器从无标记的数据中探索并推断出潜在的联系。

无监督学习的关键特点是，传递给算法的数据在内部结构中非常丰富，而用于训练的目标和奖励非常稀少。无监督学习算法学到的大部分内容必须包括理解数据本身，而不是将这种理解应用于特定任务。

2. 无监督学习与监督学习的区别

监督学习方法必须要有训练集和测试样本，在训练集中找规律，再对测试样本使用这种规律。而无监督学习没有训练集，只有一组数据，在该组数据集内寻找规律。

监督学习方法就是识别事物，识别的结果表现在给待识别数据加上了标签，因此训练样本集必须由带标签的样本组成。而无监督学习方法只有要分析的数据集本身，预先没有什么标签。如果发现数据集呈现某种聚集性，则可按自然的聚集性分类，但不以与某种预先分类的标签对上号为目的。

3. 无监督学习分类

常见的无监督学习有聚类和降维。聚类的目的在于把相似的东西聚在一起，而我们并不关心这一类是什么。比如Google新闻，每天会搜集大量的新闻，然后把它们全部聚类，就会自动分成几十个不同的组（如娱乐、科技、政治等），每个组内新闻都具有相似的内容结构。因此，一个聚类算法通常只需要知道如何计算相似度即可开始工作。在聚类工作中，由于事先不知道数据类别，因此只能通过分析数据样本在特征空间中的分布（例如基于密度或统计学概率模型），从而将不同的数据分开，把相似数据聚为一类。

降维是将数据的维度降低，例如描述一个榴莲，若只考虑榴莲的色泽、裂痕、大小、外形、气味和刺头这6个属性，则这6个属性代表了榴莲对应数据的维度为6。进一步考虑降维的工作，由于数据本身具有庞大的数量和各种属性特征，若对全部数据信息进行分析，将会增加数据训练的负担和存储空间。因此可以通过主成分分析等其他方法，考虑主要因素，舍弃次要因素，从而平衡数据分析的准确度与数据分析的效率。

4. 无监督学习的应用

无监督学习常被用来进行数据挖掘，用于在大量无标签数据中发现些什么。它的训练数据是无标签的，训练目标是能对观察值进行分类或区分。例如，无监督学习应该能在不给任何额外提示的情况下，仅依据所有“猫”的图片的特征便能将“猫”的图片从大量各种各样的图片中区分出来。

8.2.3 半监督学习

半监督学习突破了传统方法只考虑一种样本类型的局限，综合利用有标签和无标签样本，是在监督学习和无监督学习的基础上进行的研究。

1. 半监督学习概述

半监督学习于1992年被正式提出，其思想可追溯于自训练算法。在传统的监督学习中，常常需要大量的标签训练数据才能构建具有高预测性能的模型，在很多实际的数据挖掘应用（如计算机辅助疾病诊断、遥感图像分类、语音识别、邮件分类、文本自动分类）中往往有大量低成本的无标签数据，而这些数据需要人类专家或者专业的设备对其进行标注，这种标注困难、单调、昂贵、耗时。

随着大数据时代的到来，数据库中的数据呈现指数级增长，获取大量无标记样本相当容易，而获取大量有标记样本则困难得多，且人工标注需要耗费大量的人力和物力。如果只使用少量的有标记样本进行训练，将会导致学习泛化性能低下，而且浪费大量的无标记样本数据资源。因此使用少量标记样本作为指导，利用大量无标记样本改善学习性能的半监督学习成为研究的热点。半监督学习的主要目的是在仅有少量标注数据集和大量未标注数据集的基础上获得一个良好的学习器。

2. 半监督学习分类

半监督学习有半监督聚类、半监督分类、半监督降维和半监督回归 4 种学习场景。常见的半监督分类代表算法有生成式方法、半监督支持向量机、半监督图算法和基于分歧的半监督方法 4 种。

8.3 机器学习常用算法

机器学习算法起步于 20 世纪 50 年代，经过不断发展，现已种类繁多，但能经得起实践和时间考验的经典机器学习算法仍然有限，本节将介绍线性回归、逻辑回归和聚类等常用机器学习算法。

8.3.1 线性回归

回归算法是一种应用极为广泛的数量分析方法，用于分析事物之间的统计关系，侧重考察变量之间的数量变化规律，并通过回归方程的形式描述和反映这种关系，以帮助人们准确把握变量受其他一个或多个变量影响的程度，进而为预测提供科学依据。

线性回归是将输入项分别乘以一些常量，再将结果加起来得到输出。线性回归包括一元线性回归和多元线性回归。线性回归分析中如果仅有一个自变量和一个因变量，且其关系大致上可用一条直线表示，则称之为简单线性回归分析。多元线性回归分析是简单线性回归分析的推广，指的是多个因变量对多个自变量的回归分析，其中最常用的是只限于一个因变量但有多个自变量的情况，也叫多重线性回归分析。对于线性回归问题，样本点落在空间中的一条直线上或该直线的附近，因此可以使用一个线性函数来表示自变量和因变量间的对应关系。

定义线性方程组 xw = y，在线性回归问题中，x 是样本数据矩阵，y 是期望值向量。也就是说，对于线性回归问题，x 和 y 是已知的，要解决的问题是，求取最合适的一个向量 w，使得线性方程组能够尽可能地满足样本点的线性分布，之后就可以利用求得的 w 对新的数据点进行预测。图 8-4 所示为线性回归。

1. 线性回归模型的创建

下面给出一个最简单的线性回归模型。

$$y=\beta_0+\beta x+\varepsilon$$

其中，y 表示因变量，x 表示自变量，β 表示回归模型系数，ε 表示误差。在 R 语言中可用 lm() 函数来创建线性回归模型，可进行回归分析、单层分析、方差分析和协方差分析，是用于拟合线性模型的最基本函数。

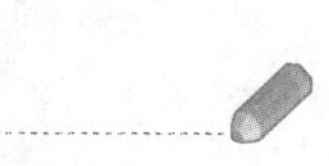

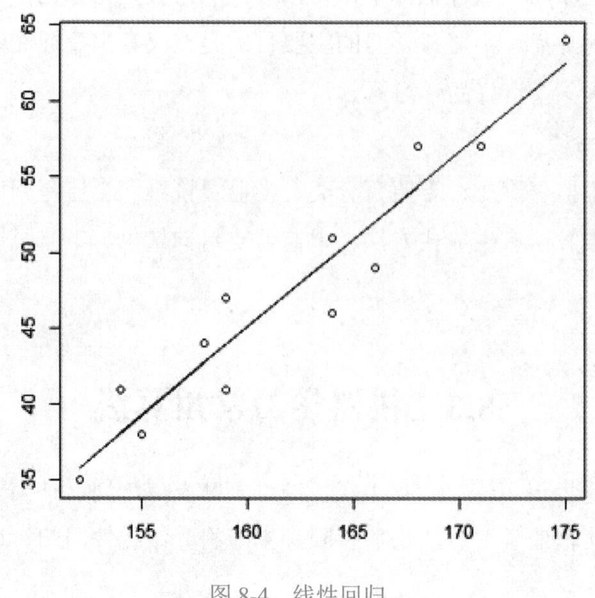

图 8-4　线性回归

lm() 函数格式如下：

```
lm(formula,data)
```

其中，formula 指要拟合的模型形式，data 是一个数据框，包含了用于拟合模型的数据。

【例 8-1】认识 lm() 函数。

```
> x<-c(1,3,5)
> y<-c(2,4,6)
> mydata<-data.frame(x,y)
> myfit<-lm(x~y)
> summary(myfit)
```

该例首先定义 x 和 y 两个向量并赋值，然后把它们都加到数据框 mydata 中。如果想要知道向量 x 和向量 y 之间有什么关系，则输入语句 myfit<-lm(x~y) 并用 summary() 函数来查看线性回归模型。

```
Call:
lm(formula = x ~ y)

Residuals:
1 2 3
0 0 0

Coefficients:
            Estimate Std. Error t value Pr(>|t|)
(Intercept)    0       0       NA      NA
y              1       0       Inf     <2e-16 ***
---
Signif. codes:  0 '***' 0.001 '**' 0.01 '*' 0.05 '.' 0.1 ' ' 1

Residual standard error: 0 on 1 degrees of freedom
Multiple R-squared:     1,    Adjusted R-squared:     1
F-statistic:  Inf on 1 and 1 DF,  p-value: < 2.2e-16
```

最后通过结果 p-value: < 2.2e-16 得到 x 与 y 之间的关系。这里的 2.2e-16 表示 2.2 乘以 10 的 -16 次方，是一个很小的数值。

2. 线性回归模型的应用

【例 8-2】用 cars 数据集创建线性回归模型。

R 语言中提供了 100 多个可以使用的数据集，并且可通过 data() 函数加载到内存中。在 R 中列出已载入的所有数据集的代码如下：

```
> data(package=.packages(all.available=TRUE))
```

部分数据集显示如下：

```
Data sets in package 'boot':
acme            Monthly Excess Returns
aids            Delay in AIDS Reporting in England and Wales
aircondit       Failures of Air-conditioning Equipment
aircondit7      Failures of Air-conditioning Equipment
amis            Car Speeding and Warning Signs
aml             Remission Times for Acute Myelogenous
                Leukaemia
beaver          Beaver Body Temperature Data
bigcity         Population of U.S. Cities
brambles        Spatial Location of Bramble Canes
breslow         Smoking Deaths Among Doctors
calcium         Calcium Uptake Data
cane            Sugar-cane Disease Data
capability      Simulated Manufacturing Process Data
catsM           Weight Data for Domestic Cats
cav             Position of Muscle Caveolae
cd4             CD4 Counts for HIV-Positive Patients
cd4.nested      Nested Bootstrap of cd4 data
channing        Channing House Data
city            Population of U.S. Cities
claridge        Genetic Links to Left-handedness
cloth           Number of Flaws in Cloth
co.transfer     Carbon Monoxide Transfer
coal            Dates of Coal Mining Disasters
darwin          Darwin's Plant Height Differences
dogs            Cardiac Data for Domestic Dogs
downs.bc        Incidence of Down's Syndrome in British
                Columbia
ducks           Behavioral and Plumage Characteristics of
                Hybrid Ducks
```

R 中常见的内置数据集及其含义如表 8-1 所示。

表 8-1 R 中常见的内置数据集

数据集名称	含义
rivers	北美 141 条河流长度
affairs	婚姻信息
BOD	随着水质的提高，生化反应对氧的需求（mg/l）随时间（天）的变化

续表

数据集名称	含义
occupatimnalStatus	英国男性父子职业联系
VADeaths	1940年弗吉尼亚州死亡率（每千人）
Titanic	泰坦尼克乘员统计
volcano	某火山区的地理信息
iris	鸢尾花形态数据
eurodist	欧洲12个城市的距离矩阵
chickwts	不同饮食种类对小鸡生长速度的影响
esoph	法国的一个食管癌病例对照研究
faithful	一个间歇泉的爆发时间和持续时间
Freeny	每季度收入和其他四因素的记录
InsectSprays	使用不同杀虫剂时的昆虫数目
LifeCycleSavings	50个国家的存款率
longley	强共线性的宏观经济数据
morley	光速测量试验数据
cars	20世纪20年代汽车速度对刹车距离的影响
mtcars	32辆汽车在11个指标上的数据
PlantGrowth	3种处理方式对植物产量的影响
airquality	纽约1973年5～9月每日空气质量
attenu	多个观测站对加利福尼亚23次地震的观测数据
Indometh	某药物的药动学数据
Loblolly	火炬松的高度、年龄和种源
Orange	橘子树生长数据
Theoph	茶碱药动学数据
ChickWeight	饮食对鸡生长的影响
lh	黄体生成素水平，10分钟测量一次
lynx	1821－1934年加拿大猞猁数据
Nile	1871－1970年尼罗河流量
UKDriverDeaths	1969－1984年每月英国司机死亡或严重伤害的数目
UKgas	1960－1986年每月英国天然气消耗
USAccDeaths	1973－1978年美国每月意外死亡人数
BJsales	有关销售的一个时间序列
co2	1959－1997年每月大气 CO_2 浓度（ppm）
discoveries	1860－1959年每年巨大发现或发明的个数
ldeaths	1974－1979年英国每月支气管炎、肺气肿和哮喘的死亡率
women	女性身高和体重的关系

此外，在 R 中还有一个基本包 datasets，其中包含了各个领域的多个数据集，可以用 data() 函数查看，命令如下：

```
> data(package='datasets')
```

部分数据显示如下：

```
Data sets in package 'datasets':

AirPassengers           Monthly Airline Passenger Numbers 1949-1960
BJsales                 Sales Data with Leading Indicator
BJsales.lead (BJsales)  Sales Data with Leading Indicator
BOD                     Biochemical Oxygen Demand
CO2                     Carbon Dioxide Uptake in Grass Plants
ChickWeight             Weight versus age of chicks on different diets
DNase                   Elisa assay of DNase
EuStockMarkets          Daily Closing Prices of Major European Stock
                        Indices, 1991-1998
Formaldehyde            Determination of Formaldehyde
HairEyeColor            Hair and Eye Color of Statistics Students
Harman23.cor            Harman Example 2.3
Harman74.cor            Harman Example 7.4
Indometh                Pharmacokinetics of Indomethacin
InsectSprays            Effectiveness of Insect Sprays
JohnsonJohnson          Quarterly Earnings per Johnson & Johnson Share
LakeHuron               Level of Lake Huron 1875-1972
LifeCycleSavings        Intercountry Life-Cycle Savings Data
Loblolly                Growth of Loblolly pine trees
Nile                    Flow of the River Nile
Orange                  Growth of Orange Trees
OrchardSprays           Potency of Orchard Sprays
PlantGrowth             Results from an Experiment on Plant Growth
```

cars 数据集创建于 20 世纪 20 年代，有两个主要参数：speed（汽车行驶速度）和 dist（刹车后的制动距离），常用于分析汽车速度对刹车距离的影响。

（1）显示 cars 数据集的数据基本信息。

```
> str(cars)
'data.frame':   50 obs. of  2 variables:
 $ speed: num  4 4 7 7 8 9 10 10 10 11 ...
 $ dist : num  2 10 4 22 16 10 18 26 34 17 ...
```

（2）查看 cars 数据集结构。

```
> summary(cars)
 speed           dist
 Min.   : 4.0    Min.   :  2.00
 1st Qu.:12.0    1st Qu.: 26.00
 Median :15.0    Median : 36.00
 Mean   :15.4    Mean   : 42.98
 3rd Qu.:19.0    3rd Qu.: 56.00
 Max.   :25.0    Max.   :120.00
```

（3）生成模型。

```
> data(cars)
> head(cars)
```

```
   speed   dist
1  4       2
2  4       10
3  7       4
4  7       22
5  8       16
6  9       10
> (x<-lm(dist~speed,cars))

Call:
lm(formula = dist ~ speed, data = cars)

Coefficients:
(Intercept)    speed
   -17.579     3.932
```

这里调用了 lm() 函数，并使用语句 (x<-lm(dist~speed,cars)) 指定公式来为 cars 数据集创建线性回归模型。

从运行结果可以看出 dist 与 speed 存在以下关系：

dist= -17.579+ 3.932*speed+ε。

```
(Intercept)    speed
   -17.579     3.932
```

（4）预测模型。在用 lm() 函数创建了线性回归模型后，可以用 coef() 函数查看回归系数，用 predict() 函数对该线性模型进行预测，在这里预测行驶距离为 5 时的制动距离。

```
> coef(x)
(Intercept)      speed
 -17.579095   3.932409
> predict(x,newdata=data.frame(speed=5))
     1
2.082949
```

当汽车的行驶速度为 5 时，predict() 函数预测得到的制动距离为 2.082949。

（5）查看模型。用 summary() 函数来查看该线性回归模型。

```
> summary(x)

Call:
lm(formula = dist ~ speed, data = cars)

Residuals:
Min       1Q       Median    3Q      Max
-29.069   -9.525   -2.272    9.215   43.201

Coefficients:
            Estimate Std. Error t value Pr(>|t|)
(Intercept)  -17.5791   6.7584   -2.601   0.0123 *
speed          3.9324   0.4155    9.464   1.49e-12 ***
---
Signif. codes:  0 '***' 0.001 '**' 0.01 '*' 0.05 '.' 0.1 ' ' 1

Residual standard error: 15.38 on 48 degrees of freedom
Multiple R-squared:  0.6511,    Adjusted R-squared:  0.6438
F-statistic: 89.57 on 1 and 48 DF,  p-value: 1.49e-12
```

Call：使用什么公式进行线性回归。

Residuals：显示从实际数据观察到的残差。

Coefficients：显示模型系数。

（6）绘制可视化图形。

用 plot() 函数绘制可视化图形，运行结果如图 8-5 至图 8-8 所示。

```
> plot(x)
等待页面改变的确认...
等待页面改变的确认...
等待页面改变的确认...
等待页面改变的确认...
```

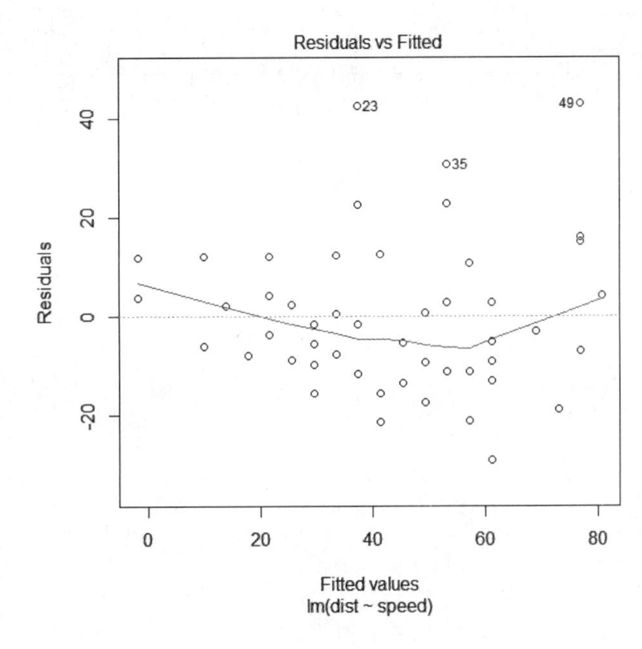

图 8-5　可视化图形 1

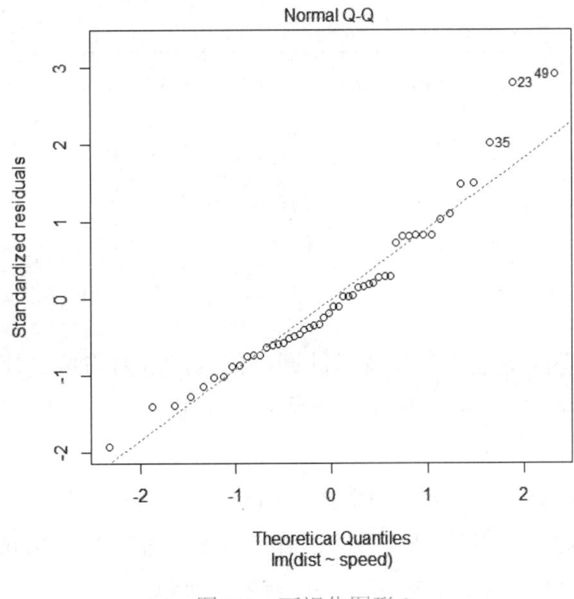

图 8-6　可视化图形 2

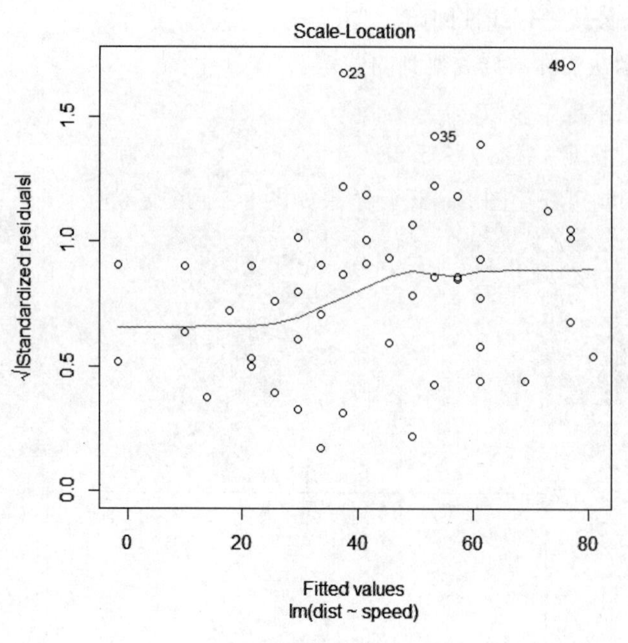

图 8-7 可视化图形 3

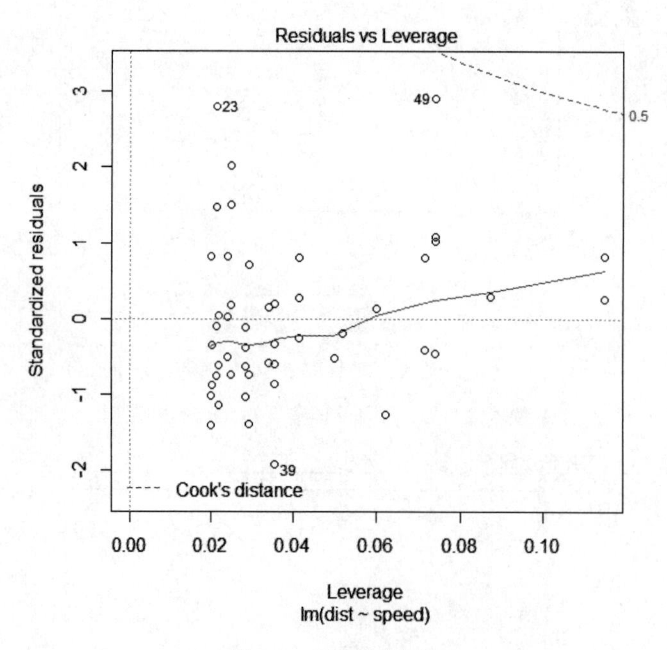

图 8-8 可视化图形 4

8.3.2 逻辑回归

逻辑回归用于处理因变量为分类变量的回归问题，常见的是二分类或二项分布问题，也可以处理多分类问题，它实际上是属于一种分类方法。例如给定一封邮件，判断是不是垃圾邮件。

逻辑回归一般是提供样本和已知模型求回归参数。逻辑回归算法将任意的输入映射到[0,1] 区间，在线性回归中可以得到一个预测值，再将该值映射到 Sigmoid() 函数中，这样就由求值问题转换为求概率问题。图 8-9 所示为逻辑回归。

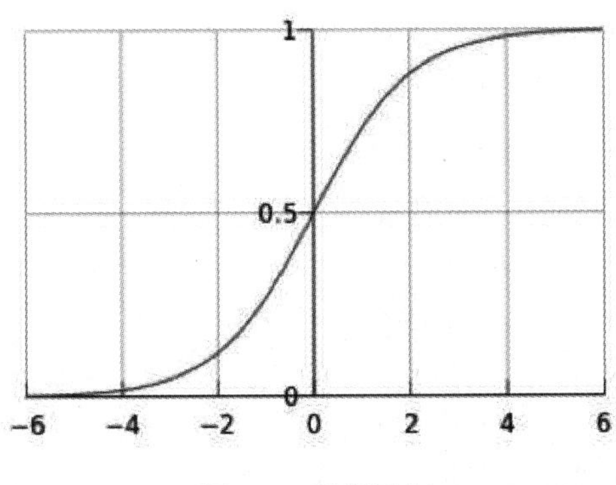

图 8-9 逻辑回归

利用逻辑回归判断垃圾邮件可以通过概率来实现。例如，某电子邮件分类器的逻辑回归输出值为 0.8，则表明该电子邮件是垃圾邮件的概率为 80%，不是垃圾邮件的概率为 20%。很明显，一封电子邮件是垃圾邮件或非垃圾邮件的概率之和为 1.0。

1. 逻辑回归模型的创建

逻辑回归中的 Sigmoid 激活函数如下：

$$f(x)=\frac{1}{1+e^{-x}}$$

该函数是一种阶跃函数，在不同横坐标尺度下可以从 0 瞬间跳到 1。从图 8-9 中可以发现，当 x>0 时，Sigmoid 函数值无限接近于 1，反之接近于 0。

结合 Sigmoid 函数与线性回归函数，把线性回归模型的输出作为 Sigmoid 函数的输入，于是就变成了逻辑回归模型：

$$f(x)=\frac{1}{1+e^{-w^{T}x}}$$

假设已经训练好了一组权值 w^{T}，只要把我们需要预测的 x 代入上面的方程，输出的 f(x) 值就是这个标签的概率。因此通过这个模型就能够判断输入数据是属于哪个类别。

在 R 语言中可以用 glm() 函数来创建逻辑回归模型，格式如下：

```
glm(formula,data,family)
```

其中，formula 指要拟合的模型形式，data 是一个数据框，包含了用于拟合模型的数据，family 则允许各种关联函数将均值和线性预测器关联起来，设置为 binomial。常用的 family 如下：

- binomal(link='logit')：响应变量服从二项分布，连接函数为 logit。
- binomal(link='probit')：响应变量服从二项分布，连接函数为 probit。
- poisson(link='identity')：响应变量服从泊松分布，连接函数为 identity。

2. 逻辑回归模型的应用

【例 8-3】用 glm() 函数进行逻辑回归建模。

该例用 iris 数据集进行逻辑回归二分类测试，iris 数据集是 R 语言自带的数据集。数据集包含 150 个数据样本 3 个分类，每类 50 个数据，每个数据包含 4 个属性：Sepal.Length（花萼长度）、Sepal.Width（花萼宽度）、Petal.Length（花瓣长度）、Petal.Width（花瓣宽度）。可通过花萼长度、花萼宽度、花瓣长度、花瓣宽度 4 个属性预测鸢尾花属于 Setosa、Versicolour、Virginica 三个种类中的哪一类。

（1）显示 iris 数据集的数据基本信息。

```
> str(iris)
'data.frame':   150 obs. of  5 variables:
 $ Sepal.Length: num  5.1 4.9 4.7 4.6 5 5.4 4.6 5 4.4 4.9 ...
 $ Sepal.Width : num  3.5 3 3.2 3.1 3.6 3.9 3.4 3.4 2.9 3.1 ...
 $ Petal.Length: num  1.4 1.4 1.3 1.5 1.4 1.7 1.4 1.5 1.4 1.5 ...
 $ Petal.Width : num  0.2 0.2 0.2 0.2 0.2 0.4 0.3 0.2 0.2 0.1 ...
 $ Species     : Factor w/ 3 levels "setosa","versicolor",..: 1 1 1 1 1 1 1 1 1 1 ...
```

（2）查看 iris 数据集结构。

```
> summary(iris)
  Sepal.Length    Sepal.Width     Petal.Length    Petal.Width          Species
 Min.   :4.300   Min.   :2.000   Min.   :1.000   Min.   :0.100   setosa    :50
 1st Qu.:5.100   1st Qu.:2.800   1st Qu.:1.600   1st Qu.:0.300   versicolor:50
 Median :5.800   Median :3.000   Median :4.350   Median :1.300   virginica :50
 Mean   :5.843   Mean   :3.057   Mean   :3.758   Mean   :1.199
 3rd Qu.:6.400   3rd Qu.:3.300   3rd Qu.:5.100   3rd Qu.:1.800
 Max.   :7.900   Max.   :4.400   Max.   :6.900   Max.   :2.500
```

（3）建立分类。

```
> d<-subset(iris,Species=='virginica'|Species=='versicolor')
> str(d)
'data.frame':   100 obs. of  5 variables:
 $ Sepal.Length: num  7 6.4 6.9 5.5 6.5 5.7 6.3 4.9 6.6 5.2 ...
 $ Sepal.Width : num  3.2 3.2 3.1 2.3 2.8 2.8 3.3 2.4 2.9 2.7 ...
 $ Petal.Length: num  4.7 4.5 4.9 4 4.6 4.5 4.7 3.3 4.6 3.9 ...
 $ Petal.Width : num  1.4 1.5 1.5 1.3 1.5 1.3 1.6 1 1.3 1.4 ...
 $ Species     : Factor w/ 3 levels "setosa","versicolor",..: 2 2 2 2 2 2 2 2 2 2 ...
```

由于逻辑回归模型的预测值只能有两个分类，因此用 factor() 为 Species 列指定分类。

```
> d$Species<-factor(d$Species)
> str(d)
'data.frame':   100 obs. of  5 variables:
 $ Sepal.Length: num  7 6.4 6.9 5.5 6.5 5.7 6.3 4.9 6.6 5.2 ...
 $ Sepal.Width : num  3.2 3.2 3.1 2.3 2.8 2.8 3.3 2.4 2.9 2.7 ...
 $ Petal.Length: num  4.7 4.5 4.9 4 4.6 4.5 4.7 3.3 4.6 3.9 ...
 $ Petal.Width : num  1.4 1.5 1.5 1.3 1.5 1.3 1.6 1 1.3 1.4 ...
 $ Species     : Factor w/ 2 levels "versicolor","virginica": 1 1 1 1 1 1 1 1 1 1 ...
```

（4）在改变 Species 的因子后，用 glm() 函数创建逻辑回归模型，设置 family= binomial。

```
> (m<-glm(Species~.,data=d,family="binomial"))

Call:  glm(formula = Species ~ ., family = "binomial", data = d)

Coefficients:
```

```
(Intercept)   Sepal.Length   Sepal.Width   Petal.Length   Petal.Width
-42.638       -2.465         -6.681        9.429          18.286

Degrees of Freedom: 99 Total (i.e. Null);  95 Residual
Null Deviance:     138.6
Residual Deviance: 11.9      AIC: 21.9
```

（5）用 fitted() 函数查看模型拟合值。

```
> fitted(m)[c(1:5,51:55)]
51            52            53            54            55            101           102
1.171672e-05  4.856237e-05  1.198626e-03  4.220049e-05  1.408470e-03  1.000000e+00  9.996139e-01
103           104           105
9.999990e-01  9.997188e-01  9.999999e-01
```

（6）用 as.numeric() 函数将因子变换为保存数值的向量。

```
> f<-fitted(m)
> as.numeric(d$Species)
 [1] 1 1 1 1 1 1 1 1 1 1 1 1 1 1 1 1 1 1 1 1 1 1 1 1 1 1 1 1 1 1 1 1 1 1 1 1 1 1 1 1 1 1 1 1 1 1 1 1 1
[50] 1 2 2 2 2 2 2 2 2 2 2 2 2 2 2 2 2 2 2 2 2 2 2 2 2 2 2 2 2 2 2 2 2 2 2 2 2 2 2 2 2 2 2 2 2 2 2 2 2
[99] 2 2
```

（7）调用 as.numeric() 函数变换因子后全部 -1 并查看逻辑回归模型分析的结果。在预测值与实际分类一致时为 TRUE，不一致时为 FALSE。

```
> ifelse(f>.5,1,0)==as.numeric(d$Species)-1
51   52   53   54   55   56   57   58   59   60   61   62   63   64   65   66   67
TRUE TRUE TRUE TRUE TRUE TRUE TRUE TRUE TRUE TRUE TRUE TRUE TRUE TRUE TRUE TRUE TRUE
68   69   70   71   72   73   74   75   76   77   78   79   80   81   82   83   84
TRUE TRUE TRUE TRUE TRUE TRUE TRUE TRUE TRUE TRUE TRUE TRUE TRUE TRUE TRUE TRUE FALSE
85   86   87   88   89   90   91   92   93   94   95   96   97   98   99   100  101
TRUE TRUE TRUE TRUE TRUE TRUE TRUE TRUE TRUE TRUE TRUE TRUE TRUE TRUE TRUE TRUE TRUE
102  103  104  105  106  107  108  109  110  111  112  113  114  115  116  117  118
TRUE TRUE TRUE TRUE TRUE TRUE TRUE TRUE TRUE TRUE TRUE TRUE TRUE TRUE TRUE TRUE TRUE
119  120  121  122  123  124  125  126  127  128  129  130  131  132  133  134  135
TRUE TRUE TRUE TRUE TRUE TRUE TRUE TRUE TRUE TRUE TRUE TRUE TRUE TRUE TRUE FALSE TRUE
136  137  138  139  140  141  142  143  144  145  146  147  148  149  150
TRUE TRUE TRUE TRUE TRUE TRUE TRUE TRUE TRUE TRUE TRUE TRUE TRUE TRUE TRUE
```

（8）用 predict() 函数进行预测，求得的范围为 0 ～ 1。

```
> predict(m,newdata=d[c(1,30,60),],type="response")
51            80            110
1.171672e-05  1.290424e-10  1.000000e+00
```

（9）用 plot() 函数绘制可视化图形，运行结果如图 8-10 至图 8-13 所示。

```
> plot(m)
等待页面改变的确认...
等待页面改变的确认...
等待页面改变的确认...
等待页面改变的确认...
```

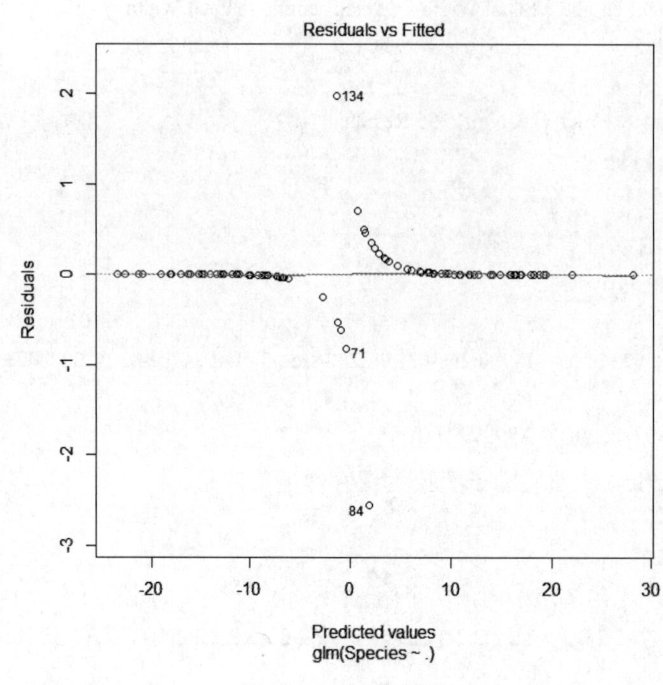

图 8-10 可视化图形 1

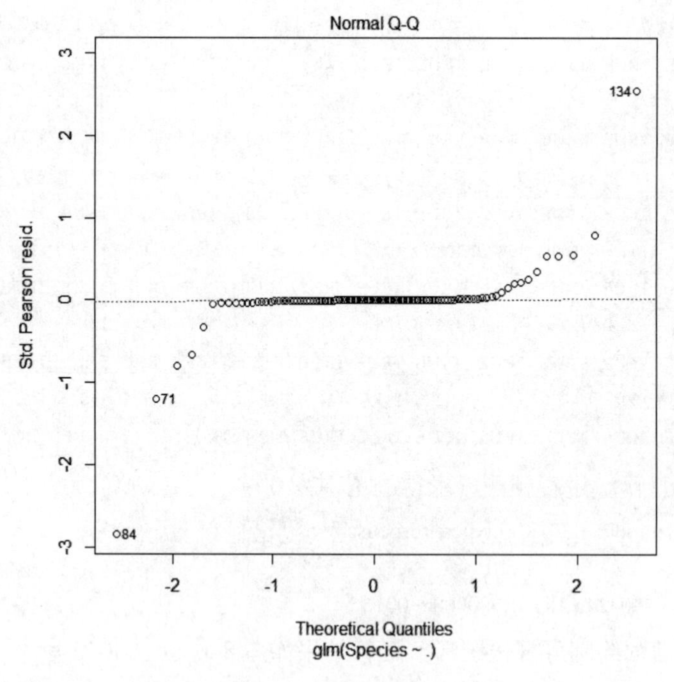

图 8-11 可视化图形 2

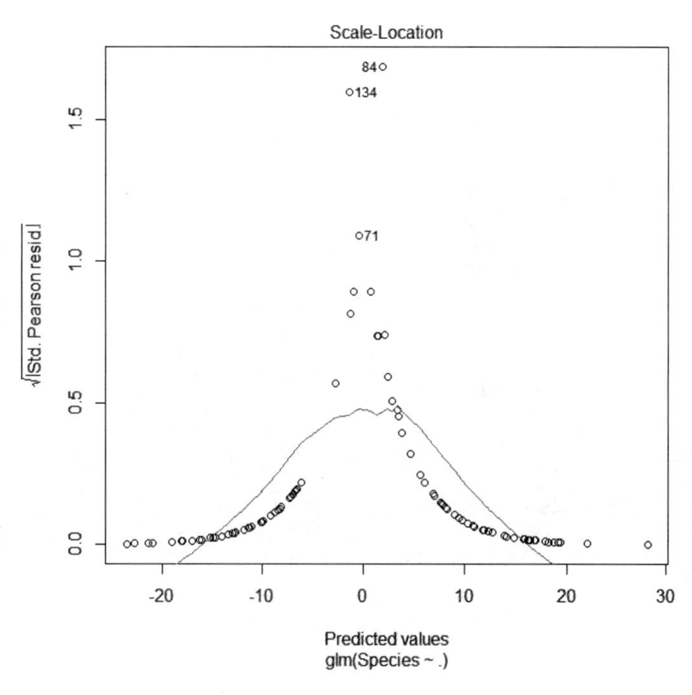

图 8-12　可视化图形 3

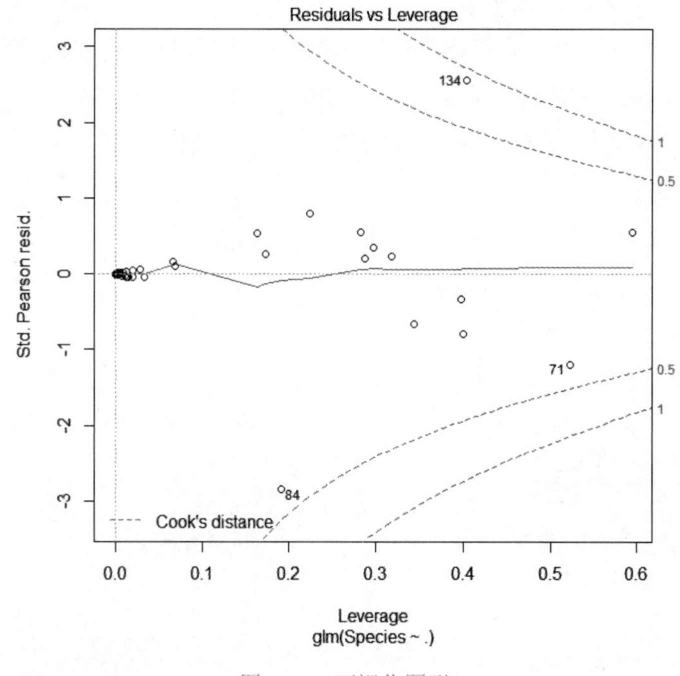

图 8-13　可视化图形 4

8.3.3　聚类

聚类是将相似的事物聚集在一起，将不相似的事物划分到不同类别的过程，是数据挖掘方法中一种重要的手段。聚类算法的目标是将数据集分成若干簇，使得同一簇内的数据点相似度尽可能大，而不同簇间的数据点相似度尽可能小。图 8-14 所示为聚类的实现，通过算法将数据集中的数据分为了 3 个簇。

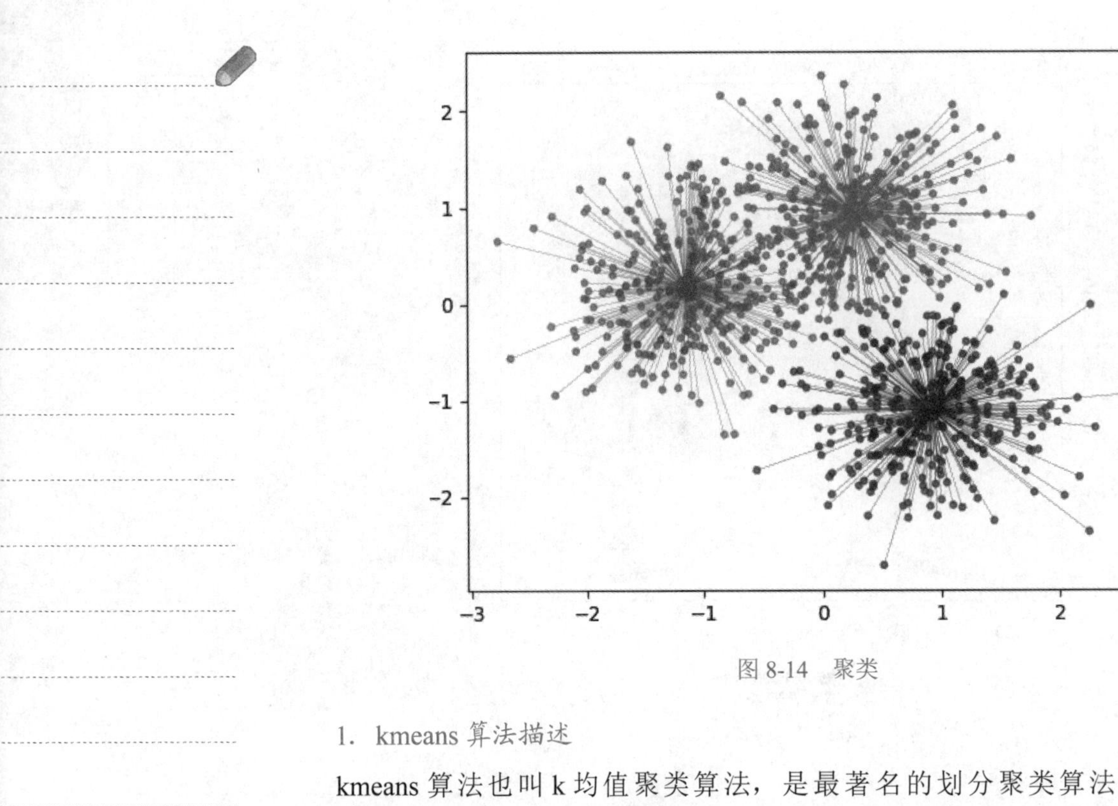

图 8-14 聚类

1. kmeans 算法描述

kmeans 算法也叫 k 均值聚类算法，是最著名的划分聚类算法。由于简洁高效，kmeans 算法成为所有聚类算法中最被广泛使用的。步骤是，随机选取 k 个对象作为初始的聚类中心，然后计算每个对象与各个种子聚类中心之间的距离，把每个对象分配给距离它最近的聚类中心。聚类中心以及分配给它们的对象就代表一个聚类。每分配一个样本，聚类的聚类中心会根据聚类中现有的对象被重新计算。这个过程将不断重复，直到满足某个终止条件。

2. kmeans 算法的应用

【例 8-4】用 kmeans 算法分析 iris 数据集。

（1）检查 iris 数据集的维度。

```
> dim(iris)
[1] 150   5
```

（2）显示 iris 数据集的列名。

```
> names(iris)
[1] "Sepal.Length" "Sepal.Width"  "Petal.Length" "Petal.Width"  "Species"
```

（3）显示 iris 数据集的内部结构。

```
> str(iris)
'data.frame':   150 obs. of  5 variables:
 $ Sepal.Length: num  5.1 4.9 4.7 4.6 5 5.4 4.6 5 4.4 4.9 ...
 $ Sepal.Width : num  3.5 3 3.2 3.1 3.6 3.9 3.4 3.4 2.9 3.1 ...
 $ Petal.Length: num  1.4 1.4 1.3 1.5 1.4 1.7 1.4 1.5 1.4 1.5 ...
 $ Petal.Width : num  0.2 0.2 0.2 0.2 0.2 0.4 0.3 0.2 0.2 0.1 ...
 $ Species     : Factor w/ 3 levels "setosa","versicolor",..: 1 1 1 1 1 1 1 1 1 1 ...
```

（4）将 iris 数据集备份，运行 kmeans 聚类分析，并将需要生成的聚类数设置为 3 。

```
> newiris<-iris
> newiris$Species<-NULL
```

```
> (kc<-kmeans(newiris,3))
K-means clustering with 3 clusters of sizes 50, 62, 38

Cluster means:
  Sepal.Length  Sepal.Width  Petal.Length  Petal.Width
1 5.006000      3.428000     1.462000      0.246000
2 5.901613      2.748387     4.393548      1.433871
3 6.850000      3.073684     5.742105      2.071053

Clustering vector:
 [1] 1 1 1 1 1 1 1 1 1 1 1 1 1 1 1 1 1 1 1 1 1 1 1 1 1 1 1 1 1 1 1 1 1 1 1 1 1 1 1 1 1 1 1 1 1 1 1 1 1
 [50] 1 2 2 3 2 2 2 2 2 2 2 2 2 2 2 2 2 2 2 2 2 2 2 2 2 2 2 2 3 2 2 2 2 2 2 2 2 2 2 2 2 2 2 2 2 2 2 2 2
 [99] 2 2 3 2 3 3 3 3 2 3 3 3 3 3 3 2 2 3 3 3 3 2 3 2 3 2 3 3 2 2 3 3 3 3 3 2 3 3 3 3 2 3 3 3 2 3 3 3 2
[148] 3 3 2

Within cluster sum of squares by cluster:
[1] 15.15100 39.82097 23.87947
 (between_SS / total_SS =  88.4 %)

Available components:

[1] "cluster"    "centers"    "totss"    "withinss"    "tot.withinss"    "betweenss"
[7] "size"       "iter"       "ifault"
> table(iris$Species,kc$cluster)

             1    2    3
 setosa      50   0    0
 versicolor  0    48   2
 virginica   0    14   36
> plot(newiris[c("Sepal.Length","Sepal.Width")],col=kc$cluster)
```

K-means clustering with 3 clusters of sizes 50,62,38：该程序产生了 3 个聚类，大小为 50、62、38。

Cluster means：每个聚类中各个列值生成的最终平均值。

Clustering vector：每行记录所属的聚类（2 代表属于第二个聚类，1 代表属于第一个聚类，3 代表属于第三个聚类）。

Within cluster sum of squares by cluster：每个聚类内部的距离平方和。

Available components：运行 kmeans 函数返回的对象所包含的各个组成部分。

table(iris$Species,kc$cluster)：创建一个连续表，在 3 个聚类中分别统计各种花出现的次数。

plot(newiris[c("Sepal.Length","Sepal.Width")],col=kc$cluster)：根据最后的聚类结果画出散点图，数据为结果集中的列 Sepal.Length 和 Sepal.Width，用不同的颜色表示。运行结果如图 8-15 所示。

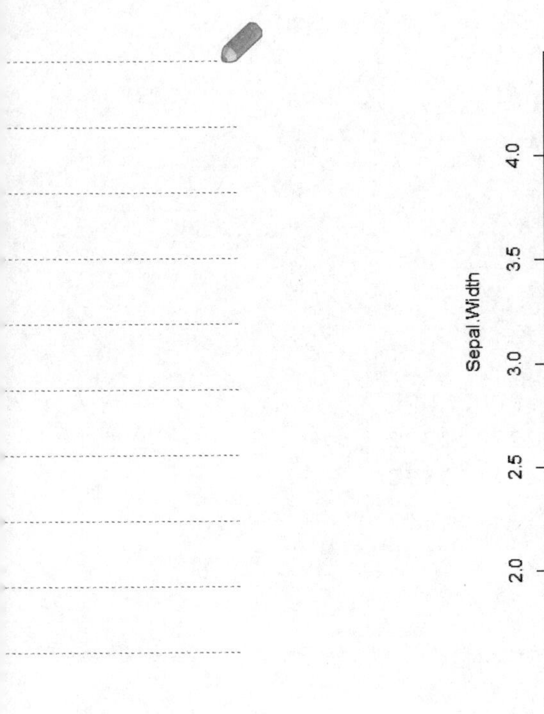

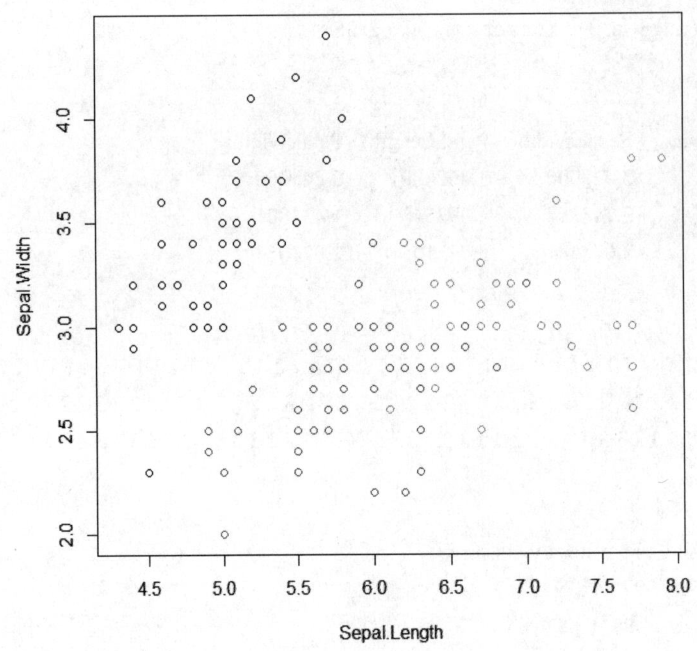

图 8-15 聚类结果

8.3.4 神经网络

神经网络（Neural Network，NN）是由大量处理单元——神经元（Neurons）广泛互连而成的网络，是对人脑的抽象、简化和模拟，它反映人脑的基本特性。

1. 神经网络概述

神经网络有两种指向：一种是生物神经网络，另一种是人工神经网络。在这里专指人工神经网络。它是一种模仿动物神经网络行为特征，进行分布式并行信息处理的算法数学模型。因此神经网络也常称为人工神经网络或类神经网络。神经网络是一种由大量的节点（或称神经元）相互连接构成的运算模型，是对人脑或自然神经网络一些基本特性的抽象和模拟，目的在于模拟大脑的某些机理和机制，从而实现某些方面的功能。通俗地讲，人工神经网络是仿真研究生物神经网络的结果。详细地说，人工神经网络是为获得某个特定问题的解，根据所掌握的生物神经网络机理，按照控制工程的思路及数学描述方法，建立相应的数学模型并采用适当的算法而有针对性地确定数学模型参数的技术。

人工神经网络算法的原理基于以下两点：

（1）信息是通过神经元上的兴奋模式分布存储在网络上的。

（2）信息处理是通过神经元之间同时相互作用的动态过程来完成的。人工神经网络首先要以一定的学习准则进行学习，然后才能工作。现在以人工神经网络对于写“A”和“B”两个字母的识别为例进行说明，规定当“A”输入网络时，应该输出“1”，当输入为“B”时，输出为“0”。

因此，网络学习的准则应该是：如果网络作出错误的判决，则通过网络的学习应使网络减少下次犯同样错误的可能性。给网络的各连接权值赋予 (0,1) 区间内的随机值，将“A”所对应的图像模式输入给网络，网络将输入模式加权求和、与门限比较、进行非线性运算，得到网络的输出。在此情况下，网络输出为“1”和“0”的概率各为50%，也就是说是完全随机的。这时如果输出为“1”(结果正确)，则使连接权值增大，以便使网络再次遇到“A”模式输入时仍然能作出正确的判断。

我们从最简单的单个神经元来讲述神经网络模型的架构，如图8-16所示就是一个单个神经元的网络模型。这个神经元是一个运算单元，它的输入是训练样本x1,x2,x3，+1是一个偏置项。

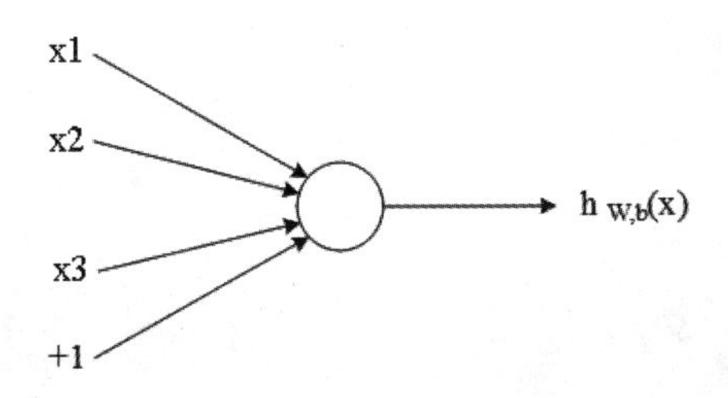

图8-16 单个神经元的网络模型

前馈神经网络是一种简单的神经网络，各神经元分层排列，每个神经元只与前一层的神经元相连，接收前一层的输出并输出给下一层，各层间没有反馈，是目前应用最广泛、发展最迅速的人工神经网络之一。前馈神经网络模型如图8-17所示。

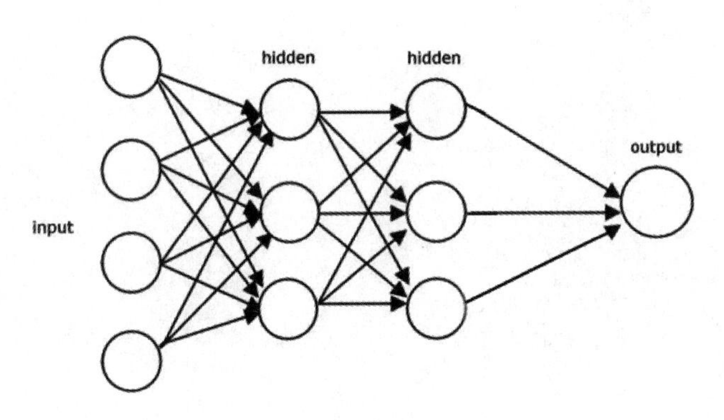

图8-17 前馈神经网络模型

在该结构中，网络最左边一层被称为输入层，用input表示，其中的神经元被称为输入神经元；最右边即输出层包含输出神经元，用output表示，这里只有一个单一的输出神经元，但一般情况下输出层也会有多个神经元；中间层被称为隐含层，用hidden表示，因为里面的神经元既不是输入也不是输出。

2. 神经网络的应用

在R语言中可以用nnet包来创建神经网络模型，该包实现了前馈神经网络和多项对数线性模型。

【例8-5】用nnet包创建神经网络。

(1) 导入nnet包。

```
> library(nnet)
```

(2) 获取数据，设置预测变量和目标变量。

```
> ir<-rbind(iris3[,,1],iris3[,,2],iris3[,,3])
> targets<-class.ind(c(rep("s",50),rep("c",50),rep("v",50)))
```

(3) 对数据集进行划分，一般选取70%进行模型训练，选取30%进行模型预测。

```
> set.seed(1234)
> samp <- c(sample(1:50,35), sample(51:100,35), sample(101:150,35))
> ir.train <- ir[samp,]
> targets.train <- targets[samp,]
> ir.validation <- ir[-samp,]
> targets.validation <- targets[-samp, ]
```

（4）构建模型。

```
> ir.nnet <- nnet(ir.train, targets.train, size = 2, rang = 0.1,
+ decay = 5e-4, maxit = 200)
#weights:  19
initial  value 78.462383
iter  10 value 35.515498
iter  20 value 28.875735
iter  30 value 2.444871
iter  40 value 1.248632
iter  50 value 0.674175
iter  60 value 0.601492
iter  70 value 0.562923
```

（5）模型应用。

```
> test.cl <- function(true, pred) {
+ true <- max.col(true)
+ cres <- max.col(pred)
+ table(true, cres)
+ }
> test.cl(targets.validation, predict(ir.nnet, ir.validation))
    cres
true  1   2   3
1     13  0   2
2     0   15  0
3     1   0   14
```

8.4 机器学习基本流程

机器学习的基本流程主要包含数据收集、数据预处理与特征工程和模型的选择与训练。

8.4.1 数据的收集

数据的收集

业界有一句非常著名的话："数据决定了机器学习的上界，而模型和算法只是逼近这个上界。"由此可见，数据对整个机器学习项目来说至关重要。因此机器学习的第一步就是收集数据，这一步非常重要，因为收集到的数据的质量和数量将直接决定预测模型是否能够建好。

通常，我们拿到一个具体的领域问题后，可以使用网上一些具有代表性的、大众经常会用到的公开数据集。相较于自己整理的数据集，显然大众的数据集更具有代表性，数据处理的结果也更容易得到大家的认可。

一般在机器学习中提取数据的方法有很多，为了节省时间和精力，可以使用公开可用的数据源。此外，大众的数据集在数据过拟合、数据偏差、数值缺失等问题上也会处理得更好。但是如果在网上找不到现成的数据，就只能收集原始数据，再一步步进行加工和整理。

常见的适合机器学习的数据集主要有以下几种：

- Kaggle 数据集。Kaggle 数据集中包含了用于各种任务、不同规模的真实数据集，而且有许多不同的格式。此外，还可以在这里找到与每个数据集相关联的交互式笔记本 Kernels，这些笔记本能够在浏览器中运行。
- 亚马逊数据集。亚马逊数据集里有许多不同领域的数据集，如公共交通、生态资源、卫星图像等，并且提供了一个搜索框来帮助人们寻找数据集，并附有相关描述和用法示例。
- UCI 机器学习数据库。UCI 机器学习数据库来自加州大学信息与计算机科学学院，里面有 100 个数据集。该数据集已经按照机器学习问题进行了分类，人们可以在这里找到单变量和多变量时间序列数据集，分类、回归或推荐系统的数据集。
- 谷歌数据集搜索引擎。2018 年 9 月谷歌推出了这项服务，可以按名称搜索数据集。该服务的目标是将成千上万的不同数据集收集起来。
- 微软数据集。2018 年 7 月，微软推出“微软研究开放数据”，涵盖计算机科学、社会科学、物理学、天文学、生物学、经济学等多个学科领域。该数据集存储在云端，主要用于推动全球研究团体之间的协作。
- 计算机视觉数据。计算机视觉数据中有各种用于计算机视觉研究的数据集，可以通过特定的主题去查找数据集，如语义分割、图像字幕、图像生成等，也可以通过应用场景来查找数据集，如自动驾驶汽车数据集。

图 8-18 所示为波士顿房价数据集的部分内容，图 8-19 所示为现代奥运会历史数据集的部分内容。

	A	B	C	D	E	F	G	H	I	J	K	L	M
1	CRIM	ZN	INDUS	CHAS	NOX	RM	AGE	DIS	RAD	TAX	PTRATIO	LSTAT	MEDV
2	0.00632	18	2.31	0	0.538	6.575	65.2	4.09	1	296	15.3	4.98	24
3	0.02731	0	7.07	0	0.469	6.421	78.9	4.9671	2	242	17.8	9.14	21.6
4	0.02729	0	7.07	0	0.469	7.185	61.1	4.9671	2	242	17.8	4.03	34.7
5	0.03237	0	2.18	0	0.458	6.998	45.8	6.0622	3	222	18.7	2.94	33.4
6	0.06905	0	2.18	0	0.458	7.147	54.2	6.0622	3	222	18.7	5.33	36.2
7	0.02985	0	2.18	0	0.458	6.43	58.7	6.0622	3	222	18.7	5.21	28.7
8	0.08829	12.5	7.87	0	0.524	6.012	66.6	5.5605	5	311	15.2	12.43	22.9
9	0.14455	12.5	7.87	0	0.524	6.172	96.1	5.9505	5	311	15.2	19.15	27.1
10	0.21124	12.5	7.87	0	0.524	5.631	100	6.0821	5	311	15.2	29.93	16.5
11	0.17004	12.5	7.87	0	0.524	6.004	85.9	6.5921	5	311	15.2	17.1	18.9
12	0.22489	12.5	7.87	0	0.524	6.377	94.3	6.3467	5	311	15.2	20.45	15
13	0.11747	12.5	7.87	0	0.524	6.009	82.9	6.2267	5	311	15.2	13.27	18.9
14	0.09378	12.5	7.87	0	0.524	5.889	39	5.4509	5	311	15.2	15.71	21.7
15	0.62976	0	8.14	0	0.538	5.949	61.8	4.7075	4	307	21	8.26	20.4
16	0.63796	0	8.14	0	0.538	6.096	84.5	4.4619	4	307	21	10.26	18.2
17	0.62739	0	8.14	0	0.538	5.834	56.5	4.4986	4	307	21	8.47	19.9
18	1.05393	0	8.14	0	0.538	5.935	29.3	4.4986	4	307	21	6.58	23.1
19	0.7842	0	8.14	0	0.538	5.99	81.7	4.2579	4	307	21	14.67	17.5
20	0.80271	0	8.14	0	0.538	5.456	36.6	3.7965	4	307	21	11.69	20.2
21	0.7258	0	8.14	0	0.538	5.727	69.5	3.7965	4	307	21	11.28	18.2
22	1.25179	0	8.14	0	0.538	5.57	98.1	3.7979	4	307	21	21.02	13.6
23	0.85204	0	8.14	0	0.538	5.965	89.2	4.0123	4	307	21	13.83	19.6
24	1.23247	0	8.14	0	0.538	6.142	91.7	3.9769	4	307	21	18.72	15.2
25	0.98843	0	8.14	0	0.538	5.813	100	4.0952	4	307	21	19.88	14.5
26	0.75026	0	8.14	0	0.538	5.924	94.1	4.3996	4	307	21	16.3	15.6
27	0.84054	0	8.14	0	0.538	5.599	85.7	4.4546	4	307	21	16.51	13.9
28	0.67191	0	8.14	0	0.538	5.813	90.3	4.682	4	307	21	14.81	16.6
29	0.95577	0	8.14	0	0.538	6.047	88.8	4.4534	4	307	21	17.28	14.8
30	0.77299	0	8.14	0	0.538	6.495	94.4	4.4547	4	307	21	12.8	18.4
31	1.00245	0	8.14	0	0.538	6.674	87.3	4.239	4	307	21	11.98	21
32	1.13081	0	8.14	0	0.538	5.713	94.1	4.233	4	307	21	22.6	12.7
33	1.35472	0	8.14	0	0.538	6.072	100	4.175	4	307	21	13.04	14.5
34	1.38799	0	8.14	0	0.538	5.95	82	3.99	4	307	21	27.71	13.2
35	1.15172	0	8.14	0	0.538	5.701	95	3.7872	4	307	21	18.35	13.1
36	1.61282	0	8.14	0	0.538	6.096	96.9	3.7598	4	307	21	20.34	13.5
37	0.06417	0	5.96	0	0.499	5.933	68.2	3.3603	5	279	19.2	9.68	18.9
38	0.09744	0	5.96	0	0.499	5.841	61.4	3.3779	5	279	19.2	11.41	20
39	0.08014	0	5.96	0	0.499	5.85	41.5	3.9342	5	279	19.2	8.77	21
40	0.17505	0	5.96	0	0.499	5.966	30.2	3.8473	5	279	19.2	10.13	24.7
41	0.02763	75	2.95	0	0.428	6.595	21.8	5.4011	3	252	18.3	4.32	30.8
42	0.03359	75	2.95	0	0.428	7.024	15.8	5.4011	3	252	18.3	1.98	34.9
43	0.12744	0	6.91	0	0.448	6.77	2.9	5.7209	3	233	17.9	4.84	26.6
44	0.1415	0	6.91	0	0.448	6.169	6.6	5.7209	3	233	17.9	5.81	25.3

图 8-18　波士顿房价数据集的部分内容

	A	B	C	D	E	F	G	H	I	J	K	L	M	N	O
1	ID	Name	Sex	Age	Height	Weight	Team	NOC	Games	Year	Season	City	Sport	Event	Medal
2	1	A Dijiang	M	24	180	80	China	CHN	1992 Summ	1992	Summer	Barcelona	Basketbal	Basketball Men's Basketball	NA
3	2	A Lamusi	M	23	170	60	China	CHN	2012 Summ	2012	Summer	London	Judo	Judo Men's Extra-Lightweight	NA
4	3	Gunnar Ni	M	24	NA	NA	Denmark	DEN	1920 Summ	1920	Summer	Antwerper	Football	Football Men's Football	NA
5	4	Edgar Lir	M	34	NA	NA	Denmark/S	DEN	1900 Summ	1900	Summer	Paris	Tug-Of-Wa	Tug-Of-War Men's Tug-Of-War	Gold
6	5	Christine	F	21	185	82	Netherlar	NED	1988 Wint	1988	Winter	Calgary	Speed Ska	Speed Skating Women's 500 metres	NA
7	5	Christine	F	21	185	82	Netherlar	NED	1988 Wint	1988	Winter	Calgary	Speed Ska	Speed Skating Women's 1,000 metre	NA
8	5	Christine	F	25	185	82	Netherlar	NED	1992 Wint	1992	Winter	Albertvil	Speed Ska	Speed Skating Women's 500 metres	NA
9	5	Christine	F	25	185	82	Netherlar	NED	1992 Wint	1992	Winter	Albertvil	Speed Ska	Speed Skating Women's 1,000 metre	NA
10	5	Christine	F	27	185	82	Netherlar	NED	1994 Wint	1994	Winter	Lillehamm	Speed Ska	Speed Skating Women's 500 metres	NA
11	5	Christine	F	27	185	82	Netherlar	NED	1994 Wint	1994	Winter	Lillehamm	Speed Ska	Speed Skating Women's 1,000 metre	NA
12	6	Per Knut	M	31	188	75	United St	USA	1992 Wint	1992	Winter	Albertvil	Cross Cou	Cross Country Skiing Men's 10 kil	NA
13	6	Per Knut	M	31	188	75	United St	USA	1992 Wint	1992	Winter	Albertvil	Cross Cou	Cross Country Skiing Men's 50 kil	NA
14	6	Per Knut	M	31	188	75	United St	USA	1992 Wint	1992	Winter	Albertvil	Cross Cou	Cross Country Skiing Men's 10/15 I	NA
15	6	Per Knut	M	31	188	75	United St	USA	1992 Wint	1992	Winter	Albertvil	Cross Cou	Cross Country Skiing Men's 4 x 10	NA
16	6	Per Knut	M	33	188	75	United St	USA	1994 Wint	1994	Winter	Lillehamm	Cross Cou	Cross Country Skiing Men's 10 kil	NA
17	6	Per Knut	M	33	188	75	United St	USA	1994 Wint	1994	Winter	Lillehamm	Cross Cou	Cross Country Skiing Men's 30 kil	NA
18	6	Per Knut	M	33	188	75	United St	USA	1994 Wint	1994	Winter	Lillehamm	Cross Cou	Cross Country Skiing Men's 10/15 I	NA
19	6	Per Knut	M	33	188	75	United St	USA	1994 Wint	1994	Winter	Lillehamm	Cross Cou	Cross Country Skiing Men's 4 x 10	NA
20	7	John Aalt	M	31	183	72	United St	USA	1992 Wint	1992	Winter	Albertvil	Cross Cou	Cross Country Skiing Men's 10 kil	NA
21	7	John Aalt	M	31	183	72	United St	USA	1992 Wint	1992	Winter	Albertvil	Cross Cou	Cross Country Skiing Men's 50 kil	NA
22	7	John Aalt	M	31	183	72	United St	USA	1992 Wint	1992	Winter	Albertvil	Cross Cou	Cross Country Skiing Men's 10/15 I	NA
23	7	John Aalt	M	31	183	72	United St	USA	1992 Wint	1992	Winter	Albertvil	Cross Cou	Cross Country Skiing Men's 4 x 10	NA
24	7	John Aalt	M	33	183	72	United St	USA	1994 Wint	1994	Winter	Lillehamm	Cross Cou	Cross Country Skiing Men's 10 kil	NA
25	7	John Aalt	M	33	183	72	United St	USA	1994 Wint	1994	Winter	Lillehamm	Cross Cou	Cross Country Skiing Men's 30 kil	NA
26	7	John Aalt	M	33	183	72	United St	USA	1994 Wint	1994	Winter	Lillehamm	Cross Cou	Cross Country Skiing Men's 10/15 I	NA
27	7	John Aalt	M	33	183	72	United St	USA	1994 Wint	1994	Winter	Lillehamm	Cross Cou	Cross Country Skiing Men's 4 x 10	NA
28	8	Cornelia	F	18	168	NA	Netherlar	NED	1932 Summ	1932	Summer	Los Angel	Athletics	Athletics Women's 100 metres	NA
29	8	Cornelia	F	18	168	NA	Netherlar	NED	1932 Summ	1932	Summer	Los Angel	Athletics	Athletics Women's 4 x 100 metres I	NA
30	9	Antti Sar	M	26	186	96	Finland	FIN	2002 Wint	2002	Winter	Salt Lake	Ice Hocke	Ice Hockey Men's Ice Hockey	NA
31	10	Einar Fer	M	26	NA	NA	Finland	FIN	1952 Summ	1952	Summer	Helsinki	Swimming	Swimming Men's 400 metres Freesty	NA
32	11	Jorma Ilr	M	22	182	76.5	Finland	FIN	1980 Wint	1980	Winter	Lake Plac	Cross Cou	Cross Country Skiing Men's 30 kil	NA
33	12	Jyri Tapa	M	31	172	70	Finland	FIN	2000 Summ	2000	Summer	Sydney	Badmintor	Badminton Men's Singles	NA
34	13	Minna Maa	F	30	159	55.5	Finland	FIN	1996 Summ	1996	Summer	Atlanta	Sailing	Sailing Women's Windsurfer	NA
35	13	Minna Maa	F	34	159	55.5	Finland	FIN	2000 Summ	2000	Summer	Sydney	Sailing	Sailing Women's Windsurfer	NA
36	14	Pirjo Har	F	32	171	65	Finland	FIN	1994 Wint	1994	Winter	Lillehamm	Biathlon	Biathlon Women's 7.5 kilometres S	NA
37	15	Arvo Ossi	M	22	NA	NA	Finland	FIN	1912 Summ	1912	Summer	Stockholm	Swimming	Swimming Men's 200 metres Breasts	NA
38	15	Arvo Ossi	M	22	NA	NA	Finland	FIN	1912 Summ	1912	Summer	Stockholm	Swimming	Swimming Men's 400 metres Breasts	NA
39	15	Arvo Ossi	M	30	NA	NA	Finland	FIN	1920 Summ	1920	Summer	Antwerper	Swimming	Swimming Men's 200 metres Breasts	Bronze
40	15	Arvo Ossi	M	30	NA	NA	Finland	FIN	1920 Summ	1920	Summer	Antwerper	Swimming	Swimming Men's 400 metres Breasts	Bronze
41	15	Arvo Ossi	M	34	NA	NA	Finland	FIN	1924 Summ	1924	Summer	Paris	Swimming	Swimming Men's 200 metres Breasts	NA
42	16	Juhamatti	M	28	184	85	Finland	FIN	2014 Wint	2014	Winter	Sochi	Ice Hocke	Ice Hockey Men's Ice Hockey	Bronze
43	17	Paavo Joh	M	28	175	64	Finland	FIN	1948 Summ	1948	Summer	London	Gymnastic	Gymnastics Men's Individual All-A	Bronze
44	17	Paavo Joh	M	28	175	64	Finland	FIN	1948 Summ	1948	Summer	London	Gymnastic	Gymnastics Men's Team All-Around	Gold

图 8-19 现代奥运会历史数据集的部分内容

8.4.2 数据预处理与特征工程

模型的质量在很大程度上取决于输入模型的数据。当从数据挖掘过程中收集数据时会丢失一些数据（我们将其称为丢失值），而且很容易受到噪音的影响。这都导致低质量数据的结果数据集或多或少存在数据缺失、分布不均衡、存在异常数据、混有无关紧要的数据等诸多数据不规范的问题。这就需要我们对收集到的数据进行进一步的处理，包括处理缺失值、处理偏离值、数据规范化、数据的转换等，这样的步骤叫做“数据预处理”。

【例 8-6】使用 R 进行数据预处理。

（1）导入 iris 包，插入少量缺失值（NA），并用 complete.cases() 函数来检测数据集中是否存在缺失值。

```
> iris_na<-iris
> iris_na[c(10,20,30,40),2]<-NA
> iris_na[c(15,25,35,45),3]<-NA
> iris_na[!complete.cases(iris_na),]
    Sepal.Length  Sepal.Width  Petal.Length  Petal.Width  Species
10  4.9           NA           1.5           0.1          setosa
15  5.8           4.0          NA            0.2          setosa
20  5.1           NA           1.5           0.3          setosa
25  4.8           3.4          NA            0.2          setosa
30  4.7           NA           1.6           0.2          setosa
35  4.9           3.1          NA            0.2          setosa
40  5.1           NA           1.5           0.2          setosa
45  5.1           3.8          NA            0.4          setosa
```

在代码中，缺失值用 NA 来表示。

（2）安装 DMwR 包并导入。

```
> install.packages("DMwR")
> library(DMwR)
```

（3）用K最近邻算法找k个近邻值，并用其加权平均值来替换NA值。

```
> knnImputation(iris_na[1:4])[c(10,15,20,25,30,35,40,45),]
   Sepal.Length  Sepal.Width  Petal.Length  Petal.Width
10 4.9           3.262546     1.500000      0.1
15 5.8           4.000000     1.522500      0.2
20 5.1           3.492657     1.500000      0.3
25 4.8           3.400000     1.439828      0.2
30 4.7           3.197970     1.600000      0.2
35 4.9           3.100000     1.423648      0.2
40 5.1           3.509506     1.500000      0.2
45 5.1           3.800000     1.470830      0.4
```

R语言中常用knnImputation()函数实现通过案例（行）之间的相似性来填充缺失值的目的。它根据K最近邻算法找到任何案例最近的k个邻居，并通过设定函数值（一般会选取均值、中位数、众数等）来填充缺失值。

经过数据预处理数据规范了很多，接着可以进行数据的“特征工程”，该步主要是对数据集进行特征提取、数据降维等处理。打个比方来说，原始数据好比石油，特征工程就好比从石油中提取以乙烯、丙烯、丁二烯、苯、甲苯、二甲苯为代表的基本化工原料，模型训练就好比用基本化工原料来生产多种有机化工原料及合成材料等。因此特征工程指的是把原始数据转变为模型的训练数据的过程，目的就是获取更好的训练数据特征，使机器学习模型逼近这个上限。特征工程能使模型的性能得到提升，有时甚至在简单的模型上也能取得不错的效果。一般来讲，特征工程在机器学习中占有非常重要的地位，一般包括特征构建、特征提取、特征选择3个部分。其中特征构建比较麻烦，需要一定的经验。特征提取与特征选择都是为了从原始特征中找出最有效的特征，区别是特征提取强调通过特征转换的方式得到一组具有明显物理或统计意义的特征，特征选择是从特征集合中挑选一组具有明显物理或统计意义的特征子集；特征提取有时能发现更有意义的特征属性，特征选择的过程经常能表示出每个特征对于模型构建的重要性。两者都能帮助降低特征的维度和减少数据冗余。

8.4.3 模型的选择与训练

处理好数据之后就可以选择合适的机器学习模型进行数据的训练了。可供选择的机器学习模型有很多，每个模型都有自己的适用场景，那么如何选择合适的模型呢？

首先要对处理好的数据进行分析，判断训练数据有没有类标，若有类标则应该考虑监督学习的模型，否则可以归为非监督学习问题。其次分析问题的类型是属于分类问题还是回归问题，确定好问题的类型之后再去选择具体的模型。

在实际选择模型时，通常会尝试用不同的模型对数据进行训练，然后比较输出的结果，选择最佳的那个。而且会考虑数据集的大小。如果数据集样本较少，训练的时间较短，通常会考虑朴素贝叶斯等轻量级的算法，否则会考虑SVM等重量级的算法。选好模型后，接着是调优问题，可以采用交差验证、观察损失曲线、测试结果曲线等来分析原因。

8.4.4 模型的评估

训练完成后，通过拆分出来的训练数据对模型进行评估，将真实数据和预测数据进行对比来判定模型的好坏。

模型选择是在某个模型类中选择最好的模型，而模型评估是对这个最好的模型进行评估。在模型评估阶段，可以根据分类、回归、排序等关心问题的不同而选择不同的评估指标。

根据具体业务，实际的评估指标有多种，最好的方式是模型选择时即设计其损失函数（即评估指标），但通常这些指标包含了某些非线性变化，优化起来难度很大，因此实际模型选择仍是选用经典的损失函数，而模型评估与其会略有不同。

在模型评估的过程中，可以判断模型的“过拟合”和“欠拟合”。若是存在数据过度拟合的现象，说明我们可能在训练过程中把噪声也当作了数据的一般特征，可以通过增大训练集的比例或是正则化的方法来解决过拟合的问题；若是存在数据拟合不到位的情况，说明我们数据训练还不到位，未能提取出数据的一般特征，要通过增加多项式维度、减少正则化参数等方法来解决欠拟合问题。

模型评估的方法通常有以下几种：

- 混淆矩阵：是监督学习中的一种可视化工具，主要用于比较分类结果和实例的真实信息。
- 准确率：是最常用的分类性能指标，即正确预测的正反例数 / 总数。
- 精确率：容易和准确率混为一谈，其实精确率只是针对预测正确的正样本而不是所有预测正确的样本，通常表现为预测出是正的里面有多少真正是正的。
- 召回率：能够表现出在实际正样本中分类器能预测出多少。
- F1-score：是精确率和召回率的调和值，更接近于两个数较小的那个，所以精确率和召回率接近时 F1-score 值最大。
- ROC 曲线。逻辑回归中，对于正负例的界定通常会设一个阈值，大于阈值的为正类，小于阈值的为负类。如果减小这个阈值，更多的样本会被识别为正类，提高正类的识别率，但同时也会使更多的负类被错误识别为正类。为了直观地表示这一现象，引入了 ROC。根据分类结果计算得到 ROC 空间中相应的点，连接这些点就形成了 ROC curve，横坐标为 False Positive Rate（FPR，假正率），纵坐标为 True Positive Rate（TPR，真正率）。
- AUC：是 Area Under Curve 的缩写，被定义为 ROC 曲线下的面积（ROC 的积分），通常大于 0.5 小于 1。随机挑选一个正样本和一个负样本，分类器判定正样本的值高于负样本的概率就是 AUC 值。通常来讲，AUC 值(面积)越大的分类器性能越好。值得注意的是，在样本有限的情况下，ROC 曲线通常不是一条平滑的曲线，而是锯齿形的，并且在数据较多的情况下曲线会接近平滑。

8.5 实训

实训 1：在 R 中为 women 数据集创建回归模型

（1）导入 women 数据集并查看数据，该数据集包含 15 个年龄在 30 ～ 39 岁之间女性的身高和体重数据，其中 height 代表身高，weight 代表体重。

```
> women
  height  weight
1 58      115
2 59      117
3 60      120
```

```
4  61   123
5  62   126
6  63   129
7  64   132
8  65   135
9  66   139
10 67   142
11 68   146
12 69   150
13 70   154
14 71   159
15 72   164
```

（2）查看数据的特征。

```
> summary(women)
 height          weight
 Min.   :58.0    Min.   :115.0
 1st Qu.:61.5    1st Qu.:124.5
 Median :65.0    Median :135.0
 Mean   :65.0    Mean   :136.7
 3rd Qu.:68.5    3rd Qu.:148.0
 Max.   :72.0    Max.   :164.0
```

（3）用 cor() 函数查看身高与体重的相关系数。

```
> cor(women)
          height     weight
height    1.0000000  0.9954948
weight    0.9954948  1.0000000
```

（4）用 lm() 函数建立回归模型，可以看出回归截距为 -87.52，回归系数为 3.45。

```
> fit<-lm(weight~height,data=women)
> fit

Call:
lm(formula = weight ~ height, data = women)

Coefficients:
(Intercept)     height
   -87.52       3.45
```

（5）展示拟合模型的详细结果。

```
> summary(fit)

Call:
lm(formula = weight ~ height, data = women)

Residuals:
Min       1Q        Median    3Q       Max
-1.7333   -1.1333   -0.3833   0.7417   3.1167

Coefficients:
            Estimate Std. Error t value Pr(>|t|)
(Intercept) -87.51667   5.93694   -14.74   1.71e-09 ***
height        3.45000   0.09114    37.85   1.09e-14 ***
---
```

```
Signif. codes:  0 '***' 0.001 '**' 0.01 '*' 0.05 '.' 0.1 ' ' 1

Residual standard error: 1.525 on 13 degrees of freedom
Multiple R-squared:  0.991,     Adjusted R-squared:  0.9903
F-statistic:  1433 on 1 and 13 DF,  p-value: 1.091e-14
```

（6）显示预测值。

```
> fitted(fit)
1          2          3          4          5          6          7          8
112.5833   116.0333   119.4833   122.9333   126.3833   129.8333   133.2833   136.7333
9          10         11         12         13         14         15
140.1833   143.6333   147.0833   150.5333   153.9833   157.4333   160.8833
```

（7）显示残差，残差 = 预测值 - 实际值。

```
> residuals(fit)
1             2             3             4             5             6
2.41666667    0.96666667    0.51666667    0.06666667    -0.38333333   -0.83333333
7             8             9             10            11            12
-1.28333333   -1.73333333   -1.18333333   -1.63333333   -1.08333333   -0.53333333
13            14            15
0.01666667    1.56666667    3.11666667
```

（8）绘图并显示拟合线，运行结果如图 8-20 所示。

```
> plot(women$height,women$weight)
> abline(fit)
```

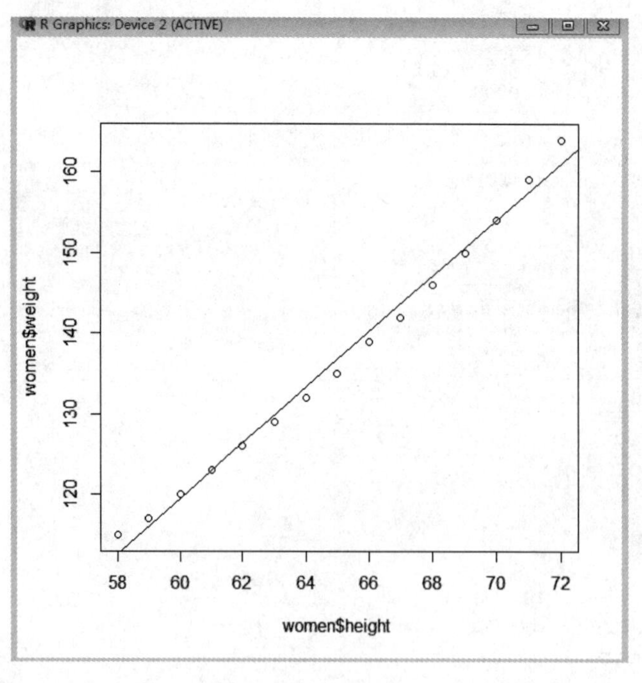

图 8-20　绘制回归模型曲线

实训 2：在 R 中为鸢尾花数据集创建神经网络模型

（1）建立模型。

```
> library(nnet)
> m<-nnet(Species~.,data=iris,size=3)
#weights:  27
initial  value 243.115894
```

```
iter  10 value 82.791856
iter  20 value 9.578174
iter  30 value 6.368043
iter  40 value 6.123865
iter  50 value 4.957447
iter  60 value 4.922789
iter  70 value 4.922204
iter  80 value 4.922162
iter  90 value 4.921099
iter 100 value 4.895764
final  value 4.895764
stopped after 100 iterations
```

（2）用该模型对数据进行预测。

```
> predict(m,newdata=iris)
        setosa          versicolor       virginica
1       1.000000e+00    4.747125e-108    1.665954e-121
2       1.000000e+00    4.804631e-108    1.701497e-121
3       1.000000e+00    4.806249e-108    1.713672e-121
4       1.000000e+00    4.982304e-108    1.813950e-121
5       1.000000e+00    4.771545e-108    1.685907e-121
6       1.000000e+00    4.841055e-108    1.741482e-121
...
140     1.729613e-10    2.053131e-02     9.794687e-01
141     1.602328e-10    1.966489e-02     9.803351e-01
142     1.783446e-10    2.088924e-02     9.791108e-01
143     1.651227e-10    2.000121e-02     9.799988e-01
144     1.575115e-10    1.947576e-02     9.805242e-01
145     1.573951e-10    1.946764e-02     9.805324e-01
146     1.709217e-10    2.039441e-02     9.796056e-01
147     1.778168e-10    2.085435e-02     9.791456e-01
148     1.729596e-10    2.053119e-02     9.794688e-01
149     1.588607e-10    1.956971e-02     9.804303e-01
150     1.681828e-10    2.020944e-02     9.797906e-01
```

（3）从模型获得预测的分类。

```
> predict(m,newdata=iris,type="class")
  [1] "setosa"    "setosa"    "setosa"    "setosa"    "setosa"
  [6] "setosa"    "setosa"    "setosa"    "setosa"    "setosa"
 [11] "setosa"    "setosa"    "setosa"    "setosa"    "setosa"
 [16] "setosa"    "setosa"    "setosa"    "setosa"    "setosa"
 [21] "setosa"    "setosa"    "setosa"    "setosa"    "setosa"
...
[121] "virginica" "virginica" "virginica" "virginica" "virginica"
[126] "virginica" "virginica" "virginica" "virginica" "virginica"
[131] "virginica" "virginica" "virginica" "virginica" "virginica"
[136] "virginica" "virginica" "virginica" "virginica" "virginica"
[141] "virginica" "virginica" "virginica" "virginica" "virginica"
[146] "virginica" "virginica" "virginica" "virginica" "virginica"
```

8.6 本章小结

本章介绍了机器学习的基本概念、机器学习的分类和R语言中机器学习的算法实现。

机器学习是人工智能研究领域重要的分支，是一门涉及多领域的交叉学科，其包含高等数学、统计学、概率论、凸分析和逼近论等多个学科。

机器学习应用广泛，无论是在工业领域还是在商用领域，都有机器学习算法施展的机会。

机器学习可分为监督学习、无监督学习和半监督学习。

机器学习算法起步于20世纪50年代，经过不断发展，现已种类繁多，但能经得起实践和时间考验的经典机器学习算法仍然有限。

练习8

1. 简述什么是机器学习。
2. 简述监督学习与无监督学习的特点和区别。
3. 简述如何运用R语言实现逻辑回归。
4. 简述如何运用R语言实现聚类。

第 9 章　R 语言访问 SQL 数据库

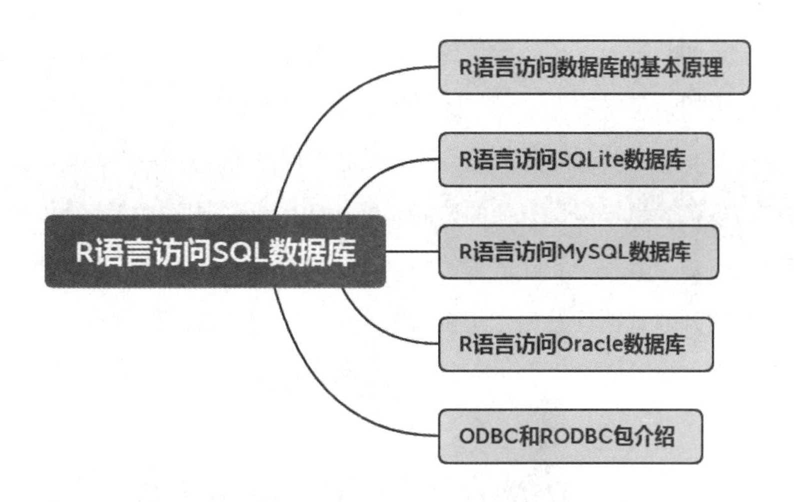

本章导读

在实际的场景中，数据的产生往往是源源不断的，而且数据的规模非常庞大，比如某购物网站用户的订单记录。当数据量非常大时，内存一次性存放不下这么庞大的数据量，只能以表的形式存放在数据库中，因此有必要使用 R 语言来访问数据库，进而对数据进行必要的预处理和分析，最终揭示数据背后隐藏的真相。本章首先介绍 R 语言访问 SQL 数据库的基本原理，然后介绍如何用 R 语言的 RSQLite、RMySQL 和 ROracle 扩展包访问 SQLite 数据库、MySQL 数据库和 Oracle 数据库，最后介绍 RODBC 包的常用函数。

本章要点

- R 语言访问 SQL 数据库的基本原理
- R 语言访问 SQLite 数据库的常用函数
- R 语言访问 MySQL 数据库的常用函数
- RODBC 包的常用函数

9.1 R语言访问数据库的基本原理

一般大型的数据或者保存在多个表中的复杂数据会保存在一个数据库中。数据库可以存在于专用的数据库服务器硬件上，也可以是本机中的一个系统程序，或者是R直接管理的一个文件。

当前比较通用的数据库是关系数据库，这样的数据库已经有很标准的设计理念和管理方法，从用户使用的角度来看，可以使用一种专用的SQL语言来访问和管理。

R语言通过扩展包可以访问多种常用的关系数据库系统，这些扩展包大多按照DBI扩展包规定的接口规范为用户提供方便的访问功能。DBI即数据库接口，具体是指perl语言的数据库接口，它是一套基于perl语言的数据库连接规范，其他语言也可通过该规范连接数据库。ODBC即开放数据库互连，是微软公司提供的一套访问数据库的规范和接口，该接口既独立于数据库也独立于语言，因此不同的数据库要安装相应的ODBC。

R语言访问
SQLite数据库

9.2 R语言访问SQLite数据库

SQLite是一个开源的、轻量级的数据库软件，其数据库文件可以保存在本机的一个文件中，R语言的RSQLite扩展包直接提供了SQLite数据库功能。如果研究的数据规模很大，需要占用几个GB或者几十GB的空间，不能一次性整体读入到计算机的内存当中，而每次使用时又只需要读取其中的一个子集，就可以将此数据保存到SQLite数据库文件中。

本节以mtcars数据集为例来介绍R语言是如何访问SQLite关系数据库的。mtcars数据集是R语言自带的数据集，来自1974年《美国汽车趋势》杂志统计的数据，它统计了32个品牌汽车的油耗、气缸数量、发动机排量、总功率、后桥减速比、重量、跑完1/4英里时间、发动机类型（0= V型、1=直列式）、减速箱类型（0=自动挡、1=手动挡）、挡位数量和化油器数量共11个方面的数据。

字段	说明	字段	说明
mpg	每加仑油行驶英里数	qsec	跑百英里时间
cyl	气缸数量	vs	发动机类型
disp	发动机排量	am	变速箱类型
hp	总功率	gear	挡位数量
drat	后桥减速比	carb	化油器数量
wt	重量		

这里需要注意理解的是，当R向数据库中写入一个数据框后，这个数据框在数据库

中对应的是一张表。

1. 初始化新SQLite数据库

RSQLite包自带了SQLite数据库的核心程序，不用额外安装SQLite相关程序即可建立SQLite数据库。通过dbConnect()函数可以实现连接或者建立一个本地的SQLite数据库。如果本地没有SQLite数据库，这个命令会新建这个数据库；如果已经存在，则可以直接连接SQLite数据库文件。

使用RSQLite之前先载入RSQLite包，然后指定一个SQLite数据库文件。

【例9-1】用RSQLite包访问SQLite数据库并写入mtcars数据集。

```
> library(DBI)
> library(RSQLite)
> data("mtcars")
> head(mtcars)
                   mpg  cyl  disp  hp   drat  wt     qsec   vs  am  gear  carb
Mazda RX4          21.0  6   160   110  3.90  2.620  16.46  0   1   4     4
Mazda RX4 Wag      21.0  6   160   110  3.90  2.875  17.02  0   1   4     4
Datsun 710         22.8  4   108   93   3.85  2.320  18.61  1   1   4     1
Hornet 4 Drive     21.4  6   258   110  3.08  3.215  19.44  1   0   3     1
Hornet Sportabout  18.7  8   360   175  3.15  3.440  17.02  0   0   3     2
Valiant            18.1  6   225   105  2.76  3.460  20.22  1   0   3     1

#mtcars数据集的行名作为数据集中的一列
> mtcars$car_names <- rownames(mtcars)
> rownames(mtcars) <- c()
> head(mtcars)
   mpg  cyl disp hp   drat wt     qsec   vs am gear carb car_names
1  21.0 6   160  110  3.90 2.620  16.46  0  1  4    4    Mazda RX4
2  21.0 6   160  110  3.90 2.875  17.02  0  1  4    4    Mazda RX4 Wag
3  22.8 4   108  93   3.85 2.320  18.61  1  1  4    1    Datsun 710
4  21.4 6   258  110  3.08 3.215  19.44  1  0  3    1    Hornet 4 Drive
5  18.7 8   360  175  3.15 3.440  17.02  0  0  3    2    Hornet Sportabout
6  18.1 6   225  105  2.76 3.460  20.22  1  0  3    1    Valiant
```

2. 创建并连接数据库，写入数据到数据库中

```
> con <- dbConnect(RSQLite::SQLite(), "mtcars.sqlite")
> on.exit(dbDisconnect(con))      #防止退出时忘记关闭连接
#unlink("mtcars.sqlite")          #删除数据库文件

#将mtcars数据集写入SQLite数据库的表cars_data中
> dbWriteTable(con, "cars_data", mtcars)
```

这里还提供了系统临时数据库mydb <- dbConnect(RSQLite::SQLite(), "")，dbConnect(RSQLite::SQLite(), "file::memory")是内存中的临时数据库。这里::memory适合在非Windows环境下使用。

3. 查看数据库中的表

如果连接con处于打开状态，那么这时可以用dbListTables()函数查看数据库中存在

哪些表。

```
> dbListTables(con)
##[1] "cars_data"
```

也可以用 dbListFields() 函数查看某个表对应哪些列，在这个数据库中被称为域。

```
> dbListFields(con, "cars_data")
[1] "mpg"   "cyl"    "disp"   "hp"    "drat"   "wt"
[7] "qsec"  "vs"     "am"     "gear"  "carb"   "car_names"
```

4. 读入数据库中的表

为了从数据库中读取某个或多个数据表，当建立连接后可以用 dbReadTable() 函数读取，例如：

```
> d1 <- dbReadTable(con, "cars_data")
> class(d1)  #d1是数据框类型
[1] "data.frame"
> d1[1:2, ]  #读取数据框的前两行数据
  mpg  cyl  disp  hp   drat  wt     qsec   vs  am  gear  carb  car_names
1  21   6    160  110  3.9   2.620  16.46  0   1   4     4     Mazda RX4
2  21   6    160  110  3.9   2.875  17.02  0   1   4     4     Mazda RX4 Wag
```

5. 用 SQL 命令访问数据

可以用 dbGetQuery() 函数执行 SQL 查询并以数据框格式返回查询结果。比如只返回 cars_data 表中当 carb 为 1 时的 mpg、vs 和 car_names 三列数据。

```
> d2 <- dbGetQuery(conn=con, statement="SELECT mpg, vs, car_names FROM cars_data WHERE carb=1")
> d2
   mpg   vs   car_names
1  22.8  1    Datsun 710
2  21.4  1    Hornet 4 Drive
3  18.1  1    Valiant
4  32.4  1    Fiat 128
5  33.9  1    Toyota Corolla
6  21.5  1    Toyota Corona
7  27.3  1    Fiat X1-9
```

这里需要注意的是，不要用 paste() 函数来构建 SQL 查询语句，如 dbSendQuery(conn=con, statement=paste("SELECT mpg, vs, car_names ", "FROM cars_data", "WHERE carb=1"))，这样可能会引发 SQL 的安全问题。

6. 分批读入数据库中的表

对于存储了超大数据的表，如果查询结果数据量非常大，超出了内存的范围，则不能直接储存于内存中，这时是没办法一次性全部读入到 R 中的。如果只需要表中的一个子集，则可以用 dbGetQuery() 函数在数据库中执行 SQL 语句以提取子集，并将子集读入到 R 中。如果需要读入的子集依然超过了计算机的内存，或者全部读入会使处理速度变得很慢，那么可以用 RSQLite 包中的 dbSendQuery()、dbFetch() 和 dbClearResults() 函数来分批读入和处理查询结果，从超大的查询结果中选取自己想要的信息后再确定存储下来。

dbFetch() 函数默认查询所有可能的行，使用参数 n 可以设置返回的最大行数。

dbSendQuery() 函数可以执行一条查询，但是它不会直接提取数据库中的查询结果。需要用 dbFetch() 函数才能提取 dbSendQuery() 函数查询得到的结果。需要注意的是，当完成 dbSendQuery() 和 dbFetch() 操作后，需要用 dbClearResult() 函数来停止抓取数据的操作。

下面举例说明分批读入和处理是如何实现的。

（1）用 dbSendQuery() 函数发送 SQL 查询命令。

```
> rs <- dbSendQuery(con, 'SELECT * FROM cars_data')
```

（2）用 dbHasCompleted() 函数判断是否已经将结果取完，如果没有取完则用 dbFetch() 函数取出一定数目的行数，目的在于分段进行读入和处理。

```
> while (!dbHasCompleted(rs)) {
    df <- dbFetch(rs, n = 10)
     print(nrow(df))
  }
[1] 10
[1] 10
[1] 10
[1] 2
```

（3）需要停止抓取数据的操作。

```
dbClearResult(rs)
```

7. 关闭数据库连接

在数据库使用完毕后，要记得关闭数据库。

```
dbDisconnect(con)
```

8. 其他数据库操作

其他数据库操作函数如下：

- 删除表：dbRemoveTable(conn, name)
- 检查某个表是否存在：dbExistsTable(conn, name)
- 向一个表中插入保存在数据框中的一些行：dbAppendTable(conn, name, value)
- 执行 SQL 命令并返回受到影响的行数：dbExecute(con, statement)

9.3 R 语言访问 MySQL 数据库

R 语言访问
MySQL 数据库

MySQL 数据库是开源的，支持分布式和多平台，性能不错，可以和 PHP、Java 等 Web 开发语言完美结合，是当前非常流行的关系型数据库，适合中小型企业作为 Web 数据库。RMySQL 作为 R 语言程序包，提供了 R 语言访问 MySQL 数据库的接口程序，它依赖于 DBI 包。RMySQL 不仅提供了基本数据库访问和 SQL 查询，还封装了一些方法，如分页、数据框快速插入等。

在使用RMySQL包之前要确保MySQL已经安装完毕并正确配置，而且已成功启动MySQL服务。假设MySQL服务器的地址为192.168.2.88，MySQL中的数据库名为student，用户名为root，密码为root。

1. 安装RMySQL

```
> library(DBI)
> install.packages("RMySQL")
> library(RMySQL)
> help(package="RMySQL")    #查看说明文档
```

2. RMySQL创建并连接数据库

```
#创建数据库连接
> con <- dbConnect(RMySQL::MySQL(), host="192.168.2.88", dbname="student", user="root",
  password="root")
```

上述代码运行之后会出现如下提示：

```
Error in .local(drv, ...) :
Failed to connect to database: Error: Plugin caching_sha2_password could not be loaded: 找不到指定的
  模块。 Library path is '/mingw64/lib/mariadb/plugin/caching_sha2_password.dll'
```

这说明是MySQL加密规则设置有误，需要在MySQL控制台进行如下设置：

```
#修改加密规则
ALTER USER 'root'@'localhost' IDENTIFIED BY 'password' PASSWORD EXPIRE NEVER;
#更新用户的密码
ALTER USER 'root'@'localhost' IDENTIFIED WITH mysql_native_password BY 'password';
#刷新权限
FLUSH PRIVILEGES;
```

3. 写入数据

使用mtcars数据集，将其写入MySQL名为mtcars的表中。

```
> data("mtcars")
> dbWriteTable(con, "mtcars", mtcars)
append=T 在数据库中原表的基础上追加
overwrite=T 覆盖数据库中的原表
```

如果上述代码运行出错，提示以下信息：

```
Error in .local(conn, statement, ...) :
  could not run statement: Loading local data is disabled; this must be enabled on both the client and server sides
```

则需要进行如下配置：

```
SHOW GLOBAL VARIABLES LIKE 'local_infile';
SET GLOBAL local_infile = 'ON';
SHOW GLOBAL VARIABLES LIKE 'local_infile';

> dbWriteTable(con, "mtcars", mtcars)
[1] TRUE    #表明写入成功

#列出student数据库中的所有表
> dbListTables(con)
[1] "mtcars"
```

```
#列出student数据库中mtcars表的所有变量
> dbListFields(con, "mtcars")
 [1] "row_names" "mpg"    "cyl"    "disp"   "hp"    "drat"  "wt"
 [8] "qsec"     "vs"     "am"     "gear"   "carb"
```

需要注意的是，MySQL 中的 mtcars 表相比 R 中的 mtcars 数据框多了名为 row_names 的一列。

4. 读取数据

用 dbReadTable(conn, name, ...) 函数可以向 MySQL 数据库查询相应的表数据并返回结果，例如读取 MySQL 的 mtcars 表并存入 R 的数据框 d 中。

```
> d <- dbReadTable(con, "mtcars")
> head(d)
                   mpg  cyl  disp  hp   drat  wt     qsec   vs  am  gear  carb
Mazda RX4          21.0  6   160   110  3.90  2.620  16.46  0   1   4     4
Mazda RX4 Wag      21.0  6   160   110  3.90  2.875  17.02  0   1   4     4
Datsun 710         22.8  4   108   93   3.85  2.320  18.61  1   1   4     1
Hornet 4 Drive     21.4  6   258   110  3.08  3.215  19.44  1   0   3     1
Hornet Sportabout  18.7  8   360   175  3.15  3.440  17.02  0   0   3     2
Valiant            18.1  6   225   105  2.76  3.460  20.22  1   0   3     1
```

5. 使用 SQL 语句批量查询

在 MySQL 中，可以用 dbGetQuery() 和 dbSendQuery() 函数通过 SQL 语句查询数据库相应表中的数据。

（1）dbGetQuery() 函数。dbGetQuery() 函数自动完成了“发送查询命令”“返回结果”和“关闭查询”这三步操作，无需额外的关闭查询操作。

```
> dbGetQuery(con, "SELECT * FROM mtcars")
```

（2）dbSendQuery() 函数。当数据量非常大时，内存中存放不下，就可以用 dbSendQuery() 函数发送一个 SQL 查询命令，让数据库执行一个查询，返回一个查询结果的对象，但 dbSendQuery() 函数本身并不能提取出查询结果。如果想把查询结果提取到 R 中，必须另外使用 dbFetch() 函数，选择提取全部或者部分查询结果。dbFetch() 函数从这个对象位置读取指定行数，同时可以用 dbHasCompleted() 函数判断是否已读取结束，最后还需要用 dbClearResult() 函数关闭本次查询。

示例代码如下：

```
> con <- dbConnect(MySQL(), host="localhost", dbname="student", user="root", password="root",
   client.flag= CLIENT_MULTI_STATEMENTS)
#client.flag设置为CLIENT_MULTI_STATEMENTS，表示支持批量查询

> new <- dbSendQuery(con, "SELECT * FROM mtcars")
> while(!dbHasCompleted(res)){
     data <- dbFetch(res, n = 10)
     print(data[, 1])  #输出第一列数据
  }
```

运行结果如下：

```
[1] "Mazda RX4"  "Mazda RX4 Wag"  "Datsun 710"  "Hornet 4 Drive"
 [5] "Hornet Sportabout" "Valiant"   "Duster 360"  "Merc 240D"
 [9] "Merc 230"  "Merc 280"

[1] "Merc 280C"   "Merc 450SE"  "Merc 450SL"  "Merc 450SLC"
 [5] "Cadillac Fleetwood"  "Lincoln Continental" "Chrysler Imperial"   "Fiat 128"
 [9] "Honda Civic"   "Toyota Corolla"

[1] "Toyota Corona"  "Dodge Challenger"  "AMC Javelin"   "Camaro Z28"
 [5] "Pontiac Firebird" "Fiat X1-9"  "Porsche 914-2"  "Lotus Europa"
 [9] "Ford Pantera L"   "Ferrari Dino"

[1] "Maserati Bora" "Volvo 142E"
> dbClearResult(new)
[1] TRUE
```

这里需要注意的是，MySQL 中 mtcars 表的第一列列名是 row_names，而不是 mpg。

6. 关闭数据库的连接

数据库使用完毕时，需要关闭用 dbConnect() 函数打开的连接。

```
> dbDisconnect(con)
```

9.4 R 语言访问 Oracle 数据库

Oracle 是甲骨文公司开发的一款关系数据库管理系统，它是在数据库领域一直处于领先地位的产品。可以说 Oracle 数据库系统是目前世界上最流行的关系数据库系统之一，系统可移植性好、使用方便、功能强，适用于各类微机环境。它是一种高效率的、可靠性好的、适应高吞吐量的数据库方案，已成为数据库应用系统首选的后台数据库系统。

Oracle 数据库既可以安装在本地，也可以安装在网络上的某个服务器中。如果是通过网络远程访问 Oracle 数据库，则需要在本地安装 Oracle Instant Client。下面就来讲解通过网络远程访问 Oracle 数据库的常用步骤。

1. 安装 Oracle Instant Client

一般来说，如果仅仅是用网络远程访问 Oracle 数据库或者用 SQL*Plus 对数据库进行操作，那么相对于标准的客户端，Oracle Instant Client 是一个较好的选择，它能大大简化客户端的安装过程，而且占用空间极少。这里安装的 Oracle 客户端选择的是 64 位的 win64_11gR2_client。下载完成后直接双击安装即可。

2. 配置环境变量

需要在 Windows 系统的系统变量中新建 OCI_INC 和 OCI_LIB64 两个环境变量。OCI_INC 和 OCI_LIB64 两个环境变量的路径是上一步中安装客户端的路径，注意路径中不要有中文或空格等特殊符号。具体设置如下：

```
#配置两个环境变量
#OCI_INC='C:\Users\Public\Documents\product\11.2.0\client_1\oci\include'
#OCI_LIB64='C:\Users\Public\Documents\product\11.2.0\client_1\BIN'
```

环境变量设置好后，需要在R中检查环境变量是否配置成功，这时需要重新启动R或者RStudio等环境，然后重新执行命令进行检查，代码如下：

```
> Sys.getenv('OCI_INC')
> Sys.getenv('OCI_LIB64')
```

3. 配置Rtools

Rtools用于在Windows系统中为R构建包或构建R本身的软件集合。Rtools的下载地址为https://cran.r-project.org/bin/windows/Rtools/。这里需要注意的是，如果本地使用的R版本是3.3.x，则下载Rtools33.exe，如果是4.0.x或者更高的版本，则需要使用Rtools40.exe。这里以Rtools40.exe为例来讲解Rtools的安装和配置过程。

（1）下载https://cran.r-project.org/bin/windows/Rtools/rtools40-x86_64.exe，然后直接双击安装，安装路径默认为C:\rtools40。

（2）配置Rtools的环境变量。需要将下述3项加入Windows的Path环境变量中，并用分号间隔。

```
C:\rtools40\mingw64\bin
C:\rtools40\usr\bin
C:\rtools40
```

在R中运行以下命令来检查是否安装配置成功：

```
> Sys.which('make')
                make
"C:\\rtools40\\usr\\bin\\make.exe"
```

4. 安装Roracle包

Roracle可以直接在R或Rstudio中使用命令进行安装，代码如下：

```
> install.packages("ROracle")
```

5. 连接Oracle数据库

假设网络上的Oracle服务器地址为192.168.2.88，用户名为test，密码为test，在R中用如下代码来远程连接Oracle数据库：

```
#加载包
> library(ROracle)
> drv <-dbDriver("Oracle")
> connect.string <- "(DESCRIPTION =(ADDRESS = (PROTOCOL = TCP)(HOST = 192.168.2.88)
   (PORT = 1521))(CONNECT_DATA =(SERVER = DEDICATED)(SERVICE_NAME = orcl)))"
> con <- dbConnect(drv,username = "test", password = " test ",dbname = connect.string)
```

6. 读取Oracle数据库中的数据

假设testtable是此数据库中的一个表，可以用dbGetTable()函数从数据库中取出一个表，然后存放到R中的数据框中。也可以用dbSendQuery()函数发出一个SQL查询命令，然后用fetch()函数分批多次提取出结果，当表的行数非常大时这种方法较为适用。

```
> rs <- dbSendQuery(conn, "select * from testtable")
> d <- fetch(rs)
```

Roracle 包中的函数与 RSQLite 和 RMySQL 包类似，这里不再赘述，具体可以参考 Roracle 包的帮助文件。

9.5 ODBC 和 RODBC 包介绍

1. ODBC 简介

ODBC（Open Database Connectivity，开放数据库互连）是微软公司开放服务结构中有关数据库的一个组成部分，它建立了一组规范，并提供了一组对数据库访问的标准应用程序编程接口。这些接口利用 SQL 来完成其大部分任务。ODBC 本身也提供了对 SQL 语言的支持，用户可以直接将 SQL 语句发送给 ODBC。

一个基于 ODBC 的应用程序对数据库的操作不依赖任何数据库管理系统（如 MySQL、Oracle），不直接与数据库管理系统打交道，所有的数据库操作均由对应的数据库管理系统的 ODBC 驱动程序完成。换句话说，不论是 MySQL 还是 Oracle，均可使用 ODBC 的应用接口进行访问。由此可以看出，ODBC 的最大优点在于能以统一的标准方式访问所有的数据库。

在 R 中可以通过 RODBC 包访问一个数据库，这种方式允许 R 连接到任意一种拥有 ODBC 驱动的数据库。由于市面上的所有数据库都支持 ODBC 驱动，因此 R 几乎可以访问任意一种数据库，常见的数据库有 Microsoft SQL Server、Microsoft Access、MySQL、Oracle、PostgreSQL、DB2、Sybase、Teradata 和 SQLite。

在用 R 通过 RODBC 包访问数据库之前，需要针对相应的数据库安装和配置合适的 ODBC 驱动，然后再在 R 中安装 RODBC 包，这是因为 ODBC 驱动并不是 R 的一部分。

2. RODBC 包常用函数简介

（1）连接数据库。

```
library(RODBC)
#连接数据库
conn <- odbcConnect("驱动名", uid = "用户名",pwd = "密码")
```

（2）获取数据库表信息。假如在数据库中有多个相同结构的表，但是每个表的列名不同，获取其中一个表的列名，再统一其他表的列名。

```
#获取列名
colname <- sqlColumns(conn, "表名")$列名
```

对于批量处理，统一列名就可以使用同一列名操作了，而不用再重复写代码。当然，使用数值向量也是可以的，但是那样会降低代码的可读性。

（3）读取数据库表中的数据到 R 中的数据框中。

```
#读取整个表
```

```
df <- sqlFetch(conn, "表名")

#实现分批读取的功能
df <- sqlFetch(conn, "表名", max = 100)
```

可以看出，该函数的使用较为简单，像 where 语句、group by 语句等复杂的查询都无法实现。

（4）使用 sqlQuery() 函数。在 sqlQuery() 函数中使用 SQL 语句对数据库进行查询。

```
df <- sqlQuery(conn, "select * from 表名")
```

sqlQuery() 函数的第二个参数为 SQL 查询语句。

（5）导出至数据库。当在 R 中运行了模型或者处理完数据后，需要保存至数据库重复利用时。

```
#整表导入数据库
sqlSave(conn, df, "表名")
#向已有表追加数据，需要将append设置为TRUE
sqlSave(conn, df, "表名", append = T)
```

在向已有表中追加数据时会经常出现问题：数据类型无法转化，导致无法追加。

```
#指定转换类型
colname <- sqlColumns(conn, "表名")$列名

#每列的类型
coltype <- sqlColumns(conn, "表名")$TYPE_NAME
names(coltype) <- colname
sqlSave(conn, df, "表名", append = T, varTypes = coltype)
```

（6）更新表。在某些场景下需要对数据库中的表进行更新。

```
#更新表
sqlUpdate(conn, df, "更新的表名")
```

使用该函数更新表中的数据，需要数据框与数据库中表的结构一致，否则会更新失败。如果更新的表数据不多，一般使用整表更新，即先清空已有表，然后再插入表。

```
#清空表
sqlClear(conn, "表名")
#插入表，使用上面的函数
SqlInsertSelect(newdf, conn, "表名")
```

当表较大时，应尽量使用 sqlQuery() 函数更新。

```
#使用sqlQuery()函数更新
sqlQuery(conn, "update 表名 set 列名 = 值 where <搜索条件,,>")
```

（7）复制表。在某些场景下，当需要将数据库中的某个表复制到另一个数据库中时，可以复制表。

```
#复制表
sqlCopy(
    channel = conn,
    query = "select * from conn表名",
```

```
    destination = "conn2表名",     #复制的表名
    destchannel = conn2
)
```

在需要将主数据库中的一个表复制到另一个数据库中时，这个函数能很好地解决这个问题。

（8）其他操作。

```
#删除表
sqlDrop(conn, "表名")

#关闭连接
odbcClose(conn)
```

使用完数据库后应记得关闭连接。

3. 使用 RODBC 连接 MySQL 数据库

在 Windows 系统下，使用 RODBC 连接数据库需要下载相应的数据库 ODBC 接口，应进行如下安装和配置：进入网址 http://dev.mysql.com/downloads/connector/odbc，下载 mySQL ODBC，安装完毕后打开 Windows 系统的控制面板，双击“管理工具”中的“数据源（ODBC）”，单击“添加”按钮，选中 MySQL ODBC driver 项填写；data source name 项填入要使用的名字，例如 mysql_data；description 项可以随意填写，例如 mydata；TCP/IP Server 填写服务器 IP，本地数据库一般为 127.0.0.1；user 填写 MySQL 用户名 root；password 填写 MySQL 密码 root。数据库里会出现你的 MySQL 里的所有数据库，选择一个数据库后单击“确定”按钮。

RODBC 包连接 MySQL 数据库的代码如下：

```
> install.packages("RODBC")
> library(RODBC)

#假设MySQL用户名为root，密码为root，建立一个到ODBC 数据库的连接
> channel <- odbcConnect("mysql_data", uid = "root", pwd = "123456")

#查看数据库中的所有表
>  sqlTables(channel)

#使用数据库中的users表连接到R，这样就实现了在R中操作数据库中的数据
> data <- sqlFetch(channel, "users")

#将R中的数据存储到MySQL中
> sqlSave(channel, mtcars)

#将数据框写入或更新（append=TRUE）到 ODBC数据库的某个表中
> sqlSave( channel,mydf,tablename=sqtable,append=FALSE)

#在R中通过SQL语句提取数据
```

```
> sq <- sqlQuery(channel, "select mpg from mtcars")

#删除ODBC 数据库中的某个表
> sqlDrop( channel,sqtable)
#关闭连接
> close(channel)
```

4. RODBC 访问 Access 数据库

假设有 Access 数据库 record.mdb 文件在 c:/temp/ 中，文件中有两个表 sun 和 moon，每个表包含域 Year、Month、Day、color、title 和 name。下面演示如何将 moon 记录的表读取后存入 R 的数据框中。

```
> library(RODBC)
> con <- odbcConnectAccess("c:/ temp /record.mdb")
> moon <- sqlFetch(con, sqtable="moon")
> close(con)
```

9.6　实训

使用 RSQLite 访问 mtcars 数据集

实训：使用 RSQLite 访问 mtcars 数据集

SQL 是关系数据库查询和管理的专用语言，关系数据库都支持 SQL 语言，但彼此之间可能有一些技术性的差别。

（1）读取 mtcars 数据集并将行名作为数据集中的一列数据。

```
> data("mtcars")
> mtcars$car_names <- rownames(mtcars)
> rownames(mtcars) <- c()
> head(mtcars)
   mpg  cyl  disp  hp   drat  wt     qsec   vs  am  gear  carb  car_names
1  21.0  6   160   110  3.90  2.620  16.46  0   1   4     4     Mazda RX4
2  21.0  6   160   110  3.90  2.875  17.02  0   1   4     4     Mazda RX4 Wag
3  22.8  4   108   93   3.85  2.320  18.61  1   1   4     1     Datsun 710
4  21.4  6   258   110  3.08  3.215  19.44  1   0   3     1     Hornet 4 Drive
5  18.7  8   360   175  3.15  3.440  17.02  0   0   3     2     Hornet Sportabout
6  18.1  6   225   105  2.76  3.460  20.22  1   0   3     1     Valiant
```

（2）加载 RSQLite 包，建立一个 SQLite 数据库连接，将 mtcars 保存在数据库的 cars_data 表中。

```
> library(DBI)
> library(RSQLite)
> con <- dbConnect(RSQLite::SQLite(), "mtcars.sqlite")
> on.exit(dbDisconnect(con))  #防止退出时忘记关闭连接
> dbWriteTable(con, "cars_data", mtcars)
```

（3）在 SQL 命令中使用 WHERE 条件语句获取数据的子集：当 carb（化油器数量）为 1 且 am（变速箱类型）为 0 时，取出 cars_data 表中对应的 mpg（每加仑油行驶英里数）、

vs（发动机类型）和 car_names（车名）三列数据。

```
> dbGetQuery(conn=con, statement= "SELECT mpg, vs, car_names FROM cars_data WHERE carb=1
  AND am = 0")
   mpg  vs   car_names
1  21.4  1   Hornet 4 Drive
2  18.1  1   Valiant
3  21.5  1   Toyota Corona
```

（4）在 SQL 命令中使用 WHERE 条件语句获取数据的子集：取出 car_names（车名）中含有‘Toyota’开头的车名对应的 mpg（每加仑油行驶英里数）、vs（发动机类型）和 car_names（车名）三列数据。

```
> dbGetQuery(conn=con, statement= "SELECT mpg, vs, car_names FROM cars_data WHERE
  car_names like 'Toyota%' ")
   mpg  vs   car_names
1  33.9  1   Toyota Corolla
2  21.5  1   Toyota Corona
```

（5）在列名前加 DISTINCT 用来查询不重复记录的数据：取出 car_names（车名）中含有‘Merc’开头字样的车名对应的 vs（发动机类型）和 cyl（气缸数量）两列不重复数据。

```
> dbGetQuery(conn=con, statement= "SELECT vs, cyl FROM cars_data WHERE car_names like 'Merc%' ")
  vs  cyl
1 1   4
2 1   4
3 1   6
4 1   6
5 0   8
6 0   8
7 0   8
> dbGetQuery(conn=con, statement= "SELECT DISTINCT vs,cyl FROM cars_data WHERE
  car_names like 'Merc%' ")
  vs  cyl
1 1   4
2 1   6
3 0   8
```

（6）用 ORDER BY 对查询结果进行排序：取出 car_names（车名）中含有‘Merc’开头字样的车名对应的 mpg（每加仑油行驶英里数）和 car_names（车名）两列数据，并按 mpg 进行降序排列。

```
> dbGetQuery(conn=con, statement= "SELECT mpg, car_names FROM cars_data WHERE car_names
  like 'Merc%' ORDER BY mpg DESC ")
   mpg   car_names
1  24.4  Merc 240D
2  22.8  Merc 230
3  19.2  Merc 280
4  17.8  Merc 280C
5  17.3  Merc 450SL
```

```
6   16.4    Merc 450SE
7   15.2    Merc 450SLC
```

（7）用GROUP BY对查询结果进行分类汇总：取出cars_data表中的carb（化油器数量）、cyl（气缸数量）和car_names（车名）三列数据，并按car_names列进行分类汇总。

```
> temp<-dbGetQuery(conn=con, statement= "SELECT carb, cyl, car_names FROM cars_data")
> head(temp,10)
   carb  cyl   car_names
1  4     6     Mazda RX4
2  4     6     Mazda RX4 Wag
3  1     4     Datsun 710
4  1     6     Hornet 4 Drive
5  2     8     Hornet Sportabout
6  1     6     Valiant
7  4     8     Duster 360
8  2     4     Merc 240D
9  2     4     Merc 230
10 4     6     Merc 280

> dbGetQuery(conn=con, statement= "SELECT carb, cyl, COUNT(car_names) FROM cars_data
  GROUP BY carb")
   carb  cyl   COUNT(car_names)
1  1     4     7
2  2     8     10
3  3     8     3
4  4     6     10
5  6     6     1
6  8     8     1
```

9.7 本章小结

本章首先介绍了R语言访问SQL数据库的基本原理，然后介绍了如何用R语言的RSQLite、RMySQL和ROracle扩展包访问SQLite数据库、MySQL数据库和Oracle数据库，最后介绍了ODBC的基本方法和RODBC包的常用函数，并用实例演示了如何用RODBC连接MySQL数据库。

在用R语言访问SQL数据库的过程中，应尽量用RSQLite包来访问SQLite数据库。这是因为RSQLite包自带了SQLite数据库的核心程序，不用额外安装SQLite相关程序即可建立SQLite数据库，通过函数可以实现连接或者建立一个本地的SQLite数据库。此外，RSQLite扩展包与RMySQL和ROracle扩展包中的函数是类似的，只需要熟练掌握其中一个扩展包，其他包即能熟练应用。

练习 9

1．简述 R 语言访问 SQL 数据库的基本原理。
2．简述 R 语言访问 SQLite 数据库的常用函数。
3．简述 R 语言访问 MySQL 数据库的常用函数。
4．简述 RODBC 包的常用函数。

参考文献

[1] 陈凌云. 可视化的美之基于 R 语言的大数据可视化分析与应用 [M]. 成都：电子科技大学出版社，2019.

[2] 方匡南，朱建平，姜叶飞. R 数据分析方法与案例详解 [M]. 北京：电子工业出版社，2015.

[3] 哈德利·威克姆（HadleyWickham）. ggplot2 数据分析与图形艺术 [M]. 西安：西安交通大学出版社，2013.

[4] 李东风. R 语言教程 [OL]. https://www.math.pku.edu.cn/teachers/lidf/docs/Rbook/html/_Rbook/，2020.

[5] 李云冀. 大数据分析——R 语言方法 [M]. 成都：电子科技大学出版社，2017.

[6] 汤银才. R 语言与统计分析 [M]. 北京：高等教育出版社，2008.

[7] 王小宁，刘撷芯，黄俊文. R 语言实战 [M]. 2 版. 北京：人民邮电出版社，2016.

[8] 文必龙，高雅田. R 语言程序设计基础 [M]. 武汉：华中科技大学出版社，2019.